ハヤカワ文庫 NF
〈NF528〉

羊飼いの暮らし

イギリス湖水地方の四季

ジェイムズ・リーバンクス
濱野大道訳

早川書房
8223

THE SHEPHERD'S LIFE

A Tale of the Lake District

by

James Rebanks

Translated by
Hiromichi Hamano
Published 2018 in Japan by
HAYAKAWA PUBLISHING, INC.
This book is published in Japan by
arrangement with
UNITED AGENTS LLP
through TUTTLE-MORI AGENCY, INC., TOKYO.

祖父、W・H・リーバンクスの記憶に捧ぐ。
父、T・W・リーバンクスに尊敬の念を込めて。

この地方の谷の上部には羊飼いと耕作者の完全な共和国があり、彼らは自分の家族を養い、時に隣人に用立てるためだけに自分の鋤を振るっていた。各家族は二、三頭の牝牛からミルクとチーズを得ていた。礼拝堂は、この純粋な共和国の絶大な長として、これらの住居を統括する唯一の建物らしい建物であった。この共和国の構成員たちは、理想社会、あるいはまとまりのある共同社会と呼べるような強力な帝国の只中で暮らしており、その社会の根本原則は、それを保護する周囲の山々が課し、定めたものであった。血筋を誇る貴族や騎士も、郷士も住んではいないこの地で、これらの身分の低い丘陵地の住民たちは、彼らが歩み耕す土地は、五百年以上にわたり、自分と同じ姓と血筋の者が所持してきたことを自覚していた。

——ウィリアム・ワーズワース『湖水地方案内』(一八一〇年)より(小田友弥訳、法政大学出版局、二〇一〇年)

目次

羊飼いの暮らし

イギリス湖水地方の四季

＊本文中は一ポンド一八〇円として計算

Hefted

HEFT（ヘフト）

■名詞

①《イングランド北部の方言》家畜がヘフトした高原の牧草地の一角。

②そのようにヘフトされた動物。

■動詞（他動詞）

《イングランド北部とスコットランドの方言》（家畜、とくに羊の群れを）高原の牧草地に慣らす、定住させる。

■形容詞（hefted）

家畜がそのように定住させられた。

（語源——「伝統」を意味する古代スカンジナビア語の hefð）

一九八七年のある雨の朝、自分たちがちがうのだと気がついた。まったくちがうのだ、と。場所は、一九六〇年代風のコンクリート造りの古びた地元の総合中等学校（コンプリヘンシブ・スクール）。講堂の椅子に座る私は、まだ一三歳かそのくらい。まわりにいるのは、勉強など屁とも思っていない連中ばかり。そんな生徒たちをまえに、闘いに疲れた表情の年老いた女性教師がこう説いた。農場労働者、建具屋、レンガ職人、電気工、床屋よりももっと上を目指しなさい。もう何度同じ話を聞かされたことだろう。こんなのは時間の無駄で、教師もそう気づいていたにちがいない。私たちが何者なのか——父親、祖父、母親、祖母と同じように、そんなことは生まれたときから決まっているのだ。じつのところ、クラスには勉強のできる生徒も大勢いたけれど、誰もがそれを必死で隠そうとした。頭がいいという事実は、この学校では危険なことだった。

＊

その教師と生徒のあいだには、決して越えられない理解の溝があった。勉強に興味のある子供たちはみんな、前年に地元の選抜制公立校（グラマー・スクール）に進学した。残された負け組の生徒たちは、これから三年のあいだ、誰もその場にいることを望まない場所で腐っていく。かくして、ほぼやる気ゼロの教師たちと、恐ろしいほど血気盛んで退屈した子供たちとのあいだで、ゲリラ戦にも似た戦いが勃発することになる。たとえば、教室でもっとも高そうな備品を壊し、それを事故として押し通すというゲームをクラス全員で繰り返したこともあった。

私はそういったゲームが得意だった。

実験室の床に散らばるのは、壊れた顕微鏡、生物標本、使いものにならないスツール、破れた教科書……。ホルムアルデヒド漬けのカエルの死体が、平泳ぎの姿勢で手足を床の上に伸ばしていた。ガスコンロは石油掘削装置のように燃え盛り、窓にはひび。完全に壊れた教師はぽろぽろと涙を流しながら生徒たちを見つめ、実験助手はなんとか騒ぎを止めようとする。また、ある日の数学の授業では、生徒と教師で殴り合いの喧嘩が起きるという愉しい展開になったこともあった。ひとりの男子生徒が階段を駆け下り、ぬかるんだグラウンドを走り抜けて町に逃げ出そうとしたが、教師にタックルされてしまった。ラグビーの試合の華麗なタックルを見物しているかのように、私たちは歓声を上げた。ときどき、誰かが学校を燃やそうと企んでは失敗した。ある生徒は学校でのいじめを苦に、数年後に車のなかで自殺した。まるで、ケン・ローチの陰鬱な映画の世界に閉じ込められたかのような日々だった。映画と同じように、いじめられっ子の少年がハヤブサを手に学校に現れたとしても、誰も驚かなかっただろう。

ある日のこと、呆れ顔がトレードマークの校長と口論になり、私は「この学校はまるで刑務所で、人権侵害だと思います」と訴えた。

校長は不思議そうにこちらに視線を向け、難解な疑問を放つかのように言った。「では、代わりに家で何をするというんだ？」

「農場で働きます」と私は答えた。こんな単純なことをなぜ理解できないのか、こちらも不思議でたまらなかった。

校長は呆れて肩をすくめ、バカな話はやめて教室に戻るようにと言うだけだった。校長はよく、大きなトラブルを起こした生徒を家に帰らせることがあった。だから、校長室の窓にレンガを投げつけてやろうと何度も思ったものだ。しかし、私にそんな勇気はなかった。

一九八七年、講堂の椅子に坐る私は窓の外の雨を見ながら、いまごろ農場の大人たちが何をしているか――本来であれば、私がやるべきこと――についてぼんやり考えていた。そのとき、演台に立つ教師が湖水地方の丘陵地帯について話していることに気がついた。つまり、祖父や父が働く場所だ。私は頭のスイッチを切り替えた。数分ほど話を聞いたところで、クソ女教師の言いたいことはすぐにわかった。あなたたちはあまりにも知識と想像力に乏しく、このままだと人生で何も成し遂げることができない。彼女は強い言葉で生徒たちを罵り、自分の殻を破るべきだと説いた。もっとしっかり考えなさい。将来性のない汚らしい仕事、偏狭な田舎の考え方……あなた方はなぜここを離れようとしないの？ この場所に未来はない。眼をちゃんと開いて、現実を見なさい。その教師に言わせれば、義務教育が終わった時点で学校を離れて羊飼いになるというのは、愚かな生き方でしかなかった。

農場で働く父親や母親たちは勤勉で聡明な人々であり、やりがいのある立派な仕事に誇りを持って取り組んでいる――そんな考えは、教師の頭のなかにはまったくないようだった。「教育」「向上心」「冒険」「仕事での顕著な業績」を成功の尺度ととらえる女性にとって、羊飼いになることは失敗例でしかなかった。この学校で「大学」という言葉を耳にしたことはなかったし、誰も進学など考えていなかった。いったん地元を離れた人たちは、もうこの土地の人間ではなくなってしまう。彼らの性格は変わり、二度とほんとうの意味で戻ってくることはない。そんな考えが、みんなの体に染み込んでいた。進学することは〝逃げ道〟だったが、誰も逃げることを望まず、留まることを自ら選択した。のちに私は、現代の産業社会が「どこかへ行くこと」や「人生で何かを成し遂げること」の大切さに取り憑かれていることを知った。要するに、地元に残って肉体労働をすることにはたいした価値がないということだ。私はそんな考えが大嫌いだ。

教師の話を聞いているうちに、どんどんと腹が立ってきた。奇妙なことに、彼女は私たちの住む土地について詳しく知っており、愛しているとまで言い放った。ところが、教師が頭に描き、口で説明する湖水地方は、私たち家族にとってまったく未知の世界だった。彼女が愛してやまないのは、〝自然のままの〟景色、山々、湖が広がる場所、余暇と冒険のための場所、私が会ったことのない人々がぽつりぽつりと住む湖水地方だった。彼女の独白のなかの湖水地方は、登山家、詩人、旅人、空想家といった巡歴者のための行楽地だった。彼らは、両親や私たちとはちがい、〝何かを成し遂げた〟人々だった。ときおり、教師は恭しい口調で誰かの名前を出しては、視線を上げて生徒たちの反応を待った（誰も反応を示さなかった）。アルフレッド・ウェインライトやクリス・ボニントンなどの名前を出したかと思うと、「ワーズワース」という名の人物について長々と語った。

誰ひとり知らなかった。教師たちをのぞけば、その講堂にいた全員が戸惑っていたにちがいない。

その日の講堂ではじめて、この土地に対する（ロマンティックな）別の見方があることを知った。そのとき、私は衝撃とともに気づかされることになった――私たち家族が愛し、何世紀にもわたって属してきた場所、「湖水地方」として知られる地域には、私の理解がほとんど及ばない概念に基づく、外部の人々が抱くイメージがあった。

＊

そのあと、私は本を通して湖水地方のこの〝別の一面〟について学び、少しずつ理解を深めるようになる。一七五〇年ごろまで、イングランド北西部の端にある山がちのこの僻地が、外の世界から注目されることはほとんどなかった。たまに注目されたとしても、貧しく、非生産的で、原始的で、過酷で、醜く、後進的な土地だとみなされるだけで、訪問するべき美しい場所だと考える人などいなかった。しかし驚いたことに、それから数十年のあいだに湖水地方のイメージはがらりと変わることになる。まず道路が整備され、次に鉄道が開通すると、交通の便が一気によくなった。さらにロマン主義の出現やピクチャレスク運動によって、湖水地方に代表される山、湖、起伏に富んだ土地への世間の見方が変わった。この地域の景色が、突如として作家や芸術家に大きく注目されるようになったのだ。とくに、一八〇三年に始まったナポレオン戦争の影響でアルプス山脈への旅行がむずかしくなると、芸術家らはイギリス国内で代わりとなる山々を見つけなければいけなくなった。

当初から訪問者が虜になったのは、心が洗われるような幻想的で理想的な風景だった。その景色は、わずか百数十キロ南で産声を上げた産業革命といった近代的な出来事と好対照をなすものだった。発見された当時から、湖水地方はまた、さまざまな哲学やイデオロギーを築き上げる場所にもなった。起伏に富んだ丘陵や豊かな自然は人々の精神と感覚を刺激するものであり、そんな場所はほかにはなかった。彼らの心のなかには、歩き、眺め、登り、描き、文章として綴り、あるいはたんに空想するための場所として湖水地方が存在する。ここは、多くの人が訪れることを願い、住むことを望む場所なのだ。

しかしなにより驚かされたのは、湖水地方の風景が世界を変えたということだった。人々はこの地域の美しさ、刺激、あるいは特別感に魅了され、(所有権はないとしても)特定の場所やものを所有しているという強い感覚を持つ。そういった考え方が、実際に言葉として綴られたのは湖水地方がはじめてだった。たとえば、湖水地方をこよなく愛したロマン派詩人ウィリアム・ワーズワースは、一八一〇年に次のように提案した。「湖水地方を国の所有財産として、鑑賞眼と遊び心を持つすべての人たちのための共有財産とするべきである」。その当時に交わされた議論こそが、現代の世界規模での自然保護の出発点だった。地球上のすべての保護された土地、自然保護団体〈ナショナル・トラスト〉が所有するすべての財産、すべての国立公園、すべてのユネスコ世界遺産のDNAに、ワーズワースの言葉の欠片が含まれているのだ。

学校を離れて大人へと成長するまでのあいだに、湖水地方を愛するのは自分たちだけではないと私は学んだ。湖水地方は良くも悪くも、イギリス人はもとより、世界じゅうの数えきれない人々が愛する景勝地だった。それが意味することは？　山の反対側のアルスウォーター周辺の道路を忙しなく行き交う車、あるいは湖岸に集う群集を見れば一目瞭然だ。当然ながら、好ましい影響もあれば、あまり好ましくない影響もある。今日では、人口わずか四万三〇〇〇人の湖水地方に世界各地から一年で一六〇〇万人の観光客が訪れ、その経済効果は一〇億ポンド（約一八〇〇億円）にのぼると言われている。この地域の雇用の半分以上は観光に頼っており、多くの農場がB&B経営などの観光ビジネスで副収入を得ている。一方、建物の六割から七割が別荘や貸しコテージとして使われるような地域では、家賃や地価が高騰し、地元民の多くが共同体から締め出されるという現象が起きる。住民たちに抗う手立てはなく、「多勢に無勢だ」と嘆くだけ。あらゆる点において、昔ながらの住人はもはや少数派でしかない。湖水地方の至るところに——まるでゲストハウスがゲストに占拠されたかのように——自分たちの属する土地とは思えない場所があるのだ。

例の教師が描く湖水地方像は、ここ二〇〇年ほどのあいだに都会化し、ますます産業化した社会によって築かれたイメージだった。土地と無関係な人々で溢れ返る、より幅広い社会のための夢の場所だった。

けれど、この地に大昔から住みつづけ、同じ仕事を続けてきた住民にとって、それは夢の場所などではなかった。

私は教師に言ってやりたかった。あんたの考えは全部まちがってる。この場所のことも住人のことも何ひとつわかっちゃいない、と。湖水地方に対する現在の私の考えは、その少年時代から何年にもわたって形成されたものだ。しかし子供ながらの粗削りな形ではあったにしろ、はじめから自分のなかに似たような考えが存在していたことはまちがいない。それに、もし「本」が場所の定義を決めるとすれば、本を書くことが重要だというおぼろげな考えが心の奥底にあった——私たちのことを私たち自身で綴った本が必要だ。とはいえ、一九八七年のその講堂の椅子に坐る私は一三歳の子供で、手でオナラの音を出して抗議するくらいしかできなかった。すると全員が笑い、教師は話を切り上げて不機嫌そうにステージを降りた。

＊

ワーズワースとその仲間たちが湖水地方を〝作り出した〟か〝発見した〟のだとしても、その話がわが家に伝わってきたのは二〇〇年近くたった一九八七年になってからのことだった。その日学校から帰宅すると、教師から聞いた話について家族に質問した。聞いた直後から、このもうひとつの湖水地方の話はどこか胡散臭いと感じていた。湖水地方についての話なのに、なぜ住民のことがきちんと描かれていないのだろうか？　ペテンとしか思えなかった。のちに学んだ言葉を借りれば、「文化帝国主義」の典型例としか感じられなかった。

そのときの私は知らなかったものの、じつのところワーズワースは、羊飼いや小規模農場主による共同体が湖水地方の政治的・社会的な理想の根幹にあり、より幅広い意味と価値を持つと考えていた。当時のイングランドでは貴族階級が一般市民の生活を支配するのが当たりまえだったが、湖水地方では住民自らが土地を統治していた。ワーズワースにしてみれば、それは善き社会のモデルだった。国じゅうがみるみる商業化・都市化・産業化していくなか、湖水地方の住人はその正反対に位置する存在であり、ワーズワースはそれを重要なことだととらえた。彼が思い描く考えは当時としても理想主義的だったが、ワーズワースのなかにある湖水地方はどこまでも独自の文化と歴史が根づく場所だった。くわえて、この風景への評価が高まるにつれて、訪問者にも大きな責任が発生し、地元文化をしっかりと理解することが大切になると彼は主張した。さもなければ訪問者自身が、この地を特別たらしめるものを消し去る負の力になってしまう、と。一八〇〇年に発表された『マイケル（牧歌）』の下書きの一節によると、湖水地方の羊飼いが自らの土地に対して独特の考えや興味を持つことにワーズワースはすでに気づいていたようだ。彼の観察力は驚くほど現代的だった。

山を愛しているか、と
羊飼いに面と向かって尋ねたなら
質問の言葉を面倒くさそうに繰り返し
彼はこちらをじっと見つめ、こう言ったにちがいない
山は眺めるに恐ろしいものではあるものの
不思議な方法で語りかけてくれるのだ、と
仕事について、出来事について、土地や空について
そこまで話を聞けば
彼の考えのなかに、曖昧な事々があるのがわかる
感嘆と驚異の念、それら形作られたものは
彼の心のなかではれっきとした宗教になる

そんなこととはつゆ知らず、当時の私はずっとワーズワースを恨んでいた。住人を無視し、湖水地方を部外者が散歩するためのロマンティックな場所へと変えてしまった詩人が

憎たらしくてたまらなかった。

直接的にしろ間接的にしろ、意識的にしろ無意識的にしろ、環境に対する個人の考え方や姿勢というものは、文化的な要素に影響を受ける。この土地への私の考え方は、本から学んだものではなく、別の要素——私が生まれるはるか昔にここに移り住んだ人々から受け継がれてきた古い考え——に影響を受けたものだ。

この本は、羊飼いの一年の仕事についての説明であり、七〇年代、八〇年代、九〇年代における私自身の成長記録であり、父や祖父といった周囲の人間たちの記録である。さらに本書を通して、湖水地方の歴史についてもう一度見直してみたい。数百年にわたってこの地に住んできた人間たちの視点から見た、湖水地方の真実の歴史に光を当てたいと思う。

これは、あるひとつの家族とひとつの農場の物語であり、現代社会で忘れ去られた人々の物語だ。いまこそ、その人々について知ってほしい。同じ社会に住みながらも、その生活がどれほど伝統的で、遠い過去の歴史に根づくものなのか——。アフガニスタンの丘陵地帯の住民を理解するためには、まずイングランドの丘陵地帯の住民を理解することから始めるべきかもしれない。

夏

わたしは人生の多くの時間をこの地域で暮らしてきましたが、決してここに属していると感じたことはありません……とても不思議なことです……ここに存在するような空気をいままで肌で感じた経験はなかったのです……自分としてもとても興味深いので、お話しせずにはいられません。この村の子供たちは、村人以外の全員、村の外のあらゆるものを拒絶する力を持っています……あの子たちは、村の外から来た新参者にはない何かを持っているのだと自ら確信しています。自分たちが神秘的で完璧な生活を送っており、別のものを探すことなど時間の無駄だと信じているのです。

ダフニー・エリントン（教師）

――ロナルド・ブライス『エイクンフィールド』（一九六九年）より

始まりも終わりもない。毎日、太陽が昇って沈み、季節が移り変わる。陽の光、雨、霰、風、雪、霜とともに、日、月、年が過ぎていく。木の葉は秋に散り、春になるとまた青々と茂る。果てしない空間のなかで、地球がまわる。暖かくなると草が生え、寒くなると枯れる。農場と羊の群れは、ひとりの人間の一生よりも長く永遠に続く。冬にあたりを舞うオークの葉のように、人々は生まれ、働き、死ぬ。私たちはみんな、永続的な何か、強固で、現実的で、真実に感じられる何かのほんの小さな欠片だ。農場を中心とした暮らし方は、五〇〇〇年以上前からこの大地に根づいてきた。

＊

一九七四年の七月下旬、ひとりの老人とふたつの農場(ファーム)を中心とした世界に私は生まれた。老人はウィリアム・ヒュー・リーバンクスという名の誇り高き農場主(ファーマー)で、友人たちには「ヒューイー」、私には「おじいちゃん」と呼ばれていた。寝るまえにキスをすると、無精ひげがチクチクと肌に当たった。いつも体から羊と牛のにおいがした。黄色い歯が一本しか残っていなかったが、ジャッカルよろしくラムチョップの肉を器用に噛み千切った。

祖父には三人の子供がいた。立派なファーマーと結婚したふたりの娘と、私の父親だ。末っ子の父さんが祖父の農場を受け継ぐことになった。私は最後に生まれた孫だったが、祖父の苗字を引き継ぐ唯一の孫になった。最初の記憶から最期まで、私は祖父のことを敬愛しつづけた。まだ幼いながらも、祖父はこの世界の王様なのだと私は考えていた。聖書の族長のような偉い人なのだ、と。彼は誰に対しても諂(へつら)うことがなかった。祖父に指図する人は誰もいなかった。生活は質素そのものだったものの、彼は自信と独立心に満ち溢れる自由な人間で、自分は世界のこの場所に属しているという確固たる存在感を放っていた。私のいちばん古い記憶は祖父のものであり、子供のころからいつか彼のようになりたいと願っていた。

私たち一家は、イングランド北西部の端に広がる湖水地方の小さな丘に住み、小さな農場を営んでいる。農場があるのはマターデールと呼ばれる渓谷で、ペンリスの町から伸びる幹線道路を西に移動したとき、左側に現れるふたつの丸いフェル（山）のあいだに挟まれた場所だ。わが家の裏側のフェル頂上から北側を向くと、遠くのソルウェー湾の河口からスコットランドへとつながる銀色のうっすらとした光が見える。毎年、初夏になると私はフェルに登り、ある特別な時間を過ごすことにしている。牧羊犬と一緒に地べたに坐り、三〇分ほどかけてその世界を体のなかに取り込む。東側には「イングランドの背骨」と呼ばれるペナイン山脈を望み、その山麓にはイーデン・ヴァレーの豊饒な農地。そんな景色を眺めながら、私はある考えに浸ってひとり微笑む。リーバンクス家のすべての歴史は、湖水地方とペナイン山脈のあいだに位置するこの山麓で刻まれてきた。そこに広がる牧草地と村の内側だけで、六世紀ものあいだ——あるいはさらに長いあいだ——生活を続けてきた。私たちがこの風景を形作り、この風景によって私たちは形作られてきた。先祖たちは幾世代にもわたって、この山麓で暮らし、働き、死んだ。私たちの先祖、そして似たような人々がいなければ、現在のこの風景は存在しないことになる。

すべての景色は人々が作り出したものであり、一万年以上前からここで生活してきた男女の行動によって定められてきた。多くの山は鉱山として開発され、至るところに採石場のあばたができている。手つかずの雑木林のように見える裏の森も、かつて大々的に伐採され、萌芽更新を繰り返してできたものだ。親戚や大切な知り合いのほぼ全員が、このフェルが見える範囲に住んでいる。ここを「私たちの土地」と呼ぶのは、何か特別な意味合いがあるからではなく、物理的にも精神的にもそれが現実だからだ。この土地こそが郷土であり、私たちは遠くに行くことなどめったにないし、ほかの場所に長く留まることもできない。想像力や冒険心が足りないと思われたとしても、そんなことは気にしない。ここは私の愛する場所であり、すべての始まりと終わりなのだ。私にしてみれば、ほかの場所に大きな意味はない。

　山の頂から、名もなき労働者たちが長年かけて作り上げてきた景色を見渡すことができる。牧草地、石垣、灌木、生け垣、道路、小川（ベック）、排水溝、納屋、採石場、森、小道によって隔てられ、形作られたユニークな人工の風景。自分の農場が見え、すぐに取りかかるべき数多（あまた）の仕事のことが頭に入り込んでくる。山の上でぼんやりと休んでいる暇はない。羊が石垣を乗り越えて干し草用の牧草地に入り込んでいる姿が見えると、さらに現実に引き戻される。忌々しい詩人や観光客のように空想に耽るのはもうやめにして、仕事を始めなくては。西側に眼を向けると、一年の半分ほどのあいだ雪を頂く背の高いフェル群が見える（最高峰のフェルの頂上からはアイリッシュ海を望むことができる）。南側には山しか見えないものの、その向こう側のどこかにイングランドの残りが広がっているはずだ。湖水地方と呼ばれる地域は比較的狭く、面積はわずか二〇〇〇平方キロメートルほど。宇宙から見ると、私たちの農場はその小さな渓谷の連なりの東端に位置することになる。ここは湖水地方でも小さめの谷で、小規模な農場が点在するフェルに囲まれたすり鉢状の土地だ。車で移動すれば、端から端までわずか五分。谷の反対側、一キロ半ほど先にある隣家のほうに耳をすませば、山の中腹に羊を集めようとする隣人のかけ声が聞こえてくる。私たちが暮らし、農場を営む谷は、お椀形に丸めた老人の両手のように眼下に広がっている。
湖水地方の風景には、人の心をつかんで離さない何かがある。夏のあいだに生い茂る草とその緑色は、世界じゅうのほとんどの人々にとって驚くべき光景らしい。田園的（パストラル）な風景の温暖な土地、大雨が降る暖かな夏……端的に言えば、夏草を育てるのにぴったりの場所だ。作家たちが古くから書き記してきたように、ここは人間の感覚に寄り添った心休まる場所なのだ。フェルの中腹には、大昔から村人たちが分かちあう共有地（コモン・ランド）。そのすぐ下にひっそりと建つ白漆喰の家屋。麓（ふもと）の盛り上がった土地、あるいは（祖父が住んでいたような）水浸しの谷底に広がる草むらへと続く山の背には、いくつかの農場。湖水地方には、私たちのものと同じような農場——景観と伝統的な生き方を家族で護りつづけるファーム——が三〇〇軒ほど残っている。

*

一九一八年、私の祖父はごく平凡な農場の家に生まれた。当時、祖父一家は湖水地方から東に少し離れたイーデン・ヴァレーで生活し、農場を営んでいた。いまも残る文書の記録をたどると、祖父の先祖は何世代にもわたって農業に携わっていたが、その生活は決して安定したものではなかったようだ。そこそこ成功した時期もあれば、雇われ農家や農場労働者に成り下がった時期もあった。また、一時的に救貧院(ワークハウス)に入ったこともあれば、さらに厳しい環境に置かれたこともあった。家族史をひもとくための資料は時代を遡るほど減り、もっとも古い一六世紀の記録には家族の誕生、死亡、結婚についての情報が読みにくい手書きの文字で記されていた。その文書は、一族の子孫がいまでも生活する小さな村々の教会にかろうじて残っていたものだ。私の祖父はまさに、この社会から忘れ去られた物言わぬ多数派のひとりだった。彼らは自分たちが存在した文書記録をほとんど残すことなく、生き、働き、家族を愛し、死んだ。他人にしてみれば、祖父やその子孫は名もない人間でしかない。しかし、そこに大きな意味がある。湖水地方のような土地の風景は、そんな名もない人間たちの努力によって形作られ、護られてきた。だからこそ、学校で〝金持ちの死んだ白人〟バージョンの湖水地方史があると知ったとき、私は衝撃を受けた。ここにあるのは謙虚で勤勉な人々の風景であり、この土地の真の歴史は名もない人間の歴史であるべきなのだから。

*

ベッドサイドテーブルに置いた目覚まし時計のアラーム音が鳴り響き、手を伸ばしてオフにする――午前四時三〇分。じつのところ、目覚まし時計が鳴るまえから半分眼は覚めていた。夜明けが近づきつつあり、部屋には薄明かりが射し込んでいる。ふと横を見ると、掛布団の外に出た妻の肩と片脚が見える。夜のあいだに忍び込んできた二歳の息子が、ベッドの真んなかですやすやと眠っている。私は服を引っつかみ、静かに部屋を出る。山の端から太陽が顔を出すまで、あと少しだ。

キッチンで牛乳をラッパ飲みすると、寝ぼけた頭のまま機械的に服を着る。フェルのゲートでの集合時間まで、あと三〇分。今日は、毛刈り（剪毛）のためにフェルの羊を山麓に集めなければいけない。チェックリスト自動操縦装置が作動したかのように、頭が起動しはじめる。

服装――よし。

朝食――よし。

サンドイッチ――よし。

ブーツ――よし。

納屋に着くと、牧羊犬のフロスとタンが飛び上がって体をくねらせ、鎖を外すまで哀れっぽい鳴き声を上げる。まずは餌を与える。犬たちはフェルに行くことを知っている。必要なときに力を発揮できるよう、賢い牧羊犬が少なくとも一匹いないと、羊飼いの仕事は成り立たない。湖水地方のフェルで放牧される羊は半分野生なので、人間が隙を見せると、すぐに逃げ出して大混乱を巻き起こしてしまう。そこで、頭のいい牧羊犬が活躍する。険しい岩山や岩石がごろごろする斜面など、人間がたどり着けない場所で雌羊（ユー）を追い立ててくれるのだ。私が外へと歩き出すと、タンが納屋のドアに向かって走って四輪バギーに飛び乗り、フロスもそのあとを追う。

牧羊犬への餌やり、移動の準備——よし。

四輪バギー——よし。

ガソリン——よし。

犬に驚いたツバメが、納屋のドアから空へとびゅんびゅん飛び上がっていく。数日前に飛べるようになったひな鳥も一緒に、家族みんなが牧草地へと移動する。この時期のツバメは、日がな一日草原やアザミの上を優雅に飛びまわる。

ピンクやオレンジの光の筋が、山肌に少しずつ伸びていく。日の出だ。

いまは夏でもいちばん暑い時期で、車の運転席までアスファルトの熱が伝わってくる。太陽、埃、ハエ、青空……。日中のもっとも暑い時間帯には、羊を動かすことはできない。これまでの八、九ヵ月続いた冷たく湿った季節のあいだには、想像さえできなかった状況だ。正午近くになると羊たちはハアハアと息を切らし、日陰を求めて岩陰や岩の割れ目に隠れてしまうので、多くの羊の居場所がわからなくなる。くわえて、暑すぎるのは牧羊犬も同じで、高温多湿の環境で無理に働かせると死んでしまうことがある。そのため、早朝から仕事を始め、太陽が天高く昇って気温が上がるまえに作業を終わらせる必要があるのだ。

今日集まることを知ったのは、昨日の夜のことだった。ちょうど風呂に入っているとき、電話が鳴った。妻が持ってきてくれた受話器を受け取ると、風呂にいることを気取（けど）られないように私は話し出した。電話の相手は隣人のアラン。周囲からの信頼も厚い年配のファーマーで、フェルで多くの羊を放牧するベテランだ。彼はこのあたりの長老のような存在であり、コモン・ランドの共用権保持者（コモナー）たちの取りまとめ役を務めている。個性豊かなファーマーたちを仕切るのはたやすいことではなく、私はアランの仕事を羨ましいなどと思ったためしがない。受話器の向こうの彼は、必要最低限の言葉だけを発する。

「明日、フェルに集合だ」

「わかった」

「ゲートに朝五時」

「了解」

そう言うと、アランは電話を切って次の人に連絡する。

雌羊の毛刈り時期は毎年だいたい決まっており、そろそろ連絡が来ることはわかっていた。とはいえ、「好天」「みんなの手が空いた絶好のタイミング」というふたつの条件が揃わなければ、この共同作業を行なうことはできない。電話が鳴るまで、あるいは「明日だ」というアランの叫び声が通りから聞こえるまで、いつ毛刈りが決行されるかはわからない。常に、作戦開始日「Dデイ」を待っているようなものだ。

*

この集まりは古代から続く共同作業のひとつだ――柵のないコモン・ランドで羊を放牧する権利を持つ全員が牧羊犬を連れて集まり、羊の群れをフェルから麓に移動させる。囲いのない広大なヒースの荒地と山からなるフェルには、一〇ほどの羊の群れが放牧されている。大きな捕食動物が生息していないため、羊たちは夏のあいだ人間の世話なしで自由に生活することができる。しかし、出産や毛刈りといった群れの生活に欠かせない活動のために、羊たちは何度か麓に集められる。私たちのコモンの先には、囲いのない別の土地が広がっており、そちらのフェルは別のコモナーによって管理されている。つまり、羊たちは湖水地方の丘陵地帯を横切ってどこまでも移動することができるということになる。けれど羊は自分が属す山を把握しているので、決してほかの場所に移動しようとはしない。フェルの羊は山のその場所に〝ヘフト〟される――子羊（ラム）のときに母親から学ぶこの所属意識は、何千年も前から途切れることなく群れのなかで引き継がれてきた。この古代から続くつながりが存在するため、羊は一生そのフェルに留まりつづけるのだ。湖水地方は西ヨーロッパでもっともコモン・ランドが多い地域で、世界各地で行なわれている牧畜よりも古い牧畜方式がいまだに残る場所のひとつである。

私たちが今日集まるフェルは自分たちの土地ではなく、〈ナショナル・トラスト〉が所有する土地だ。(場所によって所有者は異なるものの)それぞれのフェルのコモナーには、決められた数の羊を放牧する法的な権利が与えられている。湖水地方の多くの丘陵地帯の土地は、ビアトリクス・ポターなどの裕福な篤志家によって購入され、景観と独特の生活様式を保全することを目的に〈ナショナル・トラスト〉に寄贈された。篤志家の遺言によって、放牧できる羊がハードウィック種に限定されていることも多い。

湖水地方のフェルには、さまざまな形式の土地所有権が存在する。たとえば、私たちのフェルは「スティント」と呼ばれる共同放牧権によって管理されており、スティントを所有あるいは借りることで一定数の羊を放牧する権利を得ることができる(一スティントにつき六匹)。スティントは売買・貸借することができるため、年配のファーマーが引退するときには、放牧権と群れは次の世代に引き継がれる。一般的に、フェルの地主自身はスティントを所有していないため、自分の土地で羊を放牧することができない。つまり、放牧権は隣人と仲間のコモナーのあいだで共同管理される。一般的な英語で「コモナー」は

「平民」や「庶民」を意味する言葉だが、湖水地方でコモナーになることは誇り高いことだ。コモナーであることは、価値ある権利を持つこと、フェル管理に貢献すること、ほかのファーマーと対等な生活を送ることを意味する。ハードウィックやスウェイルデール種を育て、羊の群れをフェルの共同放牧地にヘフト（定住）させているとすれば、その飼い主は必然的にコモナー組合の一員とみなされることになる。この制度は、封建時代からの奇妙な置き土産と言ってもいい。当時の労働者たちは、地力の貧しい山地での放牧権をもらう見返りとして、荘園の領主に生産物や使用料（あるいは兵力）を貢納していた。しかし、この貢納はとっくの昔に廃止された。時代の流れに呑み込まれて没落した貴族もいれば、端（はな）からファーマーたちと権利を争うことを放棄した貴族もいた。ファーマーたちを怒らせると、ひどく面倒で頑固な人間になることを彼らは知っていた。「わざわざ苦労してまで維持するほどの権利ではない」と貴族に思わせたこと――それこそが、小作農民たちの勝利だった。伝統的な牧畜方式と生活様式がこの地域で途切れることなく続いたのは、歴史を通しての貧困と孤立した立地に依るところが大きい。さらには、早い時期から始まった環境保護運動により、湖水地方は変化を免れてきた。私たちは、そんな歴史のほんの小さな一部なのだ。

＊

農場の雌羊と子羊の群れを山に放牧したのは、八週近く前。そのすべてがハードウィック種で、湖水地方原産のこの羊は何世紀もこの地に住み着き、その風土、気候、牧畜方式に合うように育てられてきた。羊たちには、おもにふたつの仕事がある——「冬の悪天候を乗り越えること」と「春に元気な子羊を産み、夏のあいだ山で子育てすること」。すべてがうまく進めば、新たに産まれる子羊で群れの規模を保ちつつ、余った子羊を売ってファーマーは利益を得ることができる。

山に移動させてから八週のあいだ、羊の姿を見かけることはめったにない。青々とした夏草が広がる高原地帯では、羊たちは人間の手を必要としない。飼い主から離れて羊が自由に生活する期間を設けることも、ここの牧羊文化の一部なのだ。一方、双子を育てる雌羊はより多くの栄養を必要とするため、麓にある傾斜地をフェンスで囲った「インティク」や「アロットメント」と呼ばれる区域で育てられる。私はほかの羊たちと早く再会したくてたまらなかった。みんな元気に生活しているだろうか？　それ以上に気になるのが、山に送り出した五月にまだ生後一カ月だった子羊が、どれくらい成長しているかということだ。いまは七月の第二週。フェルのゲートに続く山道脇の谷には霧が立ち込めているが、朝日がその霧を消散させようとしている。

ゲートに到着したのは私が二番目。ある羊飼いが、いつも決まって最初に到着する。もしかすると不眠症なのかもしれない。

フェル・ゲートへの到着時間――よし。

すぐに、ゲートに八人から一〇人の男女が集結する。その周囲を興奮して動きまわるのは、牧羊犬とやる気満々の雑種犬たち。ときどき、交通渋滞が起きて犬たちの体がぶつかりそうになる。ファーマーたちはみな半袖、ブーツ、日よけ帽という恰好で、ベスト・ドレッサー賞をもらえそうな人は誰もいない。薄汚れた古い肩かけ鞄のなかに入っているのは、サンドイッチ、ジュース、食後のおやつ。天気が悪い日には、私たちは不安げに稜線に眼を向け、フェルを覆う雲を眺めることになる。雲の動きがあまりに遅いときには、いったん引き揚げることも珍しくない。悪天候のなかで山に登るのは危険だ。とりわけ、雪は致命的なトラブルを招くことがある。しかし、今日の心配事はただひとつ――暑さ。ひとりの羊飼いがまだ姿を現しておらず、みんながイライラしている。私たちはその場に突っ立ち、口々に文句を言う。

「また遅刻か」

「あいつ、朝が弱いんだよ」

「先に行こう。あとから追いかけてくるよ」

「ダメだ。待ったほうがいい」

「あ、来たぞ」

一台の四輪バギーがフェル脇の道路を猛スピードでやってくる。気まずそうな表情の羊飼いが、もごもごと言いわけを始める。そこの下のところで、道路に逃げ出した子羊を集めていたんだ。

そんなことはどうでもよかった。すぐに出発し、先を急がなくては。雌羊と子羊がいるのはフェルのはるか上、空と陸の境界線のあたりだ。

最年長の羊飼いが、戦場における司令官の役割を務めることになる。そんなとき、私はふと一九六四年の映画『ズール戦争』の一場面を思い出す。原住民の戦略について「バッファローの角で挟み撃ちにして、敵を取り囲む」と説明されるシーンがあり、それが私たちのフェルでの羊の集め方に少し似ているのだ――六人から八人の羊飼いと十数匹の犬が何時間も山を歩きつづけ（四輪バギーで通行できる場所ではもう少し早く進行する）、全員がチームとなって動かなければいけない。フェルを横切りながら「スミット・マーク」（農場を特定するために個々の羊につける色とりどりの識別マーク）を確かめ、自分たちのコモンと隣のコモンの群れを選り分けながら進む。群れ、マーク、地形を熟知していなければ大混乱が生じ、羊は隣のコモンへと逃げてしまう。そんなことになれば、全員にとって無駄な仕事が増えるだけだ。一見すると、私たちはただ突っ立っておしゃべりしているように見えるかもしれないが、じつは大切な仕事に取り組んでいる最中なのだ。とにかく指示されたとおりに動くことが重要なので、一言も聞き漏らすわけにはいかない。

経験豊かな羊飼いショディはリーダーの指示を受けると、フェル頂上の緑と青の境界線あたりに行き、遠い岩陰に隠れた羊たちを追い立てはじめる。当然ながら、もっとも優秀な人間と犬には、もっとも難易度の高い仕事が割り当てられる。今日のショディの役目は、羊の群れの最後尾を見極め、逃げ出そうとする羊を制して群れのなかへと連れ戻すことだ。賢い犬たちと組む若い羊飼いジョーは、長く深い渓谷に隠れた羊を追い立てる役を任される。この土地の左側を流れる渓谷は、隣のコモンとの境界線となる場所だ（何世紀もの時をかけ、小川の流れによって形成されたこの種の渓谷を、湖水地方では「ギル」と呼ぶ）。頭のいい犬は岩陰の羊を慎重に追い立て、飼い主の口笛に従って左右に素速く移動したり、その場で立ち止まったりすることができる。一方、訓練不足の若い犬は、たんに羊を追い立てるだけで精一杯。それどころか羊を驚かせ、崖の斜面や危険な場所へと追い込んでしまうこともある。

腕利きの羊飼いと賢い牧羊犬たち——一方は四輪バギーに乗り、一方はヒースの大地を駆け抜け、山のなかに消えていく。

ジョーが渓谷に消えると、数人の羊飼いがフェルの左側に行き、羊たちを右側へと誘導する。約八〇〇メートルおきに群れの脇にひとりが陣取り、流れが止まらないように眼を光らせる。それぞれの羊飼いが立ち止まる場所は決まっている。

群れの脇に立つ私たちの役目は、羊を逆流させないこと。賢い犬と組めばそれほどむずかしいことではないものの、人間だけでやるのはほぼ不可能に近い。フェルでの放牧は、人間と牧羊犬の連携があってはじめて可能になる。

私は、群れのいちばん端に立つ役割を任される。最後に山の上から降りてくるショディと合流して〈ストーンズ〉で仲間たちを待て、というのが私への指示だ。了解。

最年長の羊飼いがふたりの男を引き連れ、埃っぽい古い小道に沿って右側へと移動する。彼は隣のコモンとのあいだに境目を作り、向こうの羊を遠ざけ、自分たちの羊を群れへと連れ戻す。つまり、彼は群れの右端を担当することになる。

羊飼いが大声で指示を出すと、犬はせっせと羊を追い立てる。ところが、なかには興奮して別の羊飼いの指示に従って走り出す犬もいる。数時間後、私たちはフェルのいちばん端、泥炭沼地を過ぎたあたりで合流する。泥炭地の至るところに、地面から盛り上がった箇所がある。あたかも、海底からゆっくりと上昇した緑や茶色の島々のようにも見える。六〜九メートルくらいの島もあれば、一エーカーほどの広大な土手まで広さはさまざま。その泥炭の島々を隔てるのが、水の流れによって削られた小さな溝や谷だ。人間の背丈、あるいはそれ以上に高く盛り上がった土手の側面を黒い泥炭が覆っている。そこは、人間が落ちてしまうこともある危険な場所だ。この崖肌に羊が背中をこすりつけると、毛の一部が石炭色に変わる。それを見ると、ここが羊の住む場所なのだと改めて気づかされるものだ。泥炭の土手に挟まれた低地は、羊を見失いやすい入り組んだ場所で、四輪バギーがひっくり返ってしまうことも珍しくない。そのため、犬に追い立てられた羊の群れが泥炭沼地を抜けるときには、とりわけ注意が必要になる。泥炭地を越えると、今度は〈ウルフ・クラッグ〉と呼ばれる岩の近くにいったん集まり、輪縄でくるようにすべての羊たちを取り囲み、フェルのゲートを抜けてそれぞれの農場へと導いていく。

＊

フェル・ゲートでの騒ぎが終わると急に静かになり、あとはひとりきりで働くだけ。一日のほとんどの時間をほかの人と離れた場所で働き、互いに協力はするものの、話ができるほどの距離に近づくことはない。今日は、犬と一緒に働く一日なのだ。〝フェルの牧羊犬〟は聡明な知性と頑丈な体軀を兼ね備えた特別な犬で、山中で長い距離を駆けながら半ば独立して働くことができる。私は幸運にも、二匹の優れた〝山麓の牧羊犬〟を飼っている（犬種はボーダーコリー）。山麓であればありとあらゆる仕事をこなすことができる賢い犬で、四方八方を素速く這いまわり、表情だけで羊を操ることができる。自慢の牧羊犬ではあるものの、（少なくとも現時点では）一流のフェルの牧羊犬とは言えない。フェル用と山麓用の牧羊犬はまったくの別物であり、その能力の差は火を見るよりも明らかだ。体力と知性みなぎるフェルの牧羊犬にとって、より大切なのは観察力ではなく、指示に従いながらも自ら機転を利かせて行動する能力のほうだ。

フェルを横切っていると、私たちのコモンに属する何匹かの雌羊が、深い渓谷の反対側の山腹にいるのが見える。かなり距離があるので、今日これから捕まえにいくのはむずかしそうだ。あとで隣のコモンの麓に下りてきたときに引き取りにいけばいい。そう私は考えていたが、渓谷の下にいるジョーは羊を連れ戻すために自分の牧羊犬を送り出す。はぐれた羊ははるか遠くにおり、ジョーの立つ位置からはほとんど見えない。実際のところ、ジョーは私たちよりもさらに羊から遠い場所にいる。犬は体を前後に大きく揺らしながら、遠くの稜線へと山肌を瞬く間に駆け上がっていく。口笛が一度か二度鳴ったのは、このまま走りつづけろ、死角の岩陰に隠れた羊を捜せという合図だ。いったんターゲットの羊が視界に入ると、あとは犬の独壇場となる。犬は背後にまわり込んで岩から羊を追い出す。犬と羊はくねくねと蛇行しながらも山麓へと斜面を下り、最後に渓谷の下に姿を消す。牧羊犬が送り出されてから一〇分後、逃げ出した羊が渓谷から頭を出してこちらにやってくる。すっかり疲労困憊の体の羊たちは、抵抗することなく荒野を駆け、群れの列に加わる。羊が無事に群れに戻ったことを見届けると、犬は谷底の主人のほうに引き返す。ジョーはこちらに向かって遠くから手を振って合図をし、また歩き出す。なんて賢い牧羊犬だろう。

はるか遠くの稜線に犬の姿が見えたとき、私は驚きのあまり口をぽかんと開けてその姿に見入ってしまった。バカにされないように、すぐにぐっと閉じたが。私の牧羊犬がいくら優秀といえども、あんな真似はできっこない。湖水地方の羊飼いはよほどのことでないかぎり感動などしないが、いま見た光景には全員を黙らせる不思議な力があった。

年配の羊飼いがこちらを振り返って言う。「あれこそ、本物のフェル・ドッグだな」

「ああ」と私は認める。「でも、ジョーには言わないほうがいい。調子に乗るから」

＊

フェルの端まで来ると、私は指示されたとおりその場で待機する。いったん山に入ると時間の感覚が失われるので、朝ここに来てからいったい何秒、何分、何時間たったのかわからない。

私のうしろにいた羊飼いたちに促され、羊たちがとぼとぼと斜面を下りていく。ジョーが渓谷から最後の一匹を外に追い出すころ、私は彼と合流してフェルの端の草地を横に歩いていく。途中、ハードウィック種の雄の子羊(ラム)が犬に追い立てられながら眼のまえを通過すると、私たちは立ち止まってその姿をほれぼれと眺める。

「あれ、見てみろよ」

「ああ」

「あんたのところの羊だろ？」

「ああ、そうだ」

「母羊が、さっきひとりで歩いていたよ」

「あれだけ立派だと、品評会で勝てそうだな」

「かもしれない」

「時間がたてばわかるさ」


ジョーはさっと私のうしろにまわり込み、ヒースの大地を横切るように羊を移動させる。私は稜線へと近づき、泥炭沼地にいる羊を斜面の下のジョーのほうに追い立てる。いま私がいるのは、自宅からいちばん遠い場所だ。眼下に広がるのは、この世界を作り上げる三種類のファームランド──「インバイ」と呼ばれる牧草地、「インテイク」と呼ばれる囲い地、そしてフェル。この地域の牧畜は、一年のあいだにこれら三つの土地に羊を計画的に移動させて行なわれる。

フェル・ファームの核となる構造はじつに単純なものだ──夏山に育つ草を利用して発展した牧畜方式の一形態。ファーマーは自ら消費するものだけを生産して自給自足の生活を送ることもできるし、生活費を稼ぐために生産物を売ることもできる。

しかし、何が先に来て何があとに来るのかを考えなければ、何も意味をなさない。文字どおり、「ニワトリが先か、卵が先か」という問題だ（あるいは、「羊が先か、子羊が先か」と言い換えてもいい）。とはいえ、面倒な話に入るまえに、まずは一年の仕事の基本的な流れを説明しておきたい。簡単にまとめると、ここでの仕事は次のように進む……。

真夏——子羊の健康を気にかけながら、雌羊と子羊をフェルやインテイクから集めて毛を刈る。同時に、冬用の干し草を作る。

秋——競売市と品評会のために、フェルや高地から羊を麓に再び集める。この時点で子羊を母親のもとから離し、〝フェルの収穫祭〟とも呼ばれる競売市で売るための余剰分の子羊と雌羊の出荷準備を進める（このあいだに母羊を休ませ、子育て期間中に失われた体力を回復させる）。このわずか数週のあいだに、羊飼いは年収の大部分を確保することになる——余剰分の雌の種羊を低地の農場に売り、希少価値の高い雄の種羊を高値でほかのブリーダーに売る。

晩秋——繁殖期が始まると、ほかの群れから購入した新たな雄羊も加え、雄と雌を引き合わせる。同じころ、農場に留まることが決まった子羊（群れの将来の繁栄のために必要な子羊）は、冬を越すために低地の農場に預けられる。さらに晩秋から冬にかけて、余剰分の子羊と呼ばれる去勢雄（ウェザー）を肥育（ひいく）して食肉業者に販売する。つまり、この地域での牧畜の最終的な目的はふたつ。ひとつは、ほかの農場に売るための種羊を育てること。高地のフェルで育った雌羊は、低地での環境にも強く繁殖力が強いため、高値で取引される。ふたつ目は、五月から一〇月のあいだに山の肥沃な草地で育った雄の子羊を食肉用として売ること（ときには、子羊を「肥育素羊」として中間業者に売り、ブローカーが代わりに食肉用に肥育することもある）。羊飼いのすべての収入は、このふたつの方法によってもたらされる。

冬――一年でもっとも過酷な天候が続くなか、種羊の群れの世話をしながら、必要に応じて餌を与える。一年のほとんどの時期、羊たちは自然の草だけを食べて育つが、草がなくなる冬の数カ月のあいだは干し草が必要になる。

晩冬～早春――妊娠した雌羊の世話をして、出産の準備を進める。

春――農場内でもっとも肥沃な牧草地（インバイ）で雌羊たちを出産させ、何百匹もの新生子羊の面倒を見る。

晩春～初夏――識別マーク付け、予防接種、寄生虫駆除などを行なう。そのあと羊をフェルやインテイクへと移動させ、生い茂った夏草を思う存分食べさせる。また、羊がいなくなった山麓で、冬用の干し草作りに必要な草を育てる。

それから……祖先が続けてきたように、同じことをまた繰り返す。何世紀も前から、この牧畜方式の根本は何ひとつ変わっていない。変わったのは規模だけで（生き残るために農場が合併したため、羊飼いの数は減った）、基本的な仕事の内容は同じだ。一〇〇〇年以上も前のヴァイキングの時代から、それは変わらない。当時の羊飼いを現代のフェルに連れてきたとしても、一年の基本的な流れや仕事の中身についてすぐに理解できるにちがいない。それぞれの作業に取りかかるタイミングは谷の地形や農場の位置によって異なり、羊飼いの意思とは関係なく、すべては季節や必要性によって決められている。

ときどき、山中のどこかで誰かを待ちながら、ひとり沈黙のなかに佇む瞬間がある。と、ヒバリが美しい鳴き声を上げて空へと飛び上がる。ときどき、まわりに羊も人間の姿も見えなくなる瞬間がある。と、はるか遠くの幹線道路と集落が視界に入ってくる。フェルでのコモナーの集まりがいったいいつごろ始まったのかは誰にもわからないけれど、少なくとも五〇〇〇年ほどは続いているにちがいない。

＊

あたり一面の険しい山肌には、牧草地が広がっている。湖水地方のそれぞれの農場はかつて、領主が所有するコモン内で一定の数の羊を飼うための共同放牧権を保有していた。割り当てられる羊の数は、フェルの牧養力や農場の冬期間の牧養力に鑑（かんが）み、共同体内での申し合わせや慣習によって決められていた。このシステムをうまく稼働させるためには、悪用、不正、不適切な管理を防ぐための規則や慣習が不可欠だった。それは現在も同じで、携帯電話や電子メールが普及する以前、全員で協力して土地を管理するために頼りになるのは、合意された伝統と慣例だけだった。「誰が」「何を」「いつ」「どのように」するべきかについて、みんなが共通の認識を持つことが重要だった。かつては不正行為に罰金を処するための荘園裁判所も存在したが、似たような制度はコモナー協同組合によって今日にも引き継がれている。たとえば毎年一一月に開かれるコモナーの集会では、迷子になった羊をフェルから回収するという伝統行事があり、それを怠るとほかのコモナーによって罰金が科されることになる。湖水地方のいちばん端のコモンから反対側の端のコモンまでの移動は往復一五〇キロに及ぶこともあるため、とくに複数のコモンで羊を放牧する農場にとっては、この迷子捜しはたいへんな重労働になる。農場の若者のなかには、秋の迷子捜しを専門に手伝って小遣いを稼ぐ者もおり、彼らはそのためにわざわざ何匹もの牧羊犬を飼っている。

「羊飼いやファーマーは自然と対峙する独立した存在」であるという詩的な空想を抱く人がいる。実際、ワーズワースはこの考えを詩のなかに反映させ、子供のころに彼が抱いた羊飼いのイメージを世間に発信した——ほかには犬しかいない孤独なフェルで、羊飼いが自然と一体化する姿。ときにこれは現実そのもので、祖父のような男たちは、羊や自然の世界にたったひとりで立ち向かうことがあった。その反面、文化的にも経済的にも、羊飼いはひとりで存在することはできない。祖父が所有していた牧草地はかつて〝フットボール・ピッチ〟と呼ばれ、地域の人たちの交流の場として使われていた。近くの農場で働く男たちを集めれば、二チームに分かれてサッカーの試合をすることができた。祖父の仕事は、ほかの人々と交流し、最終的に好印象を与え、一目置かれる存在になることだった。

アラブの遊牧民族ベドウィンがサハラ砂漠を迷わずに移動できるのは、砂丘や砂の稜線について幅広い知識を持つからだという。時間とともに砂の形がゆっくり変わったとしても、稜線の数を数えることによって、現在地と目的地への道順を正確に把握できるのだ。私たちの文化においても、人々は同じように蓄積された知識を活かし、山中を移動したり、自分や他者の現在地を見極めたりすることができる――だいたいの骨格がわかっていれば、おのずと詳細は見えてくるものだ。

私の祖父と父は、イングランド北部のどこにでも迷わずに行くことができる。このあたりの土地では、農場、羊の群れ、家族の関係が非常に複雑に絡み合っている。にもかかわらず、祖父と父はその土地の農場主をほぼ完璧に言い当てることができる。それどころか、昔の所有者や隣の農場主について覚えていることも多い。私の父親は一般的な単語のスペルはあやふやなのに、土地についての知識は百科事典並みだ。そう考えると、誰が知的なのかという従来の考えは、じつにバカげたものなのかもしれない。これまでに私が出会ったもっとも頭のいい人間のなかには、読み書きさえおぼつかない人もいるのだから。

私の祖父は、相手の農場の場所、飼育する家畜の種類、よく利用する競売市さえわかれば、イングランド北部（それどころかイギリス全土）のいかなるファーマーとでも共通の話題を見つけることができた。それに、一年のどの時期に誰がどんな仕事に取り組んでいるか、祖父はすべてを把握していた。「今日はウィルソンの家に行くんじゃないぞ……ミュール・ホッグス（低地の農場での繁殖のために、毎年秋にウィルソン家が売りに出していた美しい雌の子羊）の手入れで忙しいだろうからな」などと祖父は何気なく言った。実際に丘を越えてウィルソン家の農場をのぞいてみると、祖父の言ったとおりだとわかるのだった。

それぞれの農場への信用格付けチェックが当たりまえになるずっと以前から、この地域の人々は、新しい住人が信用に足る人間かどうかをすぐさま調べることができた。方法はいたって簡単。競売市や品評会の会場に行き、その住人が直前に住んでいた共同体の誰かを捜す。二、三の質問をすれば、家系や業績についてのあらゆる情報が手に入った。

そのため、羊泥棒はこの地域では大スキャンダルとして扱われ、悪い噂は谷から谷へと瞬く間に伝わっていく。最近も、ペナインで評判の農場を営む家族が、近隣の多くのファームから羊を盗んだ罪で告発された。まだ裁判は開かれていないので、有罪なのか無罪なのかはわからない。しかし、事件が共同体に与えた衝撃は甚大だ。同じコモンで羊を放牧する私の知り合いの老人は、事件について語るときに涙を浮かべていた。信頼していたはずの隣人が耳標を切り取り、識別マークの焼印がついた角を切断し、羊を盗む——彼にしてみれば、信じがたい話なのだ。

羊飼いのあいだには、暗黙の行動規範が存在する。昔、祖父からこんな話を聞いたことがあった。祖父のある友人が、自らが適正価格だと考えた値段で、別のファーマーから個人的に何匹かの羊を買ったという。その数週間後に競売市に参加した友人は、自分がずいぶんと安く羊を手に入れていたことに気がついた。市場価格よりも一匹につき五ポンド以上も安い値段であり、適正とは言えない価格だった。彼は売り手のファーマーのことを信頼しており、数週間前の取引は不当だと考えた。それに、強欲な人間にはなりたくなかった。強欲な人間だとまわりに見られるのはもっといやだった。そこで、彼は売り手のファーマーに差額分の小切手を送って謝罪した。しかし羊を売ったファーマーは、小切手を現金化することを丁重に断ったという。元々の取引は妥当だという考えだったのだ。いったん合意した取引を覆すことはできない、と。結局、話し合いがまとまることはなかった。

唯一の解決方法は、祖父の友人がその翌年に売り手のもとを訪ね、差額分を埋め合わせるために高額で羊を購入するというものだった。実際、彼はそうした。現代の都会のビジネスマンのように、短期的に「利益を最大化する」ことなどふたりの頭のなかには毛頭なかった。手っ取り早い利益よりも、誠実な人間としての名声や評判のほうがずっと大切だった。一度口に出したことは、責任を持ってまっとうする。それがここでの掟(おきて)なのだ。隣近所との友好関係はなによりも大切で、私の祖父と父は、ときに無理をしてでも隣人の利益になる行動に徹することがある。たとえば、近所の農場に羊を一匹売ったとする。買い手側に少しでも納得いかないことがあれば、祖父と父は羊をすぐさま引き取り、返金するか、新しい羊と交換する。この地域では、それは当たりまえのことでしかない。

父親の名前は息子の名前とほぼ同じ意味を持ち、苗字は農場名と同じ意味を持つ。つまり、所属する農場の名前を聞けば、苗字はもちろんのこと、その人物の詳細についてもたちまち明らかになる。湖水地方には同じ苗字のファーマーが二〇人ほどおり、混乱を避けるために、名前を言った直後に農場名をつけ足す習慣がある。普段の会話のなかでは、苗字の代わりに農場名だけが使われることも多い。

先日パブに行ったとき、祖父の知り合いだったというある男に出くわした。「爺さんの半人前の腕だとしても、あんたは充分に立派な男だろうよ」と彼はむっつり言い、一杯おごってくれた。おそらく、何十年も前に祖父が施した無言の親切に対する、未払いの利息のようなものなのだろう。共同体やコモンへの新たな加入者は誰であれ、ルールを守る誠実な人間であることを証明できるまで、まわりから厳しい視線が向けられることになる。

「この地域に三世代にわたって住んでいなければ、〝地元住民〟とは認められない」などと羊飼いたちは笑って言うが、それはあながち嘘でもない。

＊

フロスとタンが前へうしろへと移動を繰り返しながら、あたりを動きまわって羊を麓へと追い立てる。ときどき、どちらか一匹が隙間や窪みにすっ飛んでいき、陰に隠れた雌羊をつれて戻ってくる。私たちは、泥炭地やヒースの大地に散らばる雌羊や子羊を集めながら〈ウルフ・クラッグ〉のほうに進む。しばらくすると、合流する予定だった羊飼いの牧羊犬が視界に入ってくる。羊飼いの男自身の姿は見えないものの、犬たちはどこか見えないところにいる飼い主の命令に従って動きまわっている。これで、合流は成功だ。向こうの羊飼いも、フェルの崖っぷちにいるフロスとタンを見れば、私がこの場所にいることがわかるだろう。やがて男が岩陰から姿を現し、リーダー役の年長の羊飼いと落ち合う。私のいる場所から三、四〇メートルほど下で、ふたりは現状について話し合っている。ときおり、なんらかの情報を示すように腕を伸ばしつつ、彼らはなおも話しつづける。ふたりの牧羊犬は広い範囲に散らばり、羊を麓へと追い立てる。私のすぐ足元には、急で危険な岩崖。あと五歩踏み出せば、落下して即死してもおかしくないような場所だ。ここに立つと、三〇キロほど先まで見渡すことができる。

ある年のこと、岩のそそり立つ山肌から羊を集めるという役割をはじめて命じられた。そのとき、私は年配の女性の羊飼いと一緒に行動していた。当時の私は、彼女が所有する羊の群れを引き継ぐための交渉を進めていた。女性とは旧知の仲だったものの、彼女としては、私がフェルで牧羊犬を使いこなして羊をうまく管理できるのか、その眼で確かめたかったのだろう。いわば、無言のテストのようなものだ。私たちの一〇〇メートルほど下、崖の中腹の小さな草地の岩棚の上に、五、六匹の雌羊と子羊が集まっていた。私はそのころ飼っていた牧羊犬マックを送り出し、ふたつの岩のあいだの草地の斜面を下って岩棚に向かうように指示した。犬は下り坂を疾走し、やさしく羊を追い立て、背後でしっかりと見張った。マックの動きは完璧だった。羊飼いの女性は、「犬は問題ないようだね」と言った。それは、彼女なりの最高の褒め言葉だった。

山頂付近の岩崖から羊たちを追い立てたあと、羊は一塊にまとめられる。渦巻き状に一カ所に集まったその光景は、山麓の傾斜地を覆う羊毛のカーペットのようだ。次に、まわりを取り囲む羊飼いと犬で群れの塊を小さくまとめながら、何百匹もの雌羊と子羊をゆっくりと麓に向けて進めていく。天気が悪いと、雲や霧のせいで仲間の羊飼いが見えなくなることがあり、再び姿を現すまで辛抱強く待たなければいけない。そのため、私たちはときどき立ち止まり、全員がその場にいるかどうかを確かめる。問題がなければ、四〇〇匹ほどの羊の群れをまた動かし、麓の傾斜地の囲いまで移動させる。「囲い」といっても、多くの場合は、ただ石垣で囲まれた空間でしかない。あるいは、羊たちを分類するために使われる、フェンスや木の柵で仕切られた空間がふたつほどある程度だ。

麓にたどり着くと、「レース」と呼ばれる細い通路に雌羊たちを追い込んでいく。通路の先にはゲートがあり、羊は群れごとに左右どちらかの囲いへと選り分けられる。通路の先のゲートを左右に開け閉めして行なう選別の作業には、高い観察力と手先の器用さが求められる。群れの識別マークを見極め、ゲートを正しい方向に開けるために与えられる時間は、運がよくても三秒足らず。私はレースに羊を送り込みながら、識別マークが見えにくい羊や子羊を見つけるたび、大きな声で合図を出す。ときどき、識別マークのない白い子羊、つまりフェルで放牧中に産まれた赤ん坊が紛れていることがある。その場合、どうにかして母羊を見つけ出し、同じ群れの囲いに入れる。

羊をレースに追い込んでいると、別の羊飼いの牧羊犬に手を噛まれてしまった。私は悲鳴を上げ、蹴るポーズで犬を威嚇した。すると、「何してんだ」と犬の飼い主の叫び声が聞こえてきた。

「あんたのとこのクソ犬が手を噛みやがった」

「ざまあ見ろ。このあいだ、俺もおまえの犬に噛まれたんだ」

私たちは笑った。これで五分五分だ。

選別が進むと、ほかの農場の羊と再び交ざらないよう、羊飼いと犬がそれぞれの群れを囲い込む。いまや背後の山は空っぽで、まったき静寂に包まれている。

最後の一匹の選別が終わると同時に、羊飼いたちは毛刈りのために群れを農場へと連れていく。

あたりはいっそう騒がしくなる。

男たちの叫び声。

口笛。

大声。

手を叩く音。腕をばたばたと振る音。

雌羊が子羊を呼ぶ鳴き声。

子羊が応える鳴き声。

犬の吠え声。

追い立てられた羊たちは、まるで山麓の斜面にかかる雲の影のように、とことこと自分たちの農場に向かって歩いていく。

＊

牧畜の仕事を中心とした湖水地方の生活では、過去と現在は——どこが始まりでどこが終わりなのか判別できなくなるほどに——いつも隣り合わせで、互いに重なり合い、複雑に絡み合う。毎年行なわれるタスクは、以前に何度も同じことを繰り返したという記録であり、一緒に作業した人々の思い出そのものでもある。農場がなくならないかぎり、過去に同じ作業に携わった人間は、記憶のなかに生きつづけることになる。羊飼いが続ける仕事、羊飼いの物語と思い出、仕事の手順やその理由は、すべて過去の労働者の働きの上に成り立っているのだ。

六月と七月のほどよく乾燥した日、干し草作りの合間を見て、祖父は羊たちを囲いに集めた。三〇年前に眼にしたその日の様子を、私は昨日のことのようにはっきりと覚えている。通路に送り込まれた羊は、先頭のゲートで選別される——子羊は一方の囲いに、ウールをまとった雌羊はもう一方の囲いに。その後、雌羊は納屋へと連れていかれ、私の父に毛を刈られる。その横で、母親がウールを踏みつけて袋に押し込んでいた。

父さんのTシャツは汗で濡れている。腰が痛むのか、父は何度も背筋を伸ばす。彼は囲いから一匹の羊を捕まえてその首をねじり、自分の片脚の上で体をひっくり返し、尻で地面に立たせる。それから片手を伸ばし、光沢のあるロープを引っ張ってモーターを始動させる。もう一方の腕で羊の片脚を自分の尻の下に押し込み、バリカンを持ち上げる。まずは乳首や陰部を片手で護りながら、腹部の毛を刈る。次に、後脚から尻尾と背骨に沿って体全体の毛を切り開く。絶え間ない腕の動きとともに、羊の体から毛が剝ぎ取られていく。父さんの動きはまるで機械で、羊もその動きに見惚れているかのようだ。あたかも、父と羊が情熱的なダンスを踊っているようにも見える。逆さまにされ、引き寄せられ、またひっくり返される羊の振りつけにはいっさいの無駄がなく、一度バリカンをさっと動かすだけで、毛が大きな塊になって体を離れる。用心深く羊の皮膚を引っ張りながら毛を剃るため、バリカンの刃で皮膚が傷ついたり、切れたりすることもない。この時期の羊毛はちょうど毛刈りに適した状態になっており、毛が皮膚から持ち上がり、電動バリカンの刃をすっと入れるだけでいとも簡単に体から離れるものだ。雌羊はなんのストレスを感じることもなく毛を刈られ、何が起きたのかもわからないうちに再び子羊のもとに戻っていく。

おそらく、父さんは一日で二〇〇匹ほどの羊の毛を刈ることができるにちがいない。足に履くのは、上面に粗い縫い目のついた厚地の黄麻布製のモカシン靴。スリッポンのようなその靴で作業することで、自分の足を巻きつけて羊の体をじかに感じながら、柔らかい皮膚のひだを傷つけずに効率的に羊毛を刈り取ることができるという。もちろんブーツでも毛刈りはできるものの、羊とじかに触れる皮膚感覚がなくなるだけでなく、羊をさまざまな体勢に変えるために必要な脚の可動域も制限されてしまう。

納屋の二本の垂木のあいだに押し込まれた梯子に、バリカン用のモーターがぶら下がっている。そこからドライブシャフトが伸び、使い込まれてなめらかな銀色に光るバリカンへとコードがつながっている。毎夏に一度か二度、雌羊が激しく抵抗して体を動かし、バリカンの刃で怪我をしてしまうことがある。傷が深ければ、祖父は羊毛袋を縫うときに使う太い針を取り出して皮膚を縫合した。かすり傷程度のときには、干し草小屋からクモの巣を集めてくるように私に指示を出した。クモの巣を傷口に押し当てると、血が早く止まり、かさぶたができやすくなるのだという。

数年後に一〇代半ばになると、私は父親から毛刈りの方法を教わった。できそうもなかった。私の動きは不器用でぎこちなく、羊もそれに抗うようなそぶりを見せた。完全なスタミナ不足で、大切なところで脚が動かなくなった。膝の曲げ方、足捌き、羊の動かし方……すべてがバラバラで、毛刈りに必要なリズムをつかむことができない。がんばればがんばるほど、逆に下手になる一方だった。

父はいつも私よりも速く、手際がよかった。

あきらめてその場から逃げてしまいたかった。

男にとっても、体力的に過酷な作業だった。

私が疲れを見せると、羊もそれを感じ取って暴れた。

しかし、このような場所で成長すると、タフな仕事の連続によって甘い考えは消えていく。自分がもっとタフになるか、逃げ出すかしか選択肢はない。口先だけの人間はすぐにボロを出し、その場に坐り込み、自分を哀れみ、昼下がりにはもうへとへと。同じころ、ベテランの羊飼いたちは、いま仕事を始めたばかりかのように黙々と働きつづける。

父さんは羊のあいだからこちらをのぞき込んでは、「もう疲れたのか」と小馬鹿にするように訊いてきた。そのたび、殴ってやりたかった。何年ものあいだ、父に追いつくことはできなかった。負かしてやろうと奮起しても、さらにぼこぼこに打ちのめされるだけだった。やがて、私は父と競争するのをやめた。すると今度は、ときどき父に勝つようになった。私が成長するあいだに、父も歳を取ったのだ。地域一とまではいかなくても、現在、私はそこそこのスピードで羊の毛を刈ることができるし、腕も悪くはない。それに、何日か毛刈りを続けて調子に乗ってくれば、速度はさらに少しずつ上がってくる。

毛刈りの季節が来るまで、雌羊たちはハエに悩まされ、耳をぴくぴく動かして追い払おうとする。緑豊かな農場には木々が多く、たくさんのクロバエやアオバエが集まってくる。七月ごろにハエの活動のピークを迎えると、一日でも早く羊の毛を刈り、体をハエ除け用の薬品に浸し、羊たちを苦痛から救ってあげたくなる。どんなに予防しても、毎夏、数匹の雌羊が「ハエ蛆症」に感染してしまう。食欲旺盛で意地汚い小さなクソ蛆虫が、羊の毛の不潔な部分に湧き出し、皮膚や脚に寄生する。感染した羊は、痛みに苦しんで片脚を上げ、体をびくびく動かし、横腹を嚙もうとする。あるいは、麓に戻るのをあきらめてその場に横たわってしまう。感染した脚には、大量の蛆虫が蠢いていることも珍しくない。一方、尻尾や羊毛の内側の感染は発見がむずかしく、気づかないうちに体全体に寄生が広がることがある。そのまま放っておくと、蛆虫は一カ月で羊の体の組織全体を壊死させ、骨だけの姿に変えてしまう。また、感染した羊にハエが集ると、この世のものとは思えない汚臭が発生する。そんな羊の毛を刈るのは不快そのもので、作業中にハエに腕を嚙まれることは避けられない。アブ（この地方では「クレッグ」と呼ばれる）に刺されて腕に真っ赤な水ぶくれができるたび、父親は悪魔のような悪態をついた。ときどき、祖父が感染した雌羊を納屋の隅に連れていき、バトルズ社のマゴット・オイルを振りかけることもあった。すると、薬品の強力なにおいに耐えられなくなった蛆虫が母船を放棄し、にょろにょろと羊の体から這い出てきた。すぐに、死んだ蛆虫と死につつある蛆虫で床は埋め尽くされた。

毛刈りに話を戻そう。納屋の奥には毛刈りを待つ羊が並び、室内には鳴き声の不協和音がこだまする。屋外の陽光の下で母親が出てくるのを待って騒ぐ子羊に向かって、親羊はメエメエと鳴き声を上げる。毛刈りを終えるなり、雌羊は鳴き声を聞き分けて自分の子羊を見つけ出す。しかし子羊のほうは、見たこともない骨と皮ばかりの生き物に戸惑い、以前のような毛がふさふさの母羊を捜して逃げ出してしまう。

熟練のファーマーのなかには一日に四〇〇匹以上の羊の毛を刈る強者もいるものの、二〇〇匹いけばいいほうで、そのレベルまでたどり着けるのはごく限られた人間だけだ。私の父はよく、ほかの仲間たちと一緒に近隣の農場の毛刈りを手伝いにいった。腕利きの男たちが四人集まれば、一日にゆうに一〇〇〇匹の毛を刈ることができる。とはいえ、そのためには大勢の協力が不可欠になる。羊を集め、子羊を選り分け、雌羊だけを毛刈り専用トレーラーに押し込み、刈ったウールを袋詰めし、毛刈り後の羊に印をつけ、大量の羊をほかの場所に移動させる。そうやって全員で協力しながら、効率よく全体の作業を進めなければいけない。一年のこの時期、羊飼いたちは怒りっぽくなる傾向がある。室内には、バリカンの振動音、羊の鳴き声、犬の吠え声、男たちの叫び声が響きわたる。年によっては、この毛刈りが悪夢のような重労働と化すこともある。ウールは乾燥した状態で刈るのが原則なので、雨が降りそうなときは羊たちを大急ぎで納屋のなかへと追い立てなくてはいけない。しかし最近では、牧草地に特別に設置した囲いに羊を集め、毛刈り専用の可動式トレーラーで剪毛することが多くなった。そのため雨が降ってしまうと、その日の毛刈りは中止になってしまう。また、電動式の剪毛機が使われるようになった現在でも、毛刈りはひどく骨の折れる仕事なので、手伝いの人手が多いに越したことはない。夏のあいだ、たくさんの若い（または、それほど若くない）羊飼いたちが、毛刈り要員として農場を渡り歩いて臨時収入を稼ぐ。さらに、この毛刈りの時期には、誰が最高の〝お茶のお供〟を提供できるかというファーマーの妻たちの争いも勃発する（じつのところ、午後のあいだずっと前屈みの姿勢で作業を続けるので、パンやスコーンでお腹いっぱいになるのは避けたいのだが、彼女たちにそう伝える勇気がある者は誰もいない)。

毛刈りの時期について唯一赦しがたいことがあるとすれば、世界でもっとも優れた産物のひとつである羊毛が、あまりに安価で取引されるという事実だろう。その昔、農場にとって羊毛は貴重な換金作物であり、大きな収入源だった。一九世紀末ごろまで、羊毛の袋を背負った馬やロバの隊列が、湖水地方の山々からケンダル(羊毛取引の中心地)まで列をなしていたという。中世、この地域の土地のほとんどを所有していた修道院の富の多くは、羊毛によってもたらされたものだった。現在、毛刈りを人に頼むと、羊一匹につき一ポンド(約一八〇円)の料金がかかる。一方、フリース(一匹分の羊毛)の相場はわずか四〇ペンス(約七〇円)。つまり羊毛を売っても、コストの一部を穴埋めする程度の金額にしかならず、利益が出ることはない。

そのため価格が極端に低い年は、羊毛を出荷せずに燃やしてしまうこともあるほどだ。ハードウィック種の毛は針金のように硬く、色が濃い。山に生息する羊にはぴったりの毛質で、耐久性が高いその毛はツイード・ジャケット、断熱材、カーペットなどに適している。とはいっても、人工製品に対抗できるほど高品質というわけではない。ハードウィック種の昔の写真を見てみると、現在よりも毛量が多いことに気づくはずだ。市場での需要に合わせ、ファーマーたちはより毛が少なくなるように羊を育ててきた。現在でも毛を刈るのは、羊の健康のためであり、生計を立てるためではない。だとしても、糞がついた臀部の毛をきちんと刈り取らなかったり、床に落ちた抜け毛の塊を放置したりすると、祖父にこっぴどく叱られたものだ。

毛を刈りおえて雌羊を解放すると、父はフリースを横に放り投げる。すると祖父がそれを抱え上げ、漁網を投げるように包装台の上にさっと広げる。まず、裏返しのコートのように台に置かれた羊毛の泥をきれいに落とし、藁や小枝を取り除く。次に、フリースの外側を内側に折り曲げて約三〇センチ幅の敷物のような形に整え、尻尾から首に向かってくるくると丸める。首の部分まで来ると、羊毛の先を引っ張ってねじり、ロープ状にする。祖父はよどみない動きでロープをフリースの塊に巻きつけ、その先端を反対の下側にぐいっと押し込む。最後に、一塊に括られたフリースを祖父が横に放り投げると、それを受け取った母が羊毛袋の隅にぎゅっと押し込む。まだ手伝いもできない幼少のころ、私はよく羊毛脂（ラノリン）でべとべとする羊毛袋のなかに入って遊んだものだ。剪毛機のモーターや羊の鳴き声が轟くやかましい納屋のなかで、私は袋の内部に静かに横たわった。そこから天井を見上げると、梁（はり）にあるツバメの巣が見えた。まわりの喧噪などおかまいなしにツバメは巣を出入りし、ときおり若鳥たちが頭を出して下の騒ぎをのぞき込んだ。この羊毛の繭のなかで、私はそのまま眠り込んでしまうこともあった。すると、祖母がぶうぶう文句を言いながら私を起こし、ショートブレッドか何かが焼き上がったから食べなさいとしつこく言ってきた。祖母は決まってハンカチに唾をぺっと吐き、私の顔を拭いた。部屋の片隅にいる祖父は、最後にスミット・マークをつけてから羊たちを解放した。マークは農場ごとに色や順番が決められており、羊の肩の部分に前から青、赤の順に色をつけるのがリーバンクス家の農場の印だ。

毛刈りの数日後、今度は羊を消毒薬に浸ける。薬品のにおいを少しでも感じると雌羊たちは抵抗しはじめるため、力ずくで薬品のプールに追い込まなければいけない。ハエ除けのための灰色の薬品スープの海に投げ込まれると、羊たちは出口を探して泳ぎまわった。這い出ようとする羊は、先に金属がついた長い棒でまたプールに突き落とされた。まだ子供だった私たちは、漏れ出た薬品が斜面を流れて川に合流するあたりに行き、死んだ魚をしげしげと見つめた。ひっくり返ったままびくびくと動く腹が、水のなかで銀色に光って見えた。当時はまだ、それをおかしいと考える人は誰もいなかった。その消毒プールに入った液体は、第一次世界大戦のときに敵を殺すために開発された薬品だった。

*

夏のこの時期は、長く厳しい日々が続く。父や祖父は早朝に起き、羊を囲いに連れてくる。牧羊犬もせっせと走りまわり、羊たちを追い立てる。とりわけ毛刈りの季節になると、祖父はこれまで以上に牧羊犬に頼るようになった。祖父はもう速く走ることはできなかったが、脚代わりとなる賢い牧羊犬を飼っていた。相棒のベンは白黒の美しいボーダーコリー犬で、大きな群れを一匹だけで操ることができる筋骨たくましい犬だった。ベンは命令を受けると、ターゲットの雌羊を傷つけることなく捕まえ、皮膚を噛まないように毛だけをくわえ、体の力を使って一方向に導き、脚の悪いおじいちゃんが手でつかめる距離まで連れていくことができた。しかしベンはいたずら好きで、悪さをしても自分が祖父に捕まることがないと自覚していた。仕事に一緒に行くときには、周囲を大きく飛び跳ねて祖父を挑発した。そんなベンに、祖父は大声でわめき散らすのだった。

このクソ犬が。ファック・ユー。今度捕まえたら、きつくお仕置きをしてやるぞ。

ベンはただにやにやと笑い、まわりを飛び跳ねつづけた。

ところがいったん仕事が始まると、ベンは脇目も振らずに任務に集中した。祖父とベンが組めば、できないことなどほとんどなかった。ベンがきっちりと仕事をこなすと、祖父はそれまでのいたずらのことを忘れ、叱らなくなった。しかし翌日、ベンと祖父はまたいつもの日課を繰り返した。その後、年老いた祖父が脳卒中を起こして倒れると、私たち家族はファームハウスの居間にベッドを置いて看病した。そのベッドの近くにベンを連れていくと、祖父は最愛の牧羊犬の姿に涙を流して喜ぶのだった。

＊

黒い子羊が一匹、くるりと翻って私のうしろを通り、道を駆け上がっていく。私はタンに向かって叫び、連れ戻すように命じる。タンは大股で颯爽と走り出し、わずか数秒のうちに子羊に追いついてしまう。タンが併走しながら鼻で子羊の体を突くと、子羊はバランスを崩して草の上に倒れてひっくり返る。やがて、子羊は路傍のジギタリスとアザミを掻き分けながら、また群れへと戻ってくる。私はほっと息をつく。ときに子羊はパニックに陥り、母親を置き去りにしてしまったと早合点してがくりと頭を下げ、犬や人間の存在を気にせずに山奥へと戻ってしまうことがあるのだ。

フェルのゲートでサンドイッチを食べてからしばらくすると、西の空に雲が現れ、気温が下がりはじめた。ゴシキヒワが大きく声を震わせてさえずり、綿毛のアザミからアザミへとすいすい飛んでいった。私の前にまっすぐ伸びるのは、長い一本道。さらに進むと、「アロットメント」や「インテイク」に続く小道が現れる。フェル麓の傾斜地や荒地のほとんどは、個人で所有または運営される土地だ（コモナーのためのアロットメントとして、過去にコモン・ランドが分割された土地）。その大部分は岩だらけの急峻な傾斜地で、地面はヒースに覆われ、部分的に低木地が広がっている。地形的にはフェルに似ているものの、フェルの境界線まで空積みの石垣が蛇行するように続き、土地が区切られているのが特徴だ。一七世紀以降に区切られたこの土地は、おもに畜牛を放牧するために使われてきた。複数の農場で共有するコモンとは異なり、インテイクやアロットメントのような荒れ地はひとつの農場によって所有・管理される。

この地に最初に人が住み着いたときからずっと、住人たちは、フェルと農場をつなぐ小道を利用して羊を移動させてきた。この小道（地域の方言では「アウトギャング」と呼ばれる）のおかげで、小さな農場でも山で羊を放牧させることができる。つまり私はいま、祖先たちの足跡をたどって歩き、彼らと同じ生活を送っていることになる。

＊

そんな小道の先にあるのは、一九六〇年代に祖父が購入した農場だ。ある意味では、いまでも祖父の農場であり、私の父の農場であるとも言える。しばらく前から運営を任された父は、必要な費用を自ら捻出し、七〇年代と九〇年代にはさらに敷地を広げた。くわえて、それは私の農場でもある。幼いころから、私は祖父と父と一緒にこの農場で働きつづけてきた。いまでは、私は新たなファームハウスや建物を造り、家族とともにそこで生活している。そして残りの人生もずっと、この農場を運営しながら暮らしていくことになる。

いま羊の群れとともに向かっているその場所は、すでに部分的には私の三人の子供たちの農場でもある。日々、子供たちは農場の生活を共有し、いまではそれぞれが群れのなかに自分の羊を飼い、牧畜のイロハを学びはじめている。私が祖父や父と一緒に働いたように、子供たちもいずれ私とともに働くことになる。

子供たちは自分たちの羊をこう名づけた――モス、ホリー、ルーピー・ルー。くだらない名前だが、私も人のことは言えない。子供のころに世話した二匹の羊を、私はベティとレタスと名づけたのだから。いつの世も、子供は変わらないものだ。

すべてを自分で決め、人生をゼロから作り上げる人もいる。しかし、私の人生はちがう。私がいま移動させているのは、例の試験のあとに隣人から購入した羊で、独自の群れを持つ〝本物のフェル農場〟の証となるものだ。私が受け継いだのは、隣人の女性が別の有名なブリーダーから一九七〇年代はじめに譲り受けた羊たちだった。こうやって時間とともに所有者を変えながら、群れはいつまでもこの地に留まりつづける。いつか、私もこの群れを別の誰かに引き渡すことになるのだろう。

祖父がそうしたように、フェルのコモン・ランドに群れを移動させることなく、谷床の自分の土地のなかだけで羊を飼育することもできる。その場合、厳しい環境に耐えることのできるタフな羊は必要ないので、〝改良型品種〟を繁殖させるのが一般的だ。祖父はスウェイルデール種の雌羊を育てながら、雑種のノース・カントリー・ミュールを繁殖させ、毎年秋にイーデン・ヴァレーのラゾンビーで開かれる大規模な競売市で子羊を売った。祖父が購入した農場には、フェルでの放牧権がついていなかった。だから厳密に言えば、彼はフェルの羊飼いではなかった。祖父はフェル羊が放牧される山腹から一段下の土地で農場を営み、フェル農場から子羊を買い、彼らに雄羊を売った。祖父にとってはそれで充分だった。二〇世紀半ばの先進的な意見を持つ祖父のような羊飼いたちは、丘の麓のほうが立地もよく、上質な羊が育つと考えたのだ。

スウェイルデール種は頑丈な体を持つ〝荒れ地羊〟で、風にたなびく豊かな毛と白黒模様の顔と脚が特徴だ。名前が示すとおり、もともとはペナイン山脈のスウェイルデール発祥の羊で、のちに湖水地方を含めたイングランド北部の高原地方全域で育てられるようになった。スウェイルデール羊を（奇抜な顔を持つ）ブルーフェイスド・レスター種と交配すると、ノース・カントリー・ミュールと呼ばれる優れた交配種の羊が産まれる。茶色や黒の斑点と白い顔がトレードマークのこの最高級の羊は、ペティコートを着けたようなふっくらした優良な毛の持ち主だ。このノース・カントリー・ミュールが低地の農場へと出荷され、イギリス全土で種羊として活躍することになる。私の祖父は、自分が所有するスウェイルデール種の群れをリフレッシュするため、毎年新たな「ドラフト雌羊」を買う必要があった。

山岳地帯で育った母親から産まれる雌の羊は、低地の農場がこぞって欲しがる最高品質の羊だ。そんな雌羊たちは、山岳種の母親から我慢強さと母性本能を受け継ぎ、低地種の

父親から改良された発育率と肉体、優良なウールを継承する。そして幼少期を山で過ごせば、そのあとイギリスのどの地域に行ってもよく育つようになる。なんと言っても、山以上に過酷な環境などない。この子羊たちは、山の農場が生んだ豊かな恵みなのだ。毎年、その子羊を手に入れようとファーマーたちが各地で開かれる小さな競売市に押し寄せ、周囲の道では大渋滞が起きる。スピーカーから聞こえる競売人の大声は羊の囲いを越え、まわりの牧草地にこだまする。あたりの空気は、私たちの愛するにおいに満たされる——羊毛特有の毛の縮れ（クリンプ）を促進し、伝統的な紅茶色の色合いをつける液体の香

りだ。黒と白の顔は競売前にぴかぴかに磨かれ、首には「最高級」か「二級」を示す赤と青の毛糸の小さなマークがつけられる。

これまで数世紀のあいだ、イギリスじゅうのファーマーたちがこの地で過剰となった種羊を買いつけてきた。ある意味、北部のフェルは、全国の羊の群れのための育成所のようなものだ。私の祖父が秋に売りに出した羊は、はるか遠くのサマーセットやケントの農場に購入されたこともあった。太古の時代から、羊の売買はこの地域の一大産業だった。一〇〇〇年前の先祖たちは国を飛び出し、大西洋の北側に広く展開していたヴァイキングの貿易圏で羊の取引をしていたという。

毎年秋になると、より穏やかな環境の低地の農場主たちがこの地域にやってきて、群れの繁殖のためにフェルの雌の子羊を買いつけ、食肉用に肥育するために雄の子羊を購入する。この秋の羊の大移動は必然的なものでもある。高原地帯では、冬になって草が枯れると、夏ほど多くの羊を育てることができなくなるからだ。山は、膨大な量の産物（種羊、肉、羊毛）を与えてくれる。そして、フェルの群れを維持するために必要な量を超えた子羊は販売される。くわえて何千匹もの若い羊が、昔から続く伝統に従って冬のあいだ低地の農場へと移動する（飼い主は羊を預かってもらうために、週単位で委託料を支払う）。翌年の春、山が青や茶から夏の緑へと変わるころ、子羊たちは故郷のフェルに戻り、群れの将来を担う新たな一員として活躍することになる。

しかしここ十数年のあいだ、父と私は農場の運営方法をあえて伝統的な旧式の方法に変え、外部からの流入や経費費用を最小限度に留めるシステムに立ち返ろうとしてきた。わが家のような零細農場の首をじわじわと締めつけるコスト高騰の影響を抑え込むには、それがひとつの逃げ道だった。同時に、父と私は少しずつある事実に気づくことになった――伝統的な方法はいまでも通用する。

フェルのコモン・ランドを利用した伝統的な牧畜方式に方向転換したことで、さまざまな知識が身につき、この地で生き残ってきたシステムについて新たに多くを学ぶことになった。私たちの農場とフェルの位置は三〇年前から一ミリたりとも変わっていない。しかし、その関係性は大きく変わってきた。私はいまでも日々、この大地からたくさんのことを教わっている。

*

家まであと一キロ弱。小道の両脇の空積みの石垣に沿って、ピンクのジギタリスやシダが生えている。左右の石垣の奥に広がるのは、近所の農場の土地。山麓のこのあたりには、コモン・ランドは存在しない。湖水地方の一般的な農場は、谷床の自宅近くに小さな土地や牧草地（インバイ）を個人で所有・管理している。そういった土地は空積みの石垣、柵、イバラの生け垣によって小さく仕切られており、湖水地方特有の〝緑あふれる心地よいパッチワークの丘〟効果を生み出してくれる。農場を所有しているにしろ、借りているにしろ、その限られた土地のなかでファーマーたちは冬のあいだ必要になる作物を育て、春には赤ん坊の世話をしなければいけない。この地で冬を越すために整備された麓の牧草地は、フェル・ファームの仕事には必要不可欠な土地なのだ。

この土地で牧畜を営むために、再三にわたって人間の手が加えられてきた。その多くは一二～一三世紀に行なわれたもので、まずは野原の木や巨石が取り除かれた。洪水のたびに表土が流れ出さないよう、小川の水量や流れが調節され、水はけが改善された。石垣や境界線が造られ、長期にわたって森と低木地帯の木が計画的に伐採され、ぬかるんだ谷底の水が排出された。石垣、塀、柵がなければ、この土地の牧草は食べ尽くされ、冬用の干し草を作ることはできなくなる。そうなれば、夏に好景気がやってきても、冬には大不況がやってくる。冬用の飼料がなくなれば、牛や羊、さらには人間までが飢えに苦しむことになったにちがいない。

＊

小道を進むと、祖父と一緒に造った石垣が見えてくる。

私が八歳ごろになると、祖父は石垣造りを教えてくれるようになった。祖父がモグラのような手で硬い青石を積み上げると、私はその隙間を見かけの悪い小石で埋めていった。夏は、冬のあいだに傷んだところを直す修復と保守の季節でもある。アメリカ人の詩人で、ファーマーとして働いたこともあるロバート・フロストは、石垣の修繕について次のような美しい詩を残した。

垣を好かないものが何かあって
その垣の下の　凍てついた地面をもち上げている
そして　日だまりの所に　垣の天辺の丸石を落とし
二人の人間が向かい合って通れるほどの隙間を作っている
——「石垣修理」(Mending Wall)
(『ボストンの北　ロバート・フロスト詩集』)より(藤本雅樹訳、国文社、一九八四年)

フロストは「良い垣は良い隣人を作るなり」と謳ったが、言い得て妙とはこのことだろう。祖父も同じ考えを持ち、私にその大切さを伝えようとした。祖父は手のひらの上で石をひっくり返し、ちょうどいい石の向きを見定め、隙間を少しずつ埋めていった。それほど美しくない平凡な面を内側に向け、石垣の顔となる見栄えのするほうを外側に向けた。

次に、あとで石が飛び出てこないよう、垣全体に「突き抜け石」と呼ばれるつなぎの石を配した。私は祖父の指示を受けながら、小さな手を使って握り拳大の岩や石の塊を隙間に押し込んでは、塀をさらに補強して頑丈なものにした。

石垣のいちばん上に載せるための石として、祖父はとりわけ美しい石をまえもって選り分けていた。改修が終わると、銀、黄、陽光に色あせた緑のコケと地衣類がついた面を空に向け、石垣の上に再び置いた。

一度、観光客か誰かが車を停め、写真を撮ろうとしたことがあった。すると祖父はくるりと向きを変えて立ち去り、「消え失せろ」と小声で言った。晴れた日にわらわらとやってくる観光客を、祖父はアリのようなちょっとした面倒だとみなした。おかしな考えを持った邪魔なものだ、と。しかし少しでも天気が悪くなれば姿を消すので、また大切な仕事を進めることができた。祖父は「レジャー」を奇妙で、現代的で、厄介なコンセプトだと考えた。娯楽のためにフェルに登ることなど、正気の沙汰とは思えなかった。観光客の行動になんとか耐えはしたものの、納得はしていなかった。湖水地方が誰のものかについて観光客が地元民とは異なる感覚を持つことを、祖父は最後まで理解していなかったのだろう。たとえば、誰かがロンドンの郊外に建つ家の庭に入り込み、花がきれいだからという理由でその庭を自分の所有地のようなものだと宣言する。祖父はきっと、そんな奇天烈な行為だと思ったにちがいない。

農場での毎日の仕事のほとんどを占めるのは、土地と羊の管理に必要な諸々のつまらない作業だ。石垣の修復。薪割り。脚の不自由な羊の介護。子羊の寄生虫駆除。群れの移動。脚や体を洗羊液に浸す作業。生け垣の無駄な枝を払って全体を斜めに寝かせる「ヘッジ・レイイング」（「R」のつく月だけに行なう作業で、これを怠ると、樹液が先まで届かずに生け垣は枯れてしまう）。ゲートの取りつけ。雨樋の清掃。削蹄(さくてい)。柵に引っかかった子羊の救出。犬小屋の掃除。雌羊と子羊の尻尾の汚れた毛の切除。車で通り過ぎる観光客は気づきもしないだろうが、農場ではそういった仕事がひっきりなしに発生する。湖水地方の絶景は、眼に見えない無数の仕事の積み重ねによって生み出されたものなのだ。

反対側から誰かがやってくるのに気づき、群れ前方の羊が立ち止まった。観光客たちは怯える羊たちのあいだを縫うように進み、私の横を通り過ぎる。「ハロー」と声をかけられたので、こちらも「ハロー」と応じると、そのまま彼らは小道を先に進んでいく。ふと見ると、グループのひとりがアルフレッド・ウェインライトが著したガイドブックを手に握っている。

彼らの誰かひとりでも、祖父が造った石垣に眼を向けるだろうか。あるいは、その存在に気づくだろうか。あるいは、誰が造ったのかと考えるだろうか。

農場までもう少し。

羊もそれを感じ取り、年長の雌羊たちが群れのなかを我先にと進んでいく。小川の脇の拓(ひら)けた場所にやってくると、羊は扇状に広がって草を食(は)みはじめる。しかし小川を渡ろうとはせず、手前の土手で立ち止まってしまう。私はフロスにそっけなく「行け」と命令を出す。するとフロスは群れへと駆け込み、子羊たちを鼻で押し除け、雌羊の横を過ぎ、小川を飛び越える。次にタンに「待て」と告げると、タンは閉まったゲートの前にどでんと坐り込む。私は群れのあいだを抜け、農場の入口まで歩いていく。入口のゲートには、きつくねじった有刺鉄線のロープで鍵がかかっている。私は錆びついた有刺鉄線を解き、ゲートを開ける。最年長の雌羊たちは、自分たちのもうひとつの故郷である農場に戻ってきたことに気づき、小川を飛び越えて牧草地へと一目散に駆けていく。五分後、すべての羊が農場のなかへと無事に移動すると、母羊たちは自分の子供を見つけて一緒に草を食みにいく。

*

フロスとタンは小川の水に肩まで浸かり、長いピンクの舌を突き出してはあはあ喘ぎながら遊びまわる。二匹の犬の上には、青緑色のトンボが飛び交っている。

＊

私の祖父は、子供のころに脳性麻痺による骨粗鬆症にかかり、歩くのもままならない状態になった。二度と歩行できなくなると医者に宣告され、何カ月ものあいだ木製の車いすでの生活を余儀なくされた。ところが、カーライルの介護施設に入院して数週間、投与された特効薬が効いたのか、容態が少しずつ回復したという。昔、着替え中に見た祖父の体を私はいまでも忘れられない――青白い脚の一本には穴が開き、一部が空洞になっていた。話によると、入院中に何カ月も母親のアリスにひどく甘やかされた末に、祖父は「腐ったひねくれ坊主」「甘えん坊」「手に負えない子供」の称号を得たらしい。そのとき、彼は自分という人間がなんたるかを母親から感じ取った。病気によって従順な息子を無理やり演じることから解放された祖父は、父親の言いなりになることをやめた。この地域のほかの多くの若者と同じように、成長した祖父は自分の農場を自分で見つけなければいけなかった。二〇歳のときに彼は母親から金を借り、イーデン・ヴァレーにある農場を〈ラウザー・エステート〉から借り受けることになった。

＊

イーデン・ヴァレーの肥沃な大平原は、〝イングランドの背骨〟と呼ばれる東側のペナイン山脈と、西側の湖水地方のフェル群に挟まれた地域に位置している。北にはソルウェー平原とカーライルの街、南にはハウギル・フェルズの丘陵地帯やヨークシャー・デールズ国立公園。いまも昔も、イーデン・ヴァレーは質の高い羊と畜牛の一大産地として有名で、イギリスでも随一の緑豊かな牧草地が一面に広がっている。麓の豊穣な平原には、砂岩造りの建物が並ぶ村々が点在する。そんな村に立っていると、あたかもどこかの低地地帯――農業や酪農のための場所、遠くの山とは関係のない場所――に迷い込んだかのような錯覚がしてくる。しかし、そうではない。イーデン・ヴァレーと山は密接に関係しており、毎年秋になると無数の羊が山岳地帯からこの地に移動してくる。湖水地方のフェルとイーデン・ヴァレーの幅広の青々とした渓谷は、古代から相互関係が続く牧畜システムの一部なのだ。

＊

二〇歳の祖父が借りた農場は、湖水地方の東側から連なる石灰石の岩山の下に位置していた。遮るもののない吹きさらしのその土地で働くと、紙やすりで磨かれたように顔があかぎれになったという。敷地内でもっとも標高の高い海抜二七〇メートル地点からは、何キロも先まで谷を見下ろすことができた。そこは、フェルと谷床の中間地点だった。急勾配で起伏が激しく、はじめはほとんど使い物にならなかったと祖父はよく言った。優れた役馬もすぐダメになってしまうような場所だった、と。祖父は無鉄砲ではあるが運がよく、ある意味で賢明だったのかもしれない。すぐに馬がお役御免となってトラクターが代わりを務めるようになると、祖父をずっと悩ませていた土地の問題はいとも簡単に解決してしまった。

厳しい環境の農場で財をなすのはむずかしいが、いちかばちか賭けに出たい者、または賭けに出ざるをえない者には大きなチャンスを与えてくれる——若者、賢い人間、傲慢な人間、貧乏人、さらには無鉄砲な人間……。土壌の肥えた低地地方の大規模な酪農場の経営者たちはきっと、不毛の地で農場を営む祖父みたいな人間を蔑んでいたにちがいない。祖父の農場のような厳しい環境では、生育シーズンの進行もすべて二カ月遅れで進み、五月にならないと羊を別の場所に移動することができない。わずか一五キロほど離れた低地地方の農場では、この時点ですでに牧草の刈り取り準備がほぼ整っているはずだ。出産から干し草作りに至るまで、すべての作業のタイミングは農場の立地とその地質によって決まる。

祖父は身を粉にして働き、土地の欠点を一つひとつ改善していった。くわえて、近くの農場を手伝って少ない収入を補った。彼は優れた馬の乗り手でもあった。そして仲間の多くと同じように、祖父は家畜の飼育については日和見主義的だった。豚が高値で取引されるようになると、豚の繁殖や肥育に手を出した。クリスマス用の七面鳥の季節の前には、七面鳥の飼育を始めた。卵が儲かると聞けば、すぐにニワトリを手に入れた。ウールの需要が高まると、羊を育てた。牛乳が金になると知ると、牛の乳搾りに励んだ。牛肉が金を生みそうだと知ると、雄牛を購入した。順応、適応、変更……。必要なことはなんでもした。頼りになるのは自分だけで、倒れても誰も助けてはくれない。農場の地理的な制限は変えられないとしても、ファーマーはその制限のなかでいつも新しい切り口を見つけ出そうとするものだ。

祖父の自慢の種は、農場の軽馬車を引く「ブラック・レッグド・ボクサー」という名の美しい馬だった。毛が黒く光り輝き、筋肉がさざ波のように小刻みに動いたものさ、と祖父はのちに私に教えてくれた。しかし、いい思い出ばかりではなかった。あるとき、グラスシックネス（馬自律神経症）で多くの馬が死ぬという悲劇に見舞われた。四〇年後に当時の話をするときにも、祖父の声はまだ悲しみに満ちたままだった。また、新しい羊を手に入れたいときは、湖水地方のマーデール村（グレーター・マンチェスターの水瓶となるホーズウォーター貯水池の建設とともに水没し、いまは紺青の水のはるか下に眠っている）まで足を運ぶか、あるいはアンブルサイドやトラウトベックの競売市に出向いてフェル羊を買ったという。

羊を買って利益を出すためには、賢い判断はもちろん、市場の価格動向を把握する必要がある。子羊の囲いに行くと、祖父は毛に覆われた背中を触り、背骨と肋骨の肉づきを確かめ、将来性を見極める。それから価格交渉。外の世界をほとんど知らない丘陵地帯のファーマーたちを相手に、大きな利益をつかみ取る好機を見いだすのだ。しかし同時に、今後も取引を続けるためにも、公正な価格を示すことも大切になる。購入後に儲けを得るには、家畜をきちんと管理し、いちばん高値で取引される時期に最高の状態に仕上げなければいけない。そのためにも、自分の農場で飼育することによって価値が高まる家畜を手に入れることがなにより重要になる。祖父の農場の過酷な環境に羊が適応できなければ、ただ損をするだけで終わってしまう。

＊

その後、祖父の農場に建つ白壁のファームハウスには、ひとりずつ家族が増えていった。一九六〇年代になると、イーデン・ヴァレーの借り農場のほかに、自前の農場を購入する資金を借りられるくらいまで事業は拡大した。そこで祖父は一万四〇〇〇ポンドを借り、湖水地方のマターデールという小さな渓谷にある、柵も土地も荒れ放題の農場を購入した。祖父が買った農場――現在の私の家――は多くの点において、それまで借りていた農場よりさらに条件が悪かった。起伏が激しく、アザミや茶色いイグサがあらゆる場所に生い茂り、牧草地は狭く、フェルに囲まれた地形のせいで上空に雨雲が留まりそうな場所だった。牧畜のさらなる大規模化と効率化が求められた時代において、理想とは正反対の立地だった。しかし、祖父の予算でそれ以上のものを望むことはできなかった。

新しい土地では牧草の生育期が短く雨が多いため、異なる品種の羊を使った異なる種類の牧畜方式が必要になった。だとしても、湖水地方の丘陵地帯に小さな農場を所有するほうが、農場を借りて運営するよりも安全だと祖父は知っていた。自分の土地であれば自由に仕事を進めることができるし、安全な資産となるだけでなく、将来的に価値が上がる可能性もある。借り農場の場合、いつ地主に契約を打ちきられるかもわからない。そこで祖父は賭けに出て、私たち家族を湖水地方の丘陵地帯の世界へと誘ったのだ。借り農場でも仕事は続け、新たな自前のファームと連動して運営するようになった。当時、マターデールの敷地に隣接したファームハウスが売りに出されていたが、購入する余裕はなかった。そのため、しばらくのあいだは離れた場所から通いながら仕事を進めたという。のちに古い納屋と羊の囲いのとなりにバンガローを建て、祖父一家はイーデン・ヴァレーからマタ
ーデールに引っ越した。

何キロも離れた場所に複数の土地を所有するというのは、この地域では珍しいことではない（すぐ隣の土地がタイミングよく売りに出されることなどめったにないものだ）。そ

う考えれば、祖父がもともとの借り農場から二五キロも離れた場所に新たな農場を購入したのも、ごく自然な流れだったと言える。

一九八〇年代までに、マターデールの荒れ地は、優れた家畜が育つ立派な農場に生まれ変わった。祖父は、自らの家畜（ストック）に深い愛情を捧げる良き牧場主（ストックマン）であることを誇りに感じていた。彼は商才に長け、質の高い家畜を見抜く能力を持っていた。羊や牛を一目見ただけで、虫の寄生から栄養不足まで、どんな些細な欠点をも言い当てることができた。たとえ欠点があるとしても、ただ損をすることになるのか、簡単な治療を施せば利益を生む金の卵に変身するのか、祖父はただちに見分けることができた。祖父のような猛者たちは、雄の子羊の体重を一瞬で判断し、肥らせて出荷するまでにどのくらいの費用が必要になるかを数秒のうちに計算した。さらに、祖父は羊のちょっとした変化を察知し、別の牧草地に移動させるべきタイミングを完璧に予測することができた。

利口な人間は、この牧畜世界では一目置かれる存在になる。ファーマーの評価は、その人物が下した決断をまわりの人々がどう評価するかによって決まる。

*

私はときどき、自分たちが非常に独立心の強い人間だと感じることがある。なぜなら、この地域の人々は外の世界をある程度見たうえで、あえて外部からの孤立や古い習慣を好んでいるからだ。祖父は一度、農業見本市に参加するために遠く離れたパリを訪れたことがある。都会の魅力を理解しつつも、祖父はこう感じずにはいられなかったという。都会の住民は生活を冒され、匿名の存在となり、周囲の世界に振りまわされる。都会では自由も理性も根こそぎにされる、と。都会で得ることのできる富は、故郷にある帰属感や目的意識に比べれば、ほとんどなんの価値もないものだった。

スコットランドの小農園(クロフト)と同じように、この地域でも、自分の子供たちに充分な給料を支払うだけの収入を確保することは容易ではない。多くの若者たちは、家族農場の仕事だけで生活できるようになるまで、数年のあいだ別の仕事をして生活費を稼ぐことになる。ベテランのファーマーでも、(ときに何十年も続けて)自分の農場の外で働いた経験を持つ者は少なくない。鉱山での採掘、道路工事、石の切り出し、石垣造り、羊の毛刈り、さまざまな手伝い……。現在でも若者の多くは〝本物のファーマー〟になる日まで、あらゆる副業でなんとか食いつないでいるのが現実だ。教会の記録によると、その状況は昨日今日に始まったことではないらしい。この地域の農場は、家族全員を食べさせていくにはあまりに規模が小さすぎた。

残念ながら、祖父のようなファーマーが借金をするのは当時としてはごく普通のことだった。借金をしなければ、高額の土地を買うことなどできなかった(「ほかの人にはなんの意味もない土地なんだから、わしらが買ったほうがいい」というのが祖父の言い分)。結果、ファーマーは銀行や外の世界と金利を通してつながることになった。そのため、この地域の牧畜社会の好景気・不景気は、世界的な出来事によって左右されてきた——世界大戦、産業革命、世界大恐慌、一九世紀アメリカ西部で起きた農業の大規模化。悲しい論理ではあるものの、戦争は牧畜に好影響をもたらすものだと考えられた。ナポレオン戦争や世界大戦のような出来事が起き、それまでファーマーの生活を脅かしていた安い海外製品の輸入が制限されると、政治家たちは国内での食糧生産の大切さを再認識した。ところが、しばらくすると政治家はそんなことをすっかり忘れ、状況はまた少しずつ悪化した。そして、世界じゅうを巻き込む大戦争が繰り返されるのだった。

フランス北部のソンム川のほとりにある小さな共同墓地には、湖水地方出身のたくさんの若者たちの墓が並んでいる。多くは徴兵されたファーマーの息子で、一九一六年七月のソンムの戦いで命を落とした兵士たちだ。私の祖母のおじのひとりは、戦場で戦争神経症にかかったという。おじは帰郷して農場で働けるまでに回復したが、数年後、兄弟とともに牧草地で作業しているときに限界に達してしまった。彼はカブの葉に囲まれた茶色い土の上に倒れ込み、すすり泣いた。兄弟たちに抱えられて家に戻ったおじは、のちにランカスターの精神病院に収容された。彼のなかでは、戦争はずっと続いていたのだ。私が子供のころ、親戚たちがおじのことを愛情いっぱいに語っていたのをいまでもよく覚えている。

病院へのお見舞いは、親戚たちにとって忘れがたい思い出だった。

私の友人家族のなかには、いまでもイーデン・ヴァレーの〈ラウザー・エステート〉で農場を営む人たちがいる。彼らが住む場所は、第一次世界大戦でロンズデール連隊（「国境部隊」の大隊）のために闘った曾祖父たちに伯爵が与えた土地だった。戦前、ロンズデール伯爵はドイツ皇帝ヴィルヘルムと親交が深かったため、戦争が始まるなり、タブロイド紙は伯爵の愛国心の欠如について書き立てた。すると伯爵は新兵募集活動に励み、自分が愛国者であることを証明しようとした。伯爵は地元の丘陵地帯の農場の若者たちを誰彼かまわず入隊させたので、当時の陸軍省は標準に満たない体格の若者の入隊をわざわざ拒まなくてはいけないほどだった。私の祖父のおじは、連隊のなかでもっとも優秀な兵士のひとりだった。そのおじの名を、私の息子が受け継いだ――アイザック。

＊

よちよち歩きを始めるとすぐ、私は祖父のランドローバーに乗り、農場での仕事についていくようになった。家に取り残された母は、祖父が私から眼を離さないか、変なものを食べさせやしないかと気が気でなかったという。一度、祖父は大慌てで私を家に連れ帰り、母にこう告げた。「ジミー・リドル（小便という意味の隠語）がいまにも漏れそうだって騒いでるんだが、どうしてもオーバーオールを脱がせられなくてな」。理由は最後までわからなかったけれど、祖父は私たちふたりのことを「俺たち年寄りふたり」と呼んだ。

「さあ、俺たち年寄りふたりで羊を集めにいこう」

祖父の運転するオープントップのランドローバーに乗せられた私は、窓から外の景色を眺めるのが好きだった。ある日のこと、ドアの鍵が完全に閉まっておらず、ブレーキと同時に体が外に飛び出してしまったことがあった。私は宙にぶら下がったまま必死で窓にしがみつき、助けを待った。競売市の会場でも、非業の死からすんでのところで助かったことがあった。記憶はあいまいだが、暴れる牛から逃げて柵をよじ登ったか、私を蹴り損ねた雄牛の脚がシュッと音を立てて眼のまえを通り過ぎたか、そのどちらかだったと思う。

私が生まれついたのは、リーバンクス家の二軒の農場のあいだに広がる世界だった。文明世界に触れるとしても、ペナイン山脈か湖水地方の丘陵地帯で似たような生活を送る友人たちと交流することくらい。子供時代のほとんどの期間、それより先にある残りの世界は存在しないも同然だった。

ほかの場所について興味はあったものの、そこに行きたいという欲求はなかった。それに、わが家には旅行に出かけるという習慣がなかった。その代わりに私は祖父と一緒に農場に留まり、一日じゅうその背中を追いかけまわし、夜になると祖父母のベッドに潜り込んだ。

＊

初夏、羊の出産という大仕事が終わると、ほっと一息つける静かな時間がやってくる。この時期になると、祖父母は牧羊犬を散歩に連れていった。フェル麓の小道を一キロ半ほど行く散歩のほんとうの目的は、緑豊かな夏の農場の景色を愉しむことだった。眼下では、雌羊と子羊がおいしそうに草を食んでいた。夕暮れ時のフェルは、赤、オレンジ、青に煌めいた。花を咲かせた草が頭を垂らす牧草地には、紫のまだら模様が広がっていた。あたりには干し草のような甘い芳香がただよい、空気を舞う花粉さえ感じられそうだった。谷には、子羊を呼ぶ雌羊の鳴き声がこだましつづけていた。

小道を半分ほど上ったところにある錆びた金属製ゲートまでやってくると、祖父母は立ち止まってゲートにもたれかかり、自分たちの農場を眺めた。沈む夕日が谷を包み込み、金色のかすみの向こうの牧草地に虫、アザミ、花盛りの草が見えた。私は祖父母の会話に耳を傾け、彼らのこの土地への愛と誇りを感じ取った。

夏、農場の牛を〈ダウスウェイト・ヘッド〉と呼ばれる孤立した小さな谷に連れていき、祖父の知人であるメイソン・ウィアが所有する土地で草を食べさせることがあった。到着するなり牛があたりに散らばって草を食み出すと、足元で埃が舞い、ハエが飛び交った。陽の光を浴びた牛たちは、尻尾を左右にシュッシュッと揺らした。秋にまた連れ戻しに来るときには、牛は丸々と肥っていた。夏のあいだに羊や牛を高原地帯に移動することで、麓の肥沃な土地で草を育て、干し草を作ることができた。

メイソン・ウィアはじつに個性的な男だった。山中にある白漆喰塗りの彼の家に行くと、たいてい誰もがウィスキーを飲み過ぎて酔っぱらってしまう。「ほら、もう一杯飲んでいけよ」という声が聞こえたら、もう終わり。祖父のグラスにはスリーフィンガー分のウィスキーがすでに注がれている。子供の私は近くに坐り、サンドイッチ型ビスケット（カスタード・クリーム）やジンジャーブレッドをむしゃむしゃ食べながら、ふたりが交わす冗談や会話、ゴシップ話に耳を傾けた。いまでも忘れられないのは、プールで死んだ羊飼いの話だ。ある夏の暑い日、涼を取るために羊飼い仲間数人でプールに行くと、ひとりがプールに飛び込んだきり浮かび上がってこなかったという。ときどきメイソンは中座して奥の台所に行き、自家製ベーコンを手に戻ってくることがあった。白い綿毛のようなもので覆われたベーコンの塊を切ると、簡単な炒め物を作って祖父に振る舞った。

それから三〇年が過ぎたいまでも、私はメイソンと友人として交流を続けている。私たちのような家族は長い絆を護りながら、時代を超えてお互い寄り添いつづける。人は生まれて死んでいくが、農場、群れ、昔ながらの家族のつながりはずっと続いていく。

＊

祖父が購入した湖水地方のフェルの農場で、私たちははじめてハードウィック種に出会うことになる。産まれたばかりのハードウィック羊は耳の先だけが白く、残りの毛は真っ黒。しかし成長するにつれて毛色は変わり、最終的に頭と脚は灰色がかった白、胴体は青灰色の毛で覆われる。ハードウィック種は、おそらくイギリスでもっとも強靭な肉体を持つ山岳種にちがいない。雪、雨、霰（あられ）、みぞれ、風、何週間も続くじめじめした憂鬱な天気――そんなのはへっちゃらだ。母羊が世話を怠らなければ、生後一日目の時点で、どんな天気にも耐えられる頑丈な体軀ができあがる。厚く硬い皮膚とじゅうたんのような黒いフリースは、体を常に暖かく乾いた状態に保ってくれる。ハードウィック種の雌羊は、同じ条件下に置かれたいかなる品種の羊よりも少ない餌の量で生き延びることができ、毎年秋には元気な子羊とともにフェルを下りてくる。最新の科学的研究によって、ハードウィック羊は遺伝的にきわめて特殊な種で、ほかのイギリスの羊にはほとんど見られない原始的なゲノムを持つことがわかった。もっとも近い親戚はスウェーデン、フィンランド、アイスランド、スコットランドのオークニー諸島北部の島々に生息し、その先祖はデンマーク沿岸に浮かぶフリースラント諸島近くのワッデン海の島々、あるいはさらに北のスカンジナビア半島にいたと推測されている。この地域に伝わる「ハードウィック羊がヴァイキングの船に乗ってやってきた」という古い言い伝えも、現在では科学によって裏づけられようとしている。イギリスに渡来してから一〇〇〇年以上の時を経て、ハードウィック種はこの土地柄に合うように選択的に繁殖されてきた。

農場にはじめてハードウィック種がやってきたのは、私がまだ子供のころだった。ほかの現代的な羊よりも、ハードウィックは強い個性を持っていた。生後六カ月の子羊たちは、なにやら物知り顔で私をじろじろと見つめた。焦げ茶の毛、がっしりとした白い脚……秋冬仕様の羊毛をまとったその姿は、テディベアのように見えた。最初、祖父は食肉用に一〇〇匹のハードウィック羊を近所の農場から購入した。すぐに、ほかの品種との差に祖父はびっくり仰天することになる。決して恵まれた環境とは言えない私たちの農場を、ハードウィック羊たちは天国だと感じたらしく、すくすくと成長していった。そして祖父は肥った羊を売り、いとも簡単に利益を得たのだった。私たちの農場に来るまえ、その羊たちはイギリスでも有数の過酷な岩がちの山岳地帯で暮らしてきたのだろう。

二〇世紀のファーマーの多くと同じように、当時の祖父や父はできるかぎり現代的に品種改良された羊を育てることを望んでいた。安い燃料、化学肥料、飼料、安い労働力が豊富な世界では、そんな現代的な牧畜がうまく機能した。しかし、品種改良された種を私たちの農場のような厳しい環境下で育てることは容易ではなかった。羊たちは病気がちになり、より多くの餌を必要とし、成長が遅れ、結果的に死亡率も高くなった。のちに石油や餌の価格が上がると、農場運営にかかる費用も増した。補給用の飼料がきわめて少ないこの土地においては、ハードウィック種のような在来種の飼育のほうが適していることに気づいたのはそのときだった。しかし当時の祖父たちは、ハードウィック種を高潔な過去の羊だととらえていた。

ときに、ハードウィックは希少種だと勘ちがいされることがある。もしくは、営利目的ではなくノスタルジックな理由によって――あるいは、ビアトリクス・ポターや〈ナショナル・トラスト〉の活動により――ハードウィック種は飼育されつづけているのだと誤解されることがある（なぜかというと〈ナショナル・トラスト〉はこの地域の一部の農場を保存するために買い上げ、それによってフェルの羊の群れを本来の状態のまま保護しているからだ）。しかし、ハードウィックは希少種ではない。湖水地方には約五万匹の雌の種羊がおり、標高のきわめて高いフェルで営利目的のために飼育されているのは、いまもハードウィック種のみである。さらに現在では、ハードウィック種への関心がかつてないほどの高まりをみせている。条件の悪い土地でより少ない投資で農場を運営する方法を探ると、自然とハードウィック種にたどり着くというわけだ。その過程のなかで、ハードウィック種の伝統的で、自然で、より美味な肉の品質にもファーマーたちは気がつきはじめたのだった。

この地域では羊の品種ごとに独自のブリーダーの共同体が存在し、それぞれ異なる競売市で羊を売り買いする。祖父はスウェイルデール周辺の数多くの農場主たちと知り合いで、定期的に取引していた。西は湖水地方、東はダラム、南はペナイン山脈、北はスコットランドとの境界線あたりまで出向くこともあった。多くの点において、競売市はファーマーの生き方の中心に位置するもので、取引の場所であると同時に交流の場でもある。私が子供のころには、競売市は昔からの伝統にならって町の中心地で開かれ、地元の農場から会場まで羊や牛が歩いて移動していた。しかしここ三〇年のあいだに、大規模化と現代化という大義名分のもと、多くの会場が郊外の工業団地内へと移った。その結果、何か大切なもの——町の住人とファーマーの世界をつなぐ絆——が失われたような気がしてならない。

年間のスケジュールは品種ごとに決まっており、出産から毛刈りまですべてが一年の成長サイクルに沿うように注意深く調整され、品種別に開かれる秋の競売市のタイミングで羊が最高のコンディションになるように設定されている。

私の祖父は各地の秋の競売市に出向き、湖水地方の標高の高いフェルで産まれた子羊を購入し、冬のあいだ、より好条件の自分の土地で食肉用に肥らせた。こういった肥育用の子羊は「ストア」と呼ばれ、数週間後、体重が増えてさらに状態がよくなったときに肥育子羊（ファット・ラム）市で売られた。まだ幼いとき、祖父に連れられてトラウトベックの小さな競売市に行ったことをいまでも覚えている。私たちの農場から山の端をひとつ越えたあたり、直線距離にしてわずか一・五キロほどの場所に会場はあった。会場と言っても、八角形の木造の小さな納屋に毛が生えたようなもので、天井は波板のトタン屋根に覆われていた。中央には、競売にかけられる羊が立つ円形の競り場。床におがくずが敷きつめられた競り場を取り囲むように購入者用の木製シートが並び、奥には競売人用の演壇。建物のまわりの広大な土地には、何千匹もの羊を待機させるための無数の囲い。木製や金属パイプ製の組み立て式のその囲いのなかで、羊は自分たちの出番を待っていた。家畜追い（ドローバー）が競り場に羊を連れてきては、また外へと移動させる。家畜追いたちはみな棒を握り、餌袋をぱたぱたとはためかせながら歩く。なかには伝統的な木靴を履く者もいる。羊が会場内で落札されると、屋外の囲いに散らばる家畜追いのあいだで購入者の名前が伝言ゲームのように大声で伝えられ、最後に囲いのゲート脇の小さな黒板にチョークで名前が記された。雨の日には、羊の体から湧き上がる熱のせいで、濡れた羊毛のじめっとしたにおいがあたりにただよった。

　小さな子供たちは厄介払いされ、大人のファーマーたちの脚のあいだをくぐって別の場所に行くように言われた。あるいは大人の指示によって、年上の子供たちが小さな子供たちの面倒を見ることもあった。大人たちは決まって、フルーツ味のグミやチョコバーを賄賂代わりに渡して子供を黙らせようとした。父や祖父が仕事をするあいだ、子供たちはチョコレートの塊をむしゃむしゃ食べながら、幾多の羊が売買される光景を眺めた。当時の私は、祖父たちの会話を聞くのが大好きだった。会話に加わるメンバーのひとりに祖父のいとこがいたが、話によると、彼は若いころにオックスフォード大学に行ったらしい。あの年頃のファーマーにしては変わった行動だ、と子供ながらに思ったのを覚えている。

＊

干し草作り、毛刈り、雌羊と子羊の世話、羊集め――それがファーマーにとっての夏だ。この地の住人にとって、良質の干し草を作ることは神の命令のようなもの。かつて、冬のあいだに家畜に餌を与えることができなければ、それは農場崩壊の危機を意味し、結果として家族が飢餓に苦しむこともあった。現在でも、必要な干し草の量を見誤ってしまうと、その年の利益が一瞬のうちに吹き飛んでしまうことがある。この地域では一〇年に一度、夏のあいだひたすら雨の日が続き、干し草作りができなくなる年があると言われている。私が生まれたのは干し草作り真っ只中のときだったので、当時の家族はいろいろ気にかけることがあってたいへんだったにちがいない。

＊

私がこの世に這い出てきたのは、蒸し暑い七月の日だった。父と祖父が日々、農場の牧草地で干し草作りに励んでいた時期だ。このとき、ファーマーがもっとも恐れるのは雨だ。冬のあいだに必要な干し草の量を確保するためには、雨を避けて作業を効率的に進めなければいけない。草を日なたで乾かし、梱(こり)にして納屋に保管すれば、良質な冬用飼料ができあがる。雪が降りしきる冬の日でも、ひとたび干し草の梱を開けば夏の新鮮な空気が広がり、ときに一緒に圧縮された牧草地の花々が舞う。しかし、雨に濡れた干し草は時間とともに腐っていく。少量の雨が染み込んだだけでも、段ボールの房のような干し草になってしまう。羊たちはそれを食べて冬を越すが、生き延びるために渋々食べているにすぎない。一方、大量の雨が染み込んだ干し草は無用の長物と化し、食用としても使えず、ただ腐敗して汚臭を放つ塊に変わる。

＊

結婚当初、子宝に恵まれず苦しんでいた母は、当時としては革新的な不妊治療を受けた末にやっと私を妊娠したという。しかし祖母は、母の不妊が治ったのは「祖父の馬に乗って体の中身を軽く揺らしたからだよ」と最後まで言い張った。当時の家族は、村から一キロ弱離れた四軒並びの公営住宅に住んでいた。私たちの農場を望む場所に建つ、正面が幹線道路に面した灰色の家だった。そのころの写真を見ると、両親が一九七四年風のずいぶんと洒落た恰好をしていることに驚かされる。母さんは美しく、ウェーブヘアの父さんは、もみあげが太く、襟の広いシャツと細身のフレアズボン姿。母さんは美しく、どの写真を見ても私を溺愛するようなやさしい表情を浮かべている。いまよりも髪が長く、夢見心地の顔つきの両親は、まるで映画『ジョーズ』のエキストラのように見えた。

家の室内の壁には、一九七〇年代風のおぞましい模様の壁紙。物は少なく、生活はきわめて質素だったようだ。それでも、写真のなかの両親は若々しく、とても幸せそうに見えた。父さんは、いたずらっ子のように眼を輝かせている。当時、母さんはいつも私に本を読み聞かせていたらしい。母の話によると、農場の男たちの食事の時間になると、新生児(私)と一緒に邪魔にならないところに引っ込んでいるように言われたという。おばあちゃんは正真正銘の〝ファーマーの妻〟だった。決まった時間においしい料理をテーブルの上に用意する——祖母にとって、それ以上に大切なことは何もなかった。あとになって、母さんはこんな常套句が書かれたマグネットを冷蔵庫の扉に貼った——「つまらない女性の家は汚れひとつなくピカピカ」。

＊

私が生まれる前日、母は自宅で私のいとこの子守りをしていた。夜になると、体のなかで何かが始まるのを感じ、一キロほど離れた村の電話ボックスまで歩いていった（当時住んでいた公営住宅には電話がなかった）。電話に出た看護婦長は、ふてぶてしい態度でこう告げたという。落ち着いてちょうだい。出産予定日までまだ六週間もあるのだから、ベッドに戻って寝てればいいの。これだから初産の妊婦は困るわ。わかりました、と母は答え、言われたとおり家に戻った。翌朝、父さんが干し草刈りの仕事に出かけると、母は私のいとこを車で家まで送り届けた。到着するなり、おばが母の異変に気づき、地元の診療所に連れていった。すると、母はすぐさまカーライルの病院まで救急搬送されることになった。おばは、地元の町で事務弁護士として働く夫の事務所に電話し、干し草畑に行って私の父親を連れてくるように言った。連絡を受けたおじはピンストライプのスーツのまま車に乗り込み、干し草畑に直行。トラクターを運転する私の父に向かって腕を振って合図し、車の鍵を手渡してカーライル病院に行くように伝えた。子供が生まれるから急げ、と。

ぴかぴかの革靴を履いたおじは、人里離れた埃っぽい干し草畑にひとり取り残された。道に迷ったあげく、二五キロ離れた農場までトラクターで戻ったという。三〇分後、私の父は甲高いブレーキ音を立てて病院の駐車場に車を停め、母のもとに駆けつけた。予定日より六週間も早い出産だったにもかかわらず、私は健康体で元気そのものだった。生まれたその日から、私は農場でさまざまな事件を巻き起こしたことになる。私がはじめて眼にした父さんは、おそらく汗と埃まみれの作業着姿で、夏の牧草のにおいをただよわせていたにちがいない。無事に出産が終わると、父はまた干し草作りの仕事に戻った（上の妹が生まれた日、父は羊の世話をするため、いったん牧草地に寄ってから母を病院に連れていった。少しでも遅れていたら、病院へ着くまえに生まれていたところだったという）。

＊

私のいちばん古い記憶のいくつかは、夏の干し草畑で祖父の背中を追いまわしているというものだ。大人たちが干し草の梱を作っては転がして動かすあいだ、大きく揺れるトラクターの運転席のうしろに坐っていた私は、そのまま寝てしまうこともあった。自由に動きまわれる年齢になると、並んだ干し草を走って飛び越えたり、積まれた梱のなかに秘密の隠れ家を造ったり、牧草地を流れる小川で釣りをしたりして遊ぶようになった。太陽がさんさんと輝く夏は、一年でも特別な時間に感じられた。夏のその数週間、牛と羊にはほとんど手間がかからず、世界は平穏そのものに思われた。その時間を利用して、ファーマーたちは来る冬のあいだに家畜に与える作物を収穫した。

干し草作りの季節は、私の人生の章の区切りのようなものだった。次の章に進むごとに、私はより強く役立つ働き手になり、祖父は少しずつ年老いて弱くなった。毎年、私は一つひとつ祖父の仕事を引き継いでいった。天気のいい夏——あるいは、私の記憶のなかにある夏——には、いっとう幸福な空気があたりに広がっていた。決まった時間になると、食事やアフタヌーンティー（自家製ケーキと大きなブリキの水差しに入った紅茶）を持って祖母が畑にやってきた。干し草の梱で作った即席の椅子に坐って休憩するあいだ、父と祖父は過去の夏の思い出話を語り、冗談を言い合った。私はその話を聞くのが大好きだった——役馬、先人たちの勇敢な功績、第二次世界大戦中に農場で働いたドイツとイタリアの戦争捕虜……。

祖父はイタリア人の将校たちのことをどうしても好きになれなかった。貴族出身の高いプライド、自分たちとは異なる職業倫理観が気に入らなかったという。「伯爵だかなんだか知らないが、クソみたいな連中ばかりだった」と祖父は言った。それにイタリア人たちは、移動中の車両が通過するたび、若い女性たちに向かって口笛を鳴らした。戦後、これらの捕虜の一部は、もはや存在しない故郷に戻るのではなく、そのまま農場に残ることを選んだ。私の父が生まれるまえに終わった戦争の奇妙な生き霊のように、捕虜たちは地域一帯の農場の家の小さなベッドルームを間借りして生活したという。

風が小さな竜巻になって干し草を巻き上げ、牧草地をさっと通り過ぎる。ツバメが上空を舞い、虫に襲いかかる。帰り道、私はよくトレーラーの荷台に積まれた干し草の梱の上に乗り、木の枝や電話線をよけて遊んだ。一度、農場の敷地内に曲がって入るときに、トレーラーがゲートの柱にぶつかったことがあった。私は干し草の雪崩の上を転げ落ち、最後には祖母の足元の地面に落下した。祖母は舌打ちし、怪我をしたらどうするんだと文句を言った。しかし祖父たちは、私がトレーラーの上にいたのを知らなかったと訴えた（ほんとうに知らなかったのかもしれない）。当の私はと言えば、ただ肩をすくめるしかなかった。

干し草用の牧草地には細い小川が交差するように流れ、その両側にはジギタリスが生えていた。夏の暑い日、小川は牧羊犬と子供たちのための避暑地になった。牧草地の草を刈るのは晩夏になってからなので、草花はそれまでに地面に種を落とすことができた。大昔から存在する高地の干し草用牧草地には、じつに美しい光景が広がっている。夏のそよ風を受けて波打つように踊る、色とりどりの鮮やかな草。茶、緑、紫のモザイク模様の草花は、多種多様な昆虫や鳥の棲み家であり、ときにノロジカの子供たちのための遊び場となる。干し草畑の隣には、アザミが咲き乱れる緑豊かな放牧地。そこで双子を育てる雌羊たちが、こちらの騒ぎを嬉々として見つめる。畑の境界線となる草むらからバッタが互いを呼び合う鳴き声が響き、野生リンゴの木からカササギのさえずりが聞こえてくる。

理想的な天気の年であれば、干し草作りのタイミングを見極めるのはとても簡単なことだ。草を刈ったあと、三日か四日ほど乾燥した日が続けば問題ない。そのあいだに草を二、三回ひっくり返して天日干しすれば、風と日光で全体を均等に乾かすことができる。一滴の雨に触れることもなく乾いて芳香がただようようになったら、あとは干し草を梱にして納屋に保管するだけ。しかし、イングランドの夏はそう甘くはない。雨の合間を見計らって草刈りをするタイミングを決めるのは、ほぼギャンブルのようなもの。天気の悪い年には干し草作りがうまく進まないことも多々あり、湖水地方はとくに失敗の割合が高い。干し草作りは、ファーマーと天気の闘いでもあるのだ。

牧草地の草を刈るとき、草刈り機は草の種、花粉、昆虫の厚いベールに覆われる。それまで穏やかに暮らしていたハタネズミの秘密の世界に機械が入り込むと、ネズミたちが慌てて生け垣のほうに逃げていく。かつて私たちの農場の牧草地の一角には、日焼けした二本のニレの枯れ木があった。その枝にいつもチョウゲンボウがとまり、こちらの作業を眺めていた。ときどき、上空を滑空するチョウゲンボウがハタネズミを急襲し、鉤爪(かぎづめ)に引っかけて飛び去っていった。

草刈りを終えた直後か翌日、回転する熊手がついた「ヘイボブ」と呼ばれる機械を使って、畝状に地面に並ぶ草を吹き飛ばし、太陽光や風が均一に当たるようにする。それから数日間、干し草を毎日ひっくり返す工程に入ると、草から飛び出す昆虫を目当てにショウドウツバメが空に集まってくる。

数日たって草から緑色と水分が抜け出たところで、一列に草を掻き集めると、ついにロールベーラーの出番となる。動き出したベーラーは、ドスドスと鈍い音をリズミカルに奏ではじめる。その作業をじっと見つめるのは、シラミだらけの強欲なミヤマガラスだ。干し草が巻き取られたあとの地面に隠れたミミズや幼虫を探して、カラスは畑の上をちょこちょこ歩きまわる。たまにベーラーのシャーボルトが折れると、騒々しい金属音と男たちの「くそっ！」という怒声があたりに響きわたる。

現在、干し草作りは急速に機械化が進んでいる。一九八〇年代に新しい機械が登場すると、干し草をビニールで梱包して発酵させることが可能になった。そのおかげで、たとえ雨の多い夏でも、一定の栄養価値のある「サイレージ」という餌を作ることができるようになった。しかし、私が子供のころの干し草作りは、家族総動員で行なわれる過酷な肉体労働だった。

できあがった干し草の梱を納屋へと運び込むと、最後は人力で積み重ねていく。早く一人前に成長し、梱を積み重ねるこの作業を手伝う——それは、農場の子供なら誰でも夢見ることだった。しかし自分が思い描くよりも成長は遅く、来年こそ大人たちに交じって梱を積み上げることができますようにと願う年が続いた。私たち家族には若い男子が極端に少なかったので、男手に不足のない隣家を柵越しに指をくわえて眺めたものだ。納屋での積み重ねが終わるまで、ファーマーたちは干し草の梱を何度となく持ち上げなくてはいけない。そのうえ梱の数は数千にも及び、まさに体力がモノを言う仕事だった。

歳を重ねるごとに私は少しずつたくましくなり、干し草の梱をより高く持ち上げられるようになった。同時に、祖父はだんだん弱くなった。祖父の自らの衰えへの自覚を和らげたのは、私に抱いた誇り——成長した孫が、自分の代わりを務めることへの誇り——だけだった。子供のころの私は、役に立っていると思い込んで祖父の足元まで梱を転がし、干し草の山から山へとアイスティーのボトルを運びながら、祖父のような強い男になることを夢見ていた。ふたりのあいだのバランスは一年ごとに、私に有利なほうに傾いていった。そして一三歳のとき、私と祖父の体力がほぼ同じになるという不思議な中間地点を迎えた。しかしすぐに、祖父が「俺たち年寄りふたりはここらへんでタバコ休憩にしよう」と提案し（ふたりともタバコは吸わなかった）、私がそれに従う役回りになった。翌年、体力バランスが完全に逆転すると、私は休憩が必要なふりをして、祖父がときどき休めるように気を遣った。数年後、軽い梱しか持ち上げられなくなった祖父は、牧草地を私のあとについて歩き、足元まで干し草を転がす係になった。

＊

本のなかに出てくる干し草作りは牧歌的で明るいものばかりだが、実際には大事件を惹き起こすこともあるたいへんな仕事だ。一九八六年の最悪の夏、私たちはすべての干し草を燃やすことになった。まさに悲劇だった。乾いた晴れの日が一週間近く続かなければ、干し草を作ることはできない。それに、草刈りをすると決めたその週の初日に、トラクターと草刈り機を牧草地に移動してすぐに草を刈りはじめなければいけない。イングランドでもとりわけ雨が多いこの湖水地方では、何が起きるかなど誰にもわからない。

＊

一九八六年の夏、雨がいつまでも止まなかった。黒い雲、泥だらけの牧草地、絶え間ない雨……。この地域ではたまに、本格的な夏が来ないまま秋へと移り変わることがある。だとしても、なんとか干し草を梱包する段階までは進んだので、この年にもちょっとした小休止の瞬間はあったということになる。しかしその後、天が裂けたかのような土砂降りの雨の日が何日も続いた。上質な干し草がいかに重要かを知っていれば、使い物にならなくなった梱が筆舌に尽くしがたいほど悲しく、哀れで、痛ましいものだと理解できるはずだ。日光にさらされて緑から美しく変色するべきだったものが、ゆっくりと灰色に変わり、そのまま腐って死んでいく。冬のための収穫物となるべきだったものが腐り、使い物にならない何か、膨大な時間が無駄になる重荷へと変わっていく。その年、風が吹いて雨が弱まると、私たちは牧草地に行って干し草の梱を納屋に移動しようとした。しかし、雨を大量に含んだ梱はずっしりと重たく、紐をつかんで持ち上げようとすると指が切れてしまいそうなほど痛んだ。それからまた雨が降り、地面から大粒のしずくが跳ね上がった。いままで見たこともない大雨だった。梱の上部から緑の芽が出はじめ、干し草は使い物にならなくなった。もう二度と乾くことはない、と誰もが知っていた。たとえ納屋に運び入れたとしても、いずれ温まって腐ってしまう。実際に過去に何度かあったように、腐った干し草が化学反応を起こして自然発火し、納屋で火事が起きる可能性さえあった。あるいは、ただ腐るだけか。とにかく、納屋に運び込む意味はなかった。ふと見上げると、ミヤマガラスがナナカマドの木に隠れ、干し草の下からミミズが出てくるのを待っていた。

＊

やがて、牧草地は「二番草」でまた緑に覆われた（二番草とは、刈り取りのあとに再び成長した甘い香りの草のことで、八月から九月にかけて親離れさせる子羊の餌として使われる）。しかし畑の至るところに、本来であれば何もないはずの場所に、腐って死んだ一番草の梱がむっつり鎮座していた。どんなにひどい状態だとしても、干し草の梱を別の場所に移動する必要があった。しかし、この水浸しの巨大なガラクタを牧草地から撤去するのは、死体を動かすようなものだった。残酷で、不快で、無意味で、腐敗臭まみれの仕事だった。私たちは、数千の梱を石造りの納屋の廃墟に移動することにした。それから一端に火をつけると、遠くに離れて様子を見守った。が、呪われた物体はなかなか燃えず、何週にもわたって陰気にくすぶりつづけた。愚かで無意味な黒こげの塊になって焼ける干し草のにおいは、いまでも忘れることができない。首に雨粒が伝うなか、大汗をかきながら何日ものあいだ、牧草地が空になるまで干し草を運びつづけた。すべてが終わると、数週間続いた作業の証も、一年の草の成長を示す標も何ひとつ残っていなかった。その年、干し草を保管する納屋はがらんどうだった。牧草地には膝下あたりまで新しい草が伸びていたものの、梱が置いてあった場所には棺桶形の不吉な黄色い染みが残っていた。父親は眼を背け、「俺に一生このことを話すな、思い出したくもない」とつぶやいた。それから数週間、灰色の汚れた雲がフェルの上に錨を下ろし、いつまでも雨が続いた。

*

子供のころの私は、何年もずっと祖父の背中を追いかけまわしてばかりいた。世のなかのすべての心やさしい祖父母と同じように、祖父は私の長所だけを見てくれたので、私はいつも〝自慢の孫〟だと感じることができた。トレーニング中の〝従者〟である私に、祖父は湖水地方での牧畜のイロハを教えてくれた。石垣の造り方、競売市のための羊の準備方法、良質な家畜の見分け方といった実用的なことはもちろん、物事に対する価値観や考え方についても教えてくれた。人と公平に向き合って信頼を得る方法、正しい商談のやり方、自分たちの評判を護る術……。リーバンクス家の子供たちは、生まれたときから祖父らにこう教えられてきた。私たちは家族と共同体の一部であり、護るべき価値観を持つのだ、と。その価値観は個人的な気まぐれや思いつきよりも大切であり、農場と家族が常に優先されるべきだ、と。

人間は誰しも、物語で作られているにちがいない。祖父はよく、自身の母方の祖父であるT・G・ホリデーの物語を話してくれた。どうやら私と同様、おじいちゃんは自分の祖父を崇拝し、彼のような人間になりたいとずっと願っていたらしい。祖父の祖父は私が生まれるずっと前に死に、実際に会ったことは一度もなかった。しかし、私と彼とのあいだには連続性とつながりが存在する。私の祖父はT・G・ホリデーの逸話から自身を作り上げ、私は祖父の逸話から自分を作り上げた。

T・G・ホリデーは、いまでも私の本棚に置かれた写真のなかに誇り高く生きつづけている。私が祖父から受け継いだセピア色のその写真は、おそらく一八九〇年代か一九〇〇年代に撮られたものだろう。ハシバミの棒を持って牧草地に立つ彼のまわりには雄牛の群れがいて、足元には大型の牧牛犬が従順そうに坐っている。山高帽をかぶり、もみあげと一体になったマトンチョップ形の頬ひげを蓄えたT・G・ホリデー。彼は沈思黙考し、撮影にはまったくの興味を示さない。まわりの牛たちは、石の飼い葉桶や木桶の草を食んでいる。祖父の話によると、彼は神話の英雄のような性格だったという。

T・G・ホリデーは〈イングルウッド・エステート〉の小作農民だった。彼はアイルランドから畜牛を買いつけ、湖水地方の北側にあるシロス村の小さな港に仲間たちと出向き、到着したボートから牛を受け取った。そこから農場に移動する牛の餌を運ぶため、飼い葉桶を積んだ荷馬車をまえもって用意していた。彼は同じ販路を使い、アイルランドから大量のガチョウも購入した。その際、船から降ろされたガチョウの脚にタールを塗って砂を振りかけ、農場まで歩かせたという。夜になると道端で眠りながら、男たちは二日以上かけて家畜を農場に移動させた。彼は連れ帰った畜牛とガチョウを肥育し、状態が仕上がって最高値で売れるタイミングを見計らって地元の市場で販売した。くわえて彼は、家畜の取引で得た金を使ってさらなる大儲けに成功した。第一次世界対戦のあいだ、T・G・ホリデーは密かに戦時国債を投資用にたくさん購入した。しばらくたってから国債を売って利益を得ると、その金をふたつのスーツケースにしまって二年のあいだ自宅に保管していたという。

ある日、彼はスーツケースを荷馬車に積み込み、売り出し中の三軒の農場の競売会場に行った。参加者の誰もが驚いたことに、彼は三軒すべての農場を購入した。その日の帰り道のこと、T・G・ホリデーはペンリスの町の沿道に人垣を見つけ、現借家人付きのコテージ群が売りに出されていることを知る。その日の行動への終止符を打つかのように、彼はスーツケースの残金でコテージを買った。それからわずか数カ月のうちに、それぞれの入居者にコテージを売ってさらなる利益を上げた。

小作農民が小さな牧畜共同体で足跡を残すことは簡単なことではなく、その日のT・G・ホリデーほどの大仕事をやり遂げる人間はそうそう現れるものではない。その日以来、彼は共同体の名士として名を馳せるようになった。T・G・ホリデーは購入した農場を息子たちに分け与え、（私の曾祖母アリスを含む）娘たちに充分な教育を施し、それぞれの結婚相手と新たな農場を始める手助けをした。年配の牧畜仲間たちのあいだでは、彼の物語はいまでも忘れられることなく、敬意を持って語り継がれている。何世代も経ていくつかの家族に分かれた子孫たちは、現在でもT・G・ホリデーの血を引くことを誇りに感じながら生きている。牧畜を営む多くの家族にはこのような物語――いまの状況に至るまでの自分たちだけの神話――が存在する。

＊

私の祖父は夕焼けのような「美しいもの」を好んだ。しかし、それを描写するときにはたいてい説明的な言葉を使い、抽象的かつ感傷的な言葉を避けた。彼は周囲の景観をたしかな情熱を持って愛したが、祖父と自然との関係は、旅行先でのつかの間の恋というよりも、長期にわたるタフな結婚生活という感じだった。天候や季節に関係なく、祖父の仕事は常にその土地と結びついたものだった。たとえばちょっとした春の夕焼けも、祖父には大きな意味を持つものだった。これまで六カ月のあいだ、風、雪、雨に耐えてきたのだから、「美しい」の一言で言い表せる景色ではなかった。つまり、光景そのものは見るからに美しいものでも、その美しさは機能的な意味合いに満ち満ちたものだった。春の夕焼けは、冬の終わり、あるいは好天が続く季節が来たことを示唆するものだった。

＊

私がまだ幼いころから、祖父はヨーロッパで「小作人（ペザント）」と呼ばれる人々――私たちが普段「ファーマー（農場主）」と呼ぶ人々――の古典的な世界観について教えてくれた。ファーマーたちは土地の所有者であり、この地にはるか昔から住み着き、これからもずっと留まることになる。ときに大きな苦難を強いられることがあっても、必ず耐え抜いて勝利を収めてきた――。また、この地域には「平等主義」の考え方が古くから深く根づいていた。これは北欧の田園共同体の多くに見られる考え方で、住民の男女を「仕事」「家畜」

「協力」によって判断するというものだ。歴史的にこのあたりの丘陵地帯では、「富」によって農場主と農場労働者を区別する風習はなかった。少なくとも、社会的・文化的な意味での区別はなかった。貴族がこの地域で権力をふるうことはなかったため（あるいは、できなかったので）、「階級」という考えはほとんど存在しない。住人、農場主、労働者は密に協力し合い、同じテーブルで食事を摂り、パブで酒を酌み交わし、一緒にスポーツ観戦し、似たような生活を送ってきた。実際に土地を所有する農場主たちは、自前の農場を持つことができない仲間や農場労働者よりも、自分のほうが少しは利口だと考えていたのかもしれない。だとしても、それをひけらかすことはなく、階級差別などほぼ皆無だった。偉ぶって生きていけるほど、世間は広くなかった。他者への悪意は、すべて自分に倍返しで戻ってきた。この地域でまわりから尊敬されるための最大の物差しとなるのは、羊や牛の質、農場の維持状態、作業や土地管理の技術だ。もっとも高い評価を受けるのは〝腕のいい羊飼い〟であり、現代で言うところの「平社員」なのか「管理職」なのかは関係なかった。羊飼いであることこそが、住人にとって何よりも大きな誇りだった。

＊

私は、地元の小さな小学校に入学した。良い学校ではあったものの、本好きの母にも、学校の教師にも勝ち目はなかった。学校に通うことは、ほんとうに重要な物事からのちょっとした気分転換でしかない、と私ははじめから知っていたのだから。

しかし、すべてが無駄というわけではなかった。ミセス・クレイグというすばらしい先生が読み聞かせてくれた『アイ・アム・デビッド』（強制収容所を逃げ出した少年の話）はとても印象的だった。『オデュッセイア』もお気に入りで、とくにオデュッセウス一行が一つ目巨人（キュクロプス）の洞窟から巨大な羊の腹にしがみついて逃げるシーンは鮮明に記憶に残っている。いまでも、私はこういった本が大好きだ。教師たちは、私のことを「利口」「謎めいた子供」などと言って母を喜ばせた。でも私にとってなによりも肝心なのは、自分が農場に属しているということだった。

一度、祖父母の家で私が読書をしていると、怠け者だと祖母に叱られたことがあった。昼間に読書をすること――その意味を人に説明することは、農場でもっとも価値のない行為だった。本というものは、よくて怠惰の証であり、悪ければ危険物だとみなされた。（学年が上がるにつれて成績は落ちていったものの）学校での私の好成績はまた、点滅する警告灯のように祖父を悩ませたようだ。跡継ぎが別の文化に呑み込まれるのではないかと恐れたのだろう。祖父の生きる世界では、本に有益なところなどひとつもなかった。学校は出席しなければいけないものであり、退屈な義務でしかなかった。

*

ある平日の夜のこと、土手に囲まれた八エーカーの干し草畑〈メリックス〉に私はいた。決められた門限をすでに五分過ぎていた。しかし九歳の私はすでに大人気取りで、宿題や読書をするほど暇ではなかった。むずむずする首、ちくちくと痛む腕と脚を掻きながら、干し草畑で祖父や父の仕事を手伝っているほうが愉しかった。そのとき、地平線の赤い夕陽に一台の車が浮かび上がった。わが家のフォード・シエラが、埃を舞い上げて小道を疾走している。

「早く！」と祖父か父が言い、半分ほどの高さまで積み重なった干し草の山を指さした。

「なかに隠れるんだ」

私はふたつの梱のあいだに飛び込んだ。すると、五個ほどの梱の隙間にすっぽりと体がはまった。草の棺桶に入り込んだ私は、梱のあいだに開いた穴から外をのぞき込んだ。畑のゲートに車が到着するのが見え、草の切り株畑をどたどたと進んでくる音が聞こえた。祖父は蓋をするように干し草の梱を積み上げながら、くっくと笑っている。

「あの子を見なかった？」と母。

私のほうから見えるのは、ハエの死骸まみれの車のボンネットだけ。草の棺桶のなかで、心臓が早鐘を打った。

「見てないな」と父。

それから、子供にはいちばん恐ろしい大人の沈黙が続いた。

「もうそろそろ寝る時間よ。平日だっていうのに」

「もし見つけたら伝えておくさ」

「そうしてちょうだい」

車が家に向かってゆっくりと走り出すと、私はのぞき穴から様子をうかがった。

＊

私の祖父は働き者だったが、同時によく遊び、よく酒を飲んだ。競売市が開かれる火曜日、祖父は仲間のベテラン農場主たちと朝から晩まで一緒に過ごした（そのあいだ、雇いの労働者と息子たちは農場に残って働いた）。競売が終わると、彼らは決まってパブに行って酔っぱらった。その噂はすぐにご婦人方に伝わり、男たちは最後には身柄を拘束された。飲みはじめてしばらくすると、不機嫌そうな妻がひとりふたりと姿を現し、パブから夫を引きずり出していった。一度、酔っぱらった男が羊飼い用の杖を床に落としたとき、私が拾い上げて渡したことがあった。すると彼は、紳士的な振る舞いのお礼にと言って五ポンド札をくれた。私の祖父はほぼ全員と知り合いで、そのほとんどと仲がよかった。そんな仲間たちとたびたびつるんでは、酒を飲んで大騒ぎしていた。

祖父は、自分の祖父から受け継いだ物語――長大な時（とき）を行きつ戻りつしながら語られる物語――を私に教えてくれた。一八五〇年代や一九一〇年代があたかも昨日であるかのように、祖父は私に語りかけた。たとえば、祖母がせっせと磨く銀や真鍮の製品のなかには、ボーア戦争やクリミア戦争に参加した祖先が持ち帰ってきたものもあるという。

祖父は読み書きができたし、羊飼いの世界では利口な人間だとみなされていた。けれど家にある本は一冊だけで、それも馬の病気の解説書だった。おそらく、ワーズワースやメルヴィン・ブラッグの本を読んだことはなかったにちがいない。祖父にとって、本や学校にはなんの意味もなかった。

祖父は現代社会がなんたるかを知り、適応することもできた。しかし同時に、新しい価値観や発明品から一定の距離を置こうとした。競売市から戻るたび、祖父は私の教育を受けた母（父と出会って中退するまで、母はイングランド東部にあるノリッチの大学に一学期だけ通った）に、〝コンピューター〟を使って計算してほしいと頼んだ。〝コンピューター〟とはソニー製の小さな電池式電卓のことだったが、祖父はそれさえも完全には信用していなかった。つまり知的な活動という面においては、私たちはじつに平凡な〝田舎者〟だった。家族の根幹にある古典的で保守的な世界観は、政治や外の世界の発展とは関係なく、古くから受け継がれてきた物語、知恵、経験に基づく口承を通して形作られたものだった。まわりのすべてが猛スピードで変化する一九八〇年代の英国にいながら、私たちは昔ながらの生活を送っていた。事実、トラクターや農機具をのぞけば、農場での仕事内容や手法は大昔からほとんど変わっていなかった。

それどころか、祖父はあらゆるものを古い呼称で呼んだ。モグラは「マウディー」、支柱用ハンマーは「メル」、支柱の穴を掘るための鉄製ポールは「ゲーブリック」……。さらに、祖父は雌羊を一般的な「ewe（ユー）」ではなく「yow（ヤウ）」と呼び、羊たちを集めるときには、現代人の耳には意味不明で奇怪としか思えない謎の叫び声を上げた。

「ハウイーーーアップ、ハウイーーーアップ」

「コス、コス、コス、コス」

数年後、スウェーデンのトナカイ飼いについてのドキュメンタリー番組を観ていた私は、ファーマーのひとりが祖父と非常に似たかけ声でトナカイに呼びかけたことに気づいた。祖父は抜群のユーモアのセンスの持ち主で、いつも眼の奥にいたずらっぽい光を輝かせていた。アメリカの童話に出てくるうさぎどん（ブレア・ラビット）のように機転が利き、なんでも冷静に対処できた。一度、農業関係の省庁の役人が家を訪れ、祖父が所有する農場の牧草地の〝生物多様性〟について話し出したことがあった。補助金を支払うので、花や鳥のために牧草地の管理方法を変えてほしい……。一時間半のあいだ、祖父は役人たちの提案のすべてにうなずいて同意した。彼らが去ったあと、向こうの提案について私が尋ねると、祖父はこう言い放った。「ろくすっぽわからん……ああいうトンマどもと話すときには、相手の言うことすべてにイエスと答えるのがいちばんなんだ。で、向こうが帰ったら、これまでどおり暮らせばいいのさ」

＊

私の祖母は、昔かたぎの〝農場主の妻〟だった。かつて、この地域には祖母のような女性がたくさんいて、農場の男たちの世話をしながら舞台裏で働き、湖水地方の牧畜に欠かせない大切な役割を果たしてきた。このあたりの丘陵地帯では、夫が鉱山などに出稼ぎに出るあいだ、妻たちが農場の仕事を取り仕切ることも少なくなかった。私の祖母は、家のなかを染みひとつないほどきれいに掃除した。庭の手入れも完璧で、真珠貝のハンドル付きの古いバターナイフを使って雑草を刈った。ファームハウスから半径数百メートルの土地に生えた雑草に、生き延びるチャンスはなかった。

ある日、祖父母の家の庭先に車を停めた父さんが、石垣に黄色い野生のケシの花が咲いているのを見つけた。

「おまえのばあさんに見つかったらたいへんだ。まさか雑草刈りを忘れてた場所があるなんて思いもしないだろうからな」

月並みな言い方で言えば、おばあちゃんは辛抱強い妻だった。一方の祖父は、誰もが認める変わり者で、正真正銘のろくでなしになることもあった。数十年前、祖父はどこかの農場の若い女の子を妊娠させたことがあった。家族の誰もが知ることだったが、決して話題に出ることはなかった。この家族史はじゅうたんの下に追いやられ、一目瞭然のしこりとしてそこに留まりつづけた。

祖父母たちの関係はハリウッド映画の愛ではなく、ワニ同士の愛のようなものだった。祖父はよくふざけて台所で祖母を追いかけ、腰に手をまわして抱き寄せようとした。祖母はフライパンで祖父を殴りつけ、「変態じじい」と叫んだ。すると祖父は、これが正しい女の扱い方だと言わんばかりに私に向かってウィンクした。

私が孫だからかもしれないけれど、口から出る言葉とは裏腹に、祖母は喧嘩を愉しんでいるように感じられた。ふたりの喧嘩は「憎しみ」に見えることもあれば、れっきとした「愛」に見えることもあった。幾多のトラブルや苦労をともに乗り越えながら、祖父母は〝幸せな暮らし〟を送ってきた。

私が祖父を崇拝するあいだにも、彼は歳を取り、年齢に打ち勝つことのできない自分に苛立つ場面が増えていった。それでも、いたずら心を忘れることはなかった。〝できちゃった結婚〟で結ばれた祖父母だったが、親戚家族の第一子の誕生日から判断するに、それは祖父母だけではなかったようだ。おばあちゃんの語る物語には、結核、ポリオ、農場での事故で死んだ赤ん坊や子供たちの話がたびたび登場した。

おばあちゃんは研磨剤(ブラッソ)を使い、死にもの狂いで真鍮(っぽい)製品をぴかぴかに磨いた。手飼いの子羊に餌を与えるときには、シュウェップス社のレモネード・ボトルに古びた赤い乳首をつけた即席哺乳瓶を使った。そして台所の作業台に置いた古い鍋にドッグフードを入れ、牛乳で浸して餌を作った。冷たい牛肉とジャガイモのかび臭いにおい、それが祖父母の家の台所のにおいだった。私がいまでも忘れられないのは、祖母が腰を曲げながら――モスリンコットンの束をぎゅっと紐で縛るように、腰のあたりでエプロンをきつく締め――小石のあいだから生えた雑草を恨めしそうに刈り取ったり、台所で家族全員分の食事を作ったりする姿だ。

フライパンに残った甘い肉汁をベーコンエッグにかけると、卵黄にくすんだ脂の染みができた。祖母はトーストにバターとシロップをたっぷり塗り、妙な角度に切った。ライスプディングはまるでケーキのようにまろやかで、皿の縁は焦げたカラメル色の輪で彩られていた。干し草の秘密基地や薪小屋の戸口まで、祖母は古新聞に包んだフィッシュ・アンド・チップスを届けてくれた。祖母は毎週必ずケーキを焼いた――ロックケーキ、アップルパイ、ショートブレッド。もし訪問者が紅茶とケーキを食べずに帰ったら、祖母はそれを自らの家事技術に対する深刻な侮辱だととらえた。

子供の私にとって祖父母の家は自宅のようなものであり、そこで私は溺愛され、甘やかされて育った。私のもっとも古い記憶は五歳ごろのもので、ひとりで寝られずに祖父母のベッドに入り込み、ふたりの耳を比べて遊んでいるという場面だ。理由は最後までわからなかったが、祖父母の家の寝室の壁に吊してあったキリストのタペストリーが私は大嫌いだった――「私たちが神を愛するのは、神がまず私たちを愛してくださったからです」。棚の上には、裁縫する（祖母そっくりの）おばあさんの小さな置物と、耳が壊れた磁器のフクロウが置かれていた。私が誤ってその耳を壊してしまったとき、祖母はいまにも泣き出しそうな顔で悲しんだ。

私の祖母はテレビのような新しい発明品のよさを理解せず、ほとんど試そうともしなかった。祖母が住んでいたのは、一九七〇年代から八〇年代のどこかの時点で終わった世界だった。この世の始まりからその時点までずっと続いたその世界では、女性たちは「料理」「家」「庭」で評価された。祖母は一九八〇年代に出現した新しい世界――私たち孫世代が生きる世界――を汲み取ろうとはしなかった。本、お金、コンピューター、クレジットカード、休暇……そういった物事は、祖母にとって逸脱、愚かさ、気まぐれ、一時的な流行の象徴でしかなく、その信念を決して曲げることはなかった。祖母の教えはじつに正しいものだったが、現代では通用しなかった。彼女は華やかな新世界に溶け込もうとするのではなく、ぎゅっと眼をつむって顔を背けた。二〇代になって私の人生が一変し、一時的にそれまでとはちがう生き方をすると決めたとき、私と祖母のあいだの共通の認識は崩れてしまった。そのときの私たちはまるで外国人同士のようだったが、私はそれがいやで、昔のような関係を取り戻そうともがいた。

一〇代の終わりごろ、私の母とおばたちが〝ピザ・パーティー〟を開いたことがあった。〝外国料理〟を口にするのははじめてのことで、私たち家族にとっては大事件だった（地元の町に開店したイタリアン・レストランからのテイクアウトだったが、驚くべきことに、これはわずか二〇年前の話だ）。おばあちゃんは震え上がった。家族みんなが自制心を失ってしまったと嘆くように、祖母は着いた時点ですでに不機嫌だった。ピサなんてものは目新しいだけの粗末な代物で、そんなゴミみたいなものを食べたら食中毒にかかってしまう、と確信していたのだ。祖母は軽蔑に顔をしわくちゃにして、一切れも食べようとしなかった。私たちがピザをぱくぱく食べていると、まるで異常者を見るような視線を送ってきた。それでも祖母は自尊心を護ってイングランドのために立ち上がり、パーティー会場に密かに持ち込んだ焼き立てのショートブレッドの缶を取り出した。私たちがそれを口にすると、ショートブレッドが外国料理を未来永劫にわたって凌駕したのだと満足し、祖母は帰宅の途についた。

昔のことを尋ねると、祖母はたいてい「あたしは何も知らないよ」と言った。ところが、いったん会話に惹き込むことができれば、あとはすらすらと言葉が出てきた。戦時中の一九四〇年、祖母は都会から疎開者を家に受け容れたが、五〇年以上たっても彼らの振る舞い方をバカにしていた。あるとき、〝あばずれ女〟が戸口に現れた。ハイヒールと毛皮のコートという出で立ちで、メイクまでばっちりだったにもかかわらず、下着は穿いていなかった。しばらくすると、その都会風の生き物は空襲警報発生中の街に戻ってしまった。祖母のしかめっ面よりも、毎晩のドイツ空軍（ルフトバッフェ）の攻撃のほうが安全だと考えたのだという。しかし、ハンブルクから来た若い戦争捕虜の悲しい話をするときには、祖母の口調は変わった。青年は農場で働き、祖母らと同じ食卓を囲んだ。白内障で混濁した祖母の年老いた眼の奥には、決して語られることのない物語がきらりと輝いていた。

高齢になると、祖母は家族みんなの写真を机に並べ、祭壇のようなものをこしらえた。光沢のある銀のフレームのなかに佇む祖母の家族たちは、洗礼式のドレスやウェディングドレス、馬主用の服に身を包んでいる。暖炉のマントルピースに置かれた銀のジョッキや葉巻入れには、かつて祖父が農場で育てた懐かしい競走馬の名前の刻印。ペンタスロン、クール・エンジェルといった神秘的な馬たちの名前は、ひづめの音を立てながら一族の記憶のなかを走りつづけていた。マントルピース上の骨董品や道具の数々は、過去の栄光の日々を彩る大切な品々だった。テレビ台の下には、飛び跳ねる種馬を象（かたど）った暗色の木彫りの彫刻が置いてあった。その昔、祖母はよくカートメル競馬場に車で行き、人に頼んで馬券を買うことがあった。その帰り道、儲けた金で家族みんなにフィッシュ・アンド・チップスを買ってくれた。

年老いた祖母はよく自分の母親の話をしたが、真剣に耳を傾ける者も、話を理解できる者もいなかった。祖父が亡くなったあと、祖母は小さなフラットでひとり暮らしをするようになった。その部屋でグラスに注いだウイスキーを飲みながら、亡き夫の昔話を語った。夫を亡くしたあとは、夫の話ばかりになった。その物語のなかでは、祖父は死んだ偉大な王のように光り輝いていた。

＊

学校帰りのある夜、私は父と牧草地を歩き、雨が降るまえに雌羊たちの見まわりを終えようとしていた。と、父が不意に立ち止まり、「静かに」とささやいた。父は二〇メートルほど地面を這っていくと、帽子を手に取ってキツネのように飛びかかり、私のほうに向き直ってにやりと笑みを浮かべた。草の地面にかぶせた平らな帽子のなかには、産まれたばかりの野ウサギがひっそりと収まっていた。それまでの人生で見た、もっとも美しいもののひとつだった。子ウサギはとろんとした虚ろな眼でこちらを見やり、甲高い鳴き声を上げた。そのまま放すと、逃げてどこかに行ってしまった。ちょうど暗い綿状の厚い雲が頭上に覆いかぶさり、遠くのペナイン山脈のほうで雷鳴と稲光が発生していた。ランドローバーに急いで戻ったものの、私たちの体はすでに大粒の雨粒に濡れていた。

＊

私にとって、中等学校（セカンダリー・スクール）への進学は恐怖以外の何物でもなかった。それまで通っていた村の小さな小学校にいたのは、似たような子供たちばかりだった。たいてい父親同士が知り合いで、祖父の世代から家族ぐるみのつき合いがあることも多かった。農場以外の一般家庭の子供も数名おり、彼らは『ダンジョンズ＆ドラゴンズ』という会話型ロールプレイングゲームに夢中だった（私はその種のゲームには興味がなかった）。そういった子供たちはみな洒落た服に身を包み、新しいスニーカーや流行の品を持っていた。しかし、中等学校は一五キロ以上離れた地元の町中にあり、私にとっては別世界も同然だった。

登校初日、同級生に父親の職業を尋ねたとき、「うるせえなあ、おまえに関係ねぇだろ」と一喝されたことはいまでも忘れられない。中等学校は以前とはちがうルールが適用される場所であり、私であることは不都合に働いた。ここでは、農場の子供はバカにされ、「田舎者」のレッテルを貼られる対象となった。登校すること自体が、すでに悲惨な体験だった。スクールバスの出発地点の村に住む上級生たちは、下級生の学校鞄をこっそり奪っては、窓から中身を放り投げた。何週にもわたっていじめがどんどんエスカレートすると、私はいちばん小柄な上級生を捕まえ、バスの通路に押し倒して何発かパンチをお見舞いした。その後、上級生の一部は私にちょっかいを出すことをやめた。自分へのいじめを防ぐには、ほかの生徒に上級生の眼がいくように仕向けるしかなかった。ある日、誰かがバスに矢を放ち、フロントガラスが割れて急停車したことがあった。町に着くと、〝バス組〟だからという理由でいきなり叩かれることもあった。学校全体で、『蠅の王』のごとき残酷なサバイバルゲームが繰り広げられていたのだ。

私はひそかに歴史の授業を愉しみにしていたが、予想はまんまと裏切られ、ファーマーや湖水地方の歴史について触れられることはなかった。この地方の牧畜文化に興味深い歴史が存在するなどと聞かされたら、教師たちは驚いたにちがいない。代わりに学んだのは、アメリカ先住民の歴史についてだった。大人になったいまであればおもしろく学べるトピックかもしれないが、子供の私はただ戸惑い、失望した。それに歴史の教師自身、アメリカ先住民についてたいした知識を持っているとは思えなかった。第二次世界大戦や冷戦についての授業もあったものの、教えられるのはあまりに薄っぺらな情報ばかりで、すぐさま興味を失ってしまった。ある日の授業では、資本主義、ファシズム、共産主義のちがいを示したイラスト付きのA４一枚のプリントが配られた。そのプリントを見ただけでは、共産主義の何が悪いのかも、なぜ原子爆弾がイギリスに飛んでくる可能性があるのかも理解できなかった。それに、わが家の奥の台所に「手回し式空襲警報サイレン」が置いてある理由も書かれていなかった。

一九八〇年代のことを振り返ると、学校での最悪の思い出ばかりがよみがえってくる。「いじめっ子に立ち向かえ」「いじめを見たら教師に報告しろ」といった大人たちの善意の言葉が通用するような世界ではなかった。そんなことをしたら、町に住む屈強な上級生からこっぴどい仕打ちを受けるだけだ。とりわけ、二年上の先輩たちは卑劣なくそったれ連中ばかりで、白人至上主義を掲げる極右政党〈国民戦線〉のメンバーがいるとか、警察沙汰を何度も起こした先輩がいるなどと噂されていた。彼らはどこまでも威張り散らし、恐怖によってほかの生徒や教師を支配し、少しでも刃向かおうとする者たち（あるいは、たんに頭の悪い者たち）をかたっぱしから袋叩きにした。とにかく、眼をつけられたら一巻の終わりだった。

＊

ある日の午後、二年上の先輩たちが（当たりまえのように）バスに並ぶ列に割り込もうとした。全員がうしろに下がって彼らを通したが、私の隣にいたジョンという少年だけはちがった。彼は声を潜めて「いい加減にしろよ」とつぶやき、その場から動こうとしなかった。上級生たちは少しびっくりしながらも、ジョンをすぐに取り囲んだ。私はジョンほど勇敢な生徒を見たことはなかった。一五センチ以上も背が高い先輩たちをまえに、彼は殴り合いも辞さない体で拳をぎゅっと握り締めていた。私はジョンのような人間になりたかった。あるいは、加勢する勇気がほしかった。でも、私の両脚はすでに無意識のうちにあとずさりしていた。「おまえらなんて怖くない。弱い者いじめはやめろ」とジョンが言うと、いちばん図体の大きな先輩が大股で詰め寄っていった。「みんなきちんと列に並んでいるんだ」。こんな出来事は、映画の世界でしか観たことがなかった。勝ち目のない弱者が突如として闘いを挑み、いじめっ子たちは大切な人生の教訓を学んで退散する。一瞬、そんな展開になることを期待した。不良たちもいっとき間を置いた。しかし次の瞬間、大柄な上級生が鞄の紐をつかんで体を引き寄せると、ジョンはアスファルトの上でつまずいた。抵抗しようと半身翻したものの、そのまま地面に倒れてしまう。もう勝ち目はなかった。いちばん体格のいい上級生が何発かパンチを繰り出すと、ほかの仲間たちもまわりに集まり、地面に倒れたジョンの体を何度か蹴った。数分後、ジョンの口から血がしたたり落ち、制服のブレザーの袖は肩のところでぱっくり破けていた。彼がなんとか自らの尊厳を保とうと努めているうちに、上級生たちは笑いながらその場を去った。ジョンはいまだ毅然とした様子ではあったものの、体が小刻みに震え、さきほどよりもずっと幼く見えた。

＊

「北の暮らしは楽ではない（grim up North）」などとイギリスでは常套句のように言われるが、悪いところばかりではない。毎年八月になると、父のいとこ一家が休暇で私たちの農場に遊びにきた。キャンピングカー一台か二台に乗ってやってくるのは、父のいとこ夫婦、その両親、三人の息子たちだ。私たち家族は旅行に出かけることがなかったので、私は毎年彼らが来るのを愉しみにしていた。そのあいだ、まるで自分が旅行に出かけたかのような気分に浸ることができた。当然ながら、親戚たちはずっと現代的だった。一家の父親は、原子力発電所でコンピューターの専門家として働いていた。夏休みに湖水地方に来るために、残りの一年間は家族みんなでひたすら働きつづけたのだという。彼らはフェルの散策、スイミング、セーリング、ランニングに出かけ、パブで食事を食べ、絶景ポイントでピクニックをした。まさに児童文学作家アーサー・ランサムの『ツバメ号とアマゾン号』を地で行くような調子で、ウェインライトのガイドブックに載っている名所をひとつずつ訪れた。自前のディンギーヨットで湖のセーリングに出かけ、ウィンドサーフィンやバーベキューを愉しみ、夜にはビールを飲み、ボードゲームに興じた。毎日、フェルの探索に出かけ、廃墟を訪ねた。陽気で親切な家族で、私たちとは少しちがう人々だった。私たち一家には家族で遊びに出かけるという風習がなかったので、親戚一家はときどき私を一緒に連れていってくれた。農場で大きなトラブルがなければ、私は親戚たちとともに遊びにいくことができた。とはいえ、農場での仕事をおろそかにすることもできず、いつも同行できるというわけではなかった。休暇のあいだ、親戚たちは季節の仕事を手伝いたいと申し出ることがあった。そんなときには私が農場の息子として案内役を務め、石垣のなかに見つけた鳥の巣やカエルを自慢しながら、石垣修理などの農作業の方法を教えた。父さんとおじいちゃんは、もっと無関心だった。ふたりにはふざけている時間などなかったのだ。

＊

夏のあいだに何度か、親戚一家と山にトレッキングに出かけることがあった。そのときの私はいつも、フェル登りにはふさわしいとは言えない恰好だった――たいていTシャツにスニーカーか農場用ブーツ。ところが、山道ですれちがう人々は誰もが、エベレスト登頂さえできそうな重装備だった。正直なところ、自分がどのフェルに登っているのか、私はいつもあやふやだった。自分たちの農場がある場所以外、ほかの山の名前などほとんど知らなかった。一方、南部から来た親戚たちはガイドブックで予習済みなので、私よりもずっとフェルについて詳しかった。

ある夏の日、私は、湖水地方東部のフェルを紹介するウェインライトのガイドブックを読んでいた。親戚の子供たちと私がいるのは、アルスウォーター近くのどこかの岩山の上。眼下に広がる湾曲した湖が、陽光を受けて銀色に輝いていた。

一九八七年に学校の講堂で聞かされた教師の説教のなかでは、私の祖父は透明人間として完全に無視されるか、せいぜい貧乏白人として扱われるのがいいところだった。その教師の信念体系のなかで最高の地位に立っていたのは、祖父と同じくらい円熟味のある別の老人、アルフレッド・ウェインライトだった。その夏の岩山の上で、私の手にはウェインライトの本が握られていた。実際のガイドブックを見たのははじめてのことだった。そもそも私たち家族は、湖水地方を本の題材やレジャーの場所として考えたことがなかった。両親と一緒に仕事以外で山に登ったのも人生で一度だけ。その日、私たち家族はピクニックに出かけた。途中、突風が吹きつけると、母が持ってきた紙皿（人気アニメのキャラクター「ウォンブルズ」の絵柄付き）が吹き飛ばされてしまった。はじめから乗り気ではなかった父さんが母と口論を始め、早々に農場に引き揚げることになった。私たちにとって、フェルは遊ぶ場所ではなかった。

アルフレッド・ウェインライトは湖水地方を散策する観光客向けに、各所の山々について解説したイラスト付きの手書きガイドブックを作り上げた。当初、このガイドブックは趣味の一環として自費出版されたが、のちにイギリス国内外で熱狂的な人気を博し、数百万部の発行部数を誇るベストセラーになった。それぞれのガイドブックには、地域や歴史の概要、景観に関する解説、頂上付近の絶景ポイントなどが載っており、「地勢」「登攀（とうはん）」「山頂」「景色」といった項目ごとに説明が書いてある。現在でも毎年何千人もの観光客が、ウェインライトの足跡をたどって湖水地方の高原地帯を散策している。

ウェインライトのガイドブックは完成度の高い美しい本であり、外の人々がこの景観をどうとらえるかを見事に表現していた。この本に魅了された例の教師のような人々が思い描く湖水地方は、これらのガイドブックやほかの一握りの本によって形作られたものだった。

そこで私は、父の友人が経営する眼下の農場を眺め、ガイドブックの中身と照らし合わせてみた。なんとも驚くべきことに、ウェインライトの描写のなかには、ファーマーが気にかける事柄はほとんど含まれていなかった。農場や石垣の場所を示す点をのぞくと、ガイドブックのページ上に私たちの世界に属するものは何ひとつ出てこなかった。あの夏山の観光客たちは、眼前の景色のなかでどんな仕事が行なわれているのかを見たのだろうか？　それとも観光客にとっては、そんなことはたいして重要ではないのだろうか？　しかし私のなかでは、それはきわめて大切なことだった。実際にその土地に生きる人々を見、理解し、尊敬することこそが、彼らの文化や生き方を評価し、維持することにつながる。人は、見えないものをわざわざ気にかけようとはしない。

自分の生活する土地が、ほかの人に愛されている。そう徐々に知ることは、じつに奇妙な体験だ。土着の住民であるはずの自分自身が、その場所に付随する物語や意味の一部ではないということ。そう段階的に知るのはさらに奇妙であり、少し恐ろしいことでもある。横殴りの雨のなか、あるいは雪の降る冬のあいだ、観光客はひとりも来ない。だとすれば、彼らの〝湖水地方愛〟は好天の季節限定なのだろうか？　この土地とファーマーの関係は、どんな状況でもこの地に留まるという条件のもとに成り立っている。言ってみれば、若いころに出会った美人の女の子への感情と、何年もの結婚生活を経たあとの妻への感情のちがいに似ているかもしれない。とりわけ恐ろしいのは、湖水地方に夢のような幻想を抱く人々が、実際の住民よりも何百倍も多いということだった。このままの状況が続けば、私たちの存在そのものが脅かされる。そんな気がしてならなかった。今後、ますます政治家や外の人々の発言権が強くなるのではないか？　しかし、まわりでそんなことを気にしている人は誰もいないようだった。「絶対に変だ」と私は父さんに訴えた。本の書き手たちは、住民のほんとうの生活にまったく興味がないじゃないか、と。すると父は答えた。「それをあいつらに教えるなよ。俺たちの生活がぶち壊されるかもしれないからな」

＊

私たちは舗装路に停まるバスのなかで、出発を待っている。みんなが退屈しており、互いの脚や学校鞄を蹴り合って遊んでいる。そのとき、ある女子生徒が上級生のひとりに向かって叫び声を上げる。その男子生徒が水飲み場で水を飲むのを見るなり、彼女は大声で「飲んだら死ぬわ。放射能に汚染されてるの」と言う。バスの生徒たちはみな、いかれた人間を見るように彼女のほうに眼を向ける。その女子は成績のいい生徒のひとりで、近いうちに地元の選抜制公立校（グラマー・スクール）に進学することがすでに決まっている（進学組は生徒みんなにおちょくられるのが常だ）。チェルノブイリ原子力発電所が爆発したのは前日か前々日のことで、彼女によると、放射性物質が雲に乗ってこの地域にも流れてくるのだという。

水飲み場の上級生はぎょっと眼を丸くした。が、にやりと笑ってまた水を口に含んだ。「バカなことはやめて」と女子生徒は叫んだ。「雲が放射能をまき散らしているんだから」。するとバスの生徒たちが雨の下に走り出て、カエデの種のように両腕を大きく開き、上を向いて口を雨で満たした。女子生徒は怒りに眼を真っ赤に染め、みんなバカだとつぶやいた。

数週のあいだに、この地域の山にかかる雲に放射性物質が含まれていることがわかった。政府の調査官たちがとくに雨の多いフェルの農場を訪れ、羊を検査した。それから何年ものあいだ、もっとも放射線量が高かった地域の羊は移動が制限されることになった。白い防護服に身を包んだ作業員たちが、ガイガーカウンターを持って自分の農場に現れる——そんなことをいったい誰が想像できただろうか？　子供の私にとってこの出来事は、外の世界は恐ろしいほど狂った場所だという印象をさらに強くするものだった。

学校にいるあいだずっと、私は農場に帰りたくてたまらなかった。当時（も現在も）、家のほうがより生産的でおもしろい場所だと確信していた。三〇人の退屈した子供たちと一緒に教室に押し込まれ、やりたくもないことを強制される。私にとって、それほど無意味なことはなかった。授業中、私はただ窓の外を眺め、アマツバメが鎌状の翼を輝かせながら町の空を飛び交う姿を眼で追っていた。

ある日の午前、祖父は罠にアナグマが生きたまま引っかかっているのを見つけた（外来種であるミンクを捕獲するために仕かけた罠だった）。祖父は、アナグマを山に帰すまえに私にその姿を見せたいと考え、すぐさま学校から私を連れ戻してアナグマを放す手伝いをさせようと父さんに提案した。しかし、こんなことのために教室に乗り込んで子供を連れ帰ることなどできるはずもなく、父さんはそうしなかった。その晩、祖父は一部始終を話してくれた。放したアナグマは元気に森に帰ったという（山に戻るまえに祖父の脚に嚙みつこうとしたらしいが）。頭にかっと血が昇った。その日の午前中のエスペラント語の授業のあいだ、私はただ退屈してぼんやり坐っていたのだから。

現代社会というものはいつも、私の望む人生を奪おうとしているかのように思えた。

＊

私は、故郷から逃げ出したいという考えを抱いたことはない。しかし若いアルフレッド・ウェインライトにとって、「北の暮らしは楽ではない」という常套句は真実そのものだった。彼は苦しい生活に嫌気が差し、早く町から抜け出したいと考えていた。そこで学校の勉強を人一倍がんばり、将来有望な若者として注目されるようになった。そうやって彼は、姉たちのように一二歳で工場に働きにいかされることを自ら回避したのだった。ウェインライトは学校で黙々と勉強を続け、のちに地元のブラックバーン町役場で事務職の仕事に就いた。典型的な労働者階級からの成り上がりだった。彼は自分の置かれた状況から逃げ出すことを望み、その方法を導き出し、ひたすら精進を続けて目標へと自力で近づいていった。その後も勉強を続けて町役場の会計士となり、救貧法の手当支払い責任者にまで上りつめた。

〝労働者の町〟から這い出たウェインライトは、幼なじみ、製粉所、工場、乱暴な言葉遣いといったものから少しずつ距離を置き、当時のイングランドに新たに出現した、教育によって労働者階級から抜け出した偉大なる中流階級の仲間入りをした。旧友たちにスノッブだと揶揄されるのではないかと彼は心配したが、その予想は的中した。代わりに、ウェインライトは中流階級の新しい友人を作った――読書、山登り、ウォーキング、外国への冒険旅行への夢など、中流階級らしいことを愉しむ人々だ。ただ、ウェインライトは新しい世界でも少しばかりの孤立を感じ、最後まで完全に溶け込むことはできなかったのではないかと思わされるところもある。自らの〝賢さ〟が重荷となり、一抹の寂しさを覚えながら生活を送ったのではないかと。新しい友人たちのなかには、湖水地方に旅行した経験を持ち、アルプスやヒマラヤ山脈についての本を愉しむ人々もいた。彼らは生粋のロマンティストであり、ブラックバーンを逃れて山々を訪れることをいつも夢見ていた。

一九三〇年、二三歳になったウェインライトは一〇〇キロ近い道のりをバスで北に向かい、湖水地方を訪れた。当時のイギリス中流階級の若者たちは、ある流行の先駆者として各地を旅行していた。やがてその流行はイギリス全土に広がり、すべての国民が可処分所得と余暇を利用し、世界各地の見知らぬ土地への冒険を愉しむようになった。ウェインライトもその先駆けとして旅行に出かけ、自らが発見した場所に恋に落ちた。湖水地方は、現実からの逃避場所だった。彼は決してその気持ちを隠そうとはしなかった。それは、汚らしい労働者階級の産業都市から抜け出せる場所であり、のちの家庭内での悲惨な状況から逃げ出すための場所でもあった（彼の一度目の結婚生活は恐ろしいものだった）。

その後、ウェインライトは湖水地方のケンダルに移り住み、町議会の会計管理の仕事に就いた。そうして彼は、空いた時間を自由に使って最愛の山々を歩きまわることができるようになった。それどころか、『湖水地方のフェル　挿絵付きガイド』（*A Pictorial Guide to the Lakeland Fells*）の出版という壮大なプロジェクトに乗り出し、文章とイラストを書き溜めていった。のちに出版されたこの本は、現代英文学史上もっとも関心を呼んだ異例の出版物のひとつと評されるようになった。ウェインライトの著した多数のガイドブックは数百万部を売るベストセラーとなり、彼自身も〝フェルのおじいさん〟としてテレビ出演する有名人になった。ウェインライトは幾多の人々の心を動かし、多くの観光客が湖水地方の小道を歩き、山々に登るきっかけを作った。言い換えれば、彼は湖水地方を体験する新しい方法を編み出したのだ。現在では、ガイドブックに書かれたフェルをひとつずつ順番に訪れて本にチェックマークを入れるのが定番となっており、それを意味する「ウェインライトする」というスラングもあるほどだ。

＊

私が子供のころ、おじとおばが一キロ半ほど先で農場を営んでおり、干し草作りなどの季節仕事で互いに協力し合うことがよくあった。私の古い記憶のなかでは、羊の飼育の腕はおじ夫婦のほうが上だった。「かわいい子供たちはみな同じガチョウ」という昔ながらの考えを大切にする祖父は、その格差をひどく心配していたようだ。しかし私は、秋におじさんたちの農場で共同作業をしたり、競売市に一緒に行ったりするのが大好きだった。実際にいくつかの作業においては、おじのほうが優れていると感じたこともあった。そこで私は技術を学び取って自分の農場運営に活かし、おじの農場よりもさらにいいものを作ろうと考えた。

ある八月の土曜日、冬用の干し草の梱を納屋で積み重ねていると、おじとおばが家にやってきた。昇降機にガソリンを補充する私をその場に残し、両親とおじ夫婦はそそくさと家の台所に入っていった。何かおかしかった。およそ一〇分後に四人はまた外に出てきたが、雰囲気が変だった。空気がどんよりとしており、誰も口を開こうとしなかった。何事かと父に視線を送ると、「いまは何も訊くな」と彼は表情で語った。私は口をつぐみ、また父たちと一緒に仕事を続けた。

おばが昇降機の台の上に引っ張り上げた梱は、バッバッバッという発動機の音とともに納屋の天井近くに引き上げられ、みるみる高くなっていく干し草の山の上に置かれた。眼下では、おばが排気ガスと埃まみれになりながら作業を続けていた。私は梁の上で梱を昇降機から取り上げ、父のほうに移動させた。トタンの三角屋根の頂点から、室内に光が射し込んできた。汗、かゆみ、クモの巣……。大きく肥った茶色い蛾が、頭のあたりをひらひら飛んだ。甘い香りと埃のせいで、くしゃみが出た。その日の父は、妙なほどおしゃべりだった。おばと何度か視線が合うと、そのたびに微笑みかけてくれた。作業が終わり、父さんはおばに手伝ってくれた礼を言った。おばはまた微笑み、そのまま車に乗って去っていった。それから、両親が口を開いた。

その日、おばは自らの余命が短いことを告げにやってきたという。彼女は、病に苦しみながら弱っていく姿を誰にも見られたくなかった。憐れみや同情など欲しくなかった。その後、私の訪問やお見舞いはいっさい許されなかった。あの日以来、おばの姿をはっきりと見たことはなかった。ある日のこと、道端で石垣の修理をしていると、眼のまえを猛スピードで通り過ぎる車の座席に、具合の悪そうな女性がひとり坐っているのがぼんやりと見えた。おばの姿を見たのは、それが最後だった。

*

「学校生活は人生で最高の時間」などと言う人がいるが、そんなのは嘘っぱちだ。私は学校を離れるのが待ちきれなかった。学校に思い入れなどひとつもなかった。一五歳になるころには、教師たちも私を厄介払いする日をいまかいまかと待ちかまえていた。いったん川に流れた水は、もう上流に押し戻すことはできない。当時の規定では、クリスマス後の一六歳の誕生日に学校を離れることを許されたが、そのためには教師の署名が必要だった。私たちの誰もがすぐさま出ていきたいと願っていた。誕生日を迎えた生徒は、白い書類を握ってグラウンドを闊歩していった。そんな運のいいやつらを、誰もが羨望の眼差しで見つめたものだ。いったん学校を離れると、同級生と会うことはほとんどなかった。いまなら、携帯電話の番号を交換したり、フェイスブックやツイッターで連絡を取り合ったりするのかもしれない。しかし、当時はまだそんなものは発明されていなかった。それに、連絡を取りたい相手などほぼ皆無だった。

＊

いつしか母は私に教育を施すことをあきらめ、ただ成り行きを見守るだけになった。一五歳の年のクリスマス休暇が終わると、私はほとんど学校に行かなくなった。父さんやおじいちゃんと比べると、一年ほど長く我慢して学校に通ったことになる。学校をサボって家にいるあいだ、私は農場の貴重な応援要員として働いた。懸命に仕事に取り組んだので、学校の本来の規則が無視されていることを誰も気に留めようとしなかった（私は嘘もついていたため、父たちは真実を知らなかった）。いずれにせよ、私は一二歳くらいのころから、学校に行っても勉強もせずに遊んでいるだけだった。一般中等教育修了証試験（GCSE）のための科目も、好きだった女の子と同じクラスになりたいからという理由で選んだだけ。学校を離れるまえの一、二年のあいだ、私は登校前と放課後、そして週末のあいだ実家の農場でパートタイムで働いた。毎朝聞こえてくる父さんの荒々しい呼び声は、ベッドから出て仕事に向かう時間の合図だった。牛の餌やり、小屋の掃除、丘の上にいる羊への餌やり……

…。そのうちにスクールバスの出発時間になり、母が私を捜しにやってくると、父は私の居場所を知らないと嘘をついた。そうこうしているうちに、決まってバス出発の時間は過ぎてしまった。ある日、家に戻る母が泣いているのが見えた。父さんのほうは、いたずらっぽい笑みを私に向けてきた。

＊

私は試験のいくつかをサボったものの、母親を満足させるため学校に戻っていくつかを受けた。それまで授業の内容はほとんど聞いていなかったけれど、試験会場の静けさを利用してなんとか頭を働かせようとした。試験に落ちるのは恥ずかしいことだとわかってはいたが、Cでギリギリ合格するのが精一杯だとまわりに思われるより、最悪の成績で落ちたほうがマシだと考えていた。しかし、ろくに教師の話を聞いていなかったにもかかわらず、宗教学と木工技術で私はCを獲得した。それを知ったおじいちゃんは笑って言った。「牧師にでもなったらどうだ、ええ？　……葬式をしたあと、棺桶に釘も打てるだろ？」。学校が完全に時間の無駄だという祖父の考えを、私は証明してみせたのだった。

学校では、かねてからコンピューター購入のための大規模な資金集め活動が行なわれていたが、導入されたのはちょうど私が学校を去るときだった。それまで私が見たことのあるコンピューターと言えば、いとこの寝室と学校の進路相談室に置かれた二台だけ。一度、将来どんな職業に就くべきか見識あるアドバイスを聞くため、生徒たちが進路相談室の前に並ばされたことがあった。職業相談員は、理想のキャリアプランを導き出すという誇り高き既成ソフトウェアの指示に従って、一連の選択式の質問を私に投げかけてきた。答えを聞くたび、相談員は一本指で回答を入力した。きみは室内と屋外のどちらで働きたい？　屋外です。きみは人と動物のどちらと働きたい？　などなど……。一五分にわたる質問のあと、プリンターがガタガタと振動しはじめ、最後に一枚の紙が出てきた。紙には、私の理想の職業は「動物園の飼育係」だと書かれていた。それを知った父さんは「なんてこった！　そんなバカなことがあるか！」と言い、腹を抱えて笑いつづけた。

＊

この卑劣で破滅的でくだらない学校は、私の人生の五年間を奪った。自分が何者かということが学べたのでなければ、怒り狂っていたかもしれない。これまでの人生のいかなる経験よりも、私は中等学校での生活から自分がなんたるかを学び取った。さらに、多くの人にとって現代的な生活は無意味だということ、現代社会では選択肢がきわめて限られていることも知った。大勢の子供たちが、眼のまえに示される未来像に嫌悪感を抱き、週末になるたびにその未来予想図を頭から追い出そうとした。現代社会は人間の力をほとんど信じようとしない。人に多くを要求するわりに、その見返りはきわめて小さい。だからこそ、学校を去ったことは私の人生で最高の出来事だった。その年の春と夏、私の心は高揚感でいっぱいだった。学校を離れたその日、一五歳の私は、二度とこんな牢獄に自分を閉じ込めるような真似はしないと誓った。これからは自分で決めた道を歩んでいくんだ、と。

少なくとも、当時はそう思っていた。

＊

七二歳のときに祖父は脳卒中に襲われ、しばらくしてから介護施設に入ることになった。もう、まともに会話することはできなかった。湖水地方のもっとも美しい場所で暮らし、働いてきた人間にとっては、残酷な終わり方のような気がした。祖父はまったくの囚われの身のようだった。発作が起きるまえの数年、祖母は夫が牧草地のどこかで倒れ、そのまま見つからなくなってしまうことを恐れていた。祖母は怒気を込めて「カラスは眼を狙ってくるから気をつけるんだよ」と叫んだものだ。すると祖父はただ微笑み、上着を羽織って牧草地に戻っていった。

しかしもう、祖父が牧草地に戻ることはない。

＊

私は青いスウェードのブーツを履いている。理由は訊かないでほしい。一七歳の愚かな青年は、それがかっこいいと考えているのだ（一九九四年ごろのブラーのミュージックビデオに出てくる、エキストラのように見えていたにちがいない）。祖父が発作で倒れて入院したあとのある日、私は病院を訪れていた。祖父は口の端からよだれを垂らし、まるで捕えられた動物のように見える。口の動きを制御できず、言葉をはっきりと発音できないことに祖父は腹を立てるが、そのせいでさらに何を言っているのかわからなくなる。病室の戸口でその姿を見た刹那、私は祖父が死ぬのだとわかった。それでも祖父は孫の登場に喜び、青いスウェードのブーツを見ておもしろがる。ほとんど話すことはできなかったが、片腕を伸ばし、私の足元を指さす。ろくに会話もできない今際の際の男が、私のファッションをからかっていた。父が病室に入ってくると、祖父はその手をつかみ、力を振り絞るように一単語だけつぶやく――農場の名前。それから祖父は静かに横たわり、自分の土地のあらゆる出来事の詳細にじっと耳を傾ける。死にゆく男を前に悪いニュースを避けていやしないかと、祖父は父と私に鋭い視線を向けてくる。何年も喧嘩ばかりだった父と祖父も、病室ではまるで親友同士に見える。ある意味、これほど穏やかな祖父の姿を見るのははじめてのことだった。彼は少し怯えたような顔で、何かを確かめるようにこちらを見つめつづける――これまでの俺の仕事の価値をおまえは認めてくれるか？　祖父が心配する必要はなかった。そのときもいまでも、私は祖父の仕事に対して尊敬の念を忘れたことはない。

祖父が私の顔をのぞき込むとき、実際に口に出すことはなくても、私たちは農場や家族についての幾千の考えを共有している。その瞬間の私はただの孫息子ではなく、祖父の生涯の仕事の後継者であり、未来へとつながる糸になる。祖父は私のなかで生きつづける。その声、価値観、物語、農場……すべてが未来に引き継がれていく。農場で作業をしているあいだ、頭のなかに祖父の声が聞こえてくることがある。その声はときどき、バカなことをしようとしている私を止めてくれる。私は少し間を置き、祖父がやりそうな方法に変えてみる。私という人間の大部分を作り上げたのは祖父だった。そう誰もが知っている。私の一部は、祖父そのものなのだ。

＊

世のなかには、決して変わらないことがある。

祖父が死んだ夏、私は自宅裏の森を突き進んで頂上まで登り、イーデン・ヴァレーを見下ろした。一面に広がる草原の至るところで、干し草が梱包され、積み重ねられていた。あちらこちらの牧草地で、牛や羊が牧草を食んでいた。私は木の幹に背中を預けてひとり坐り、移りゆく世界を眺めた。灰色がかった年老いた野ウサギが一匹、土手を飛び上がってきて、埃をかぶったブーツのそばで立ち止まり、いっときこちらの顔を見つめてからどこかへ消えた。夏のあいだ放牧された牛が一頭、私の存在に気づかぬまま小さな木立ちをかすめるように進み、夕暮れの金色の霞のなかで虫を蹴散らした。滑らかなブナの老木に寄りかかる私の眼のまえで、夢のような世界が展開していった。チョウゲンボウが一羽、森の上空で円を描くように滑空する。どうやら、少し先のブナの木の枝から聞こえる、ひどく腹を空かせた雛たちの鳴き声には無視を決め込んでいるらしい。どこもかしこも、暖かな八月の桃色の光に染まっていた。モリバトが羽をバタバタとはためかせ、牧草地——雌羊と子羊が草を食み、陽に照らされてすっかり色褪せた草地——から飛び立っていった。遠くの採石場を見やると、薄暗い植林地から出てきた二頭の雌ノロジカが、日光浴をしながら満足そうに草を食んでいた。

筋骨たくましい雄ギツネが一匹、植林地の影に沿って進み、木製のゲートをくぐって塀の脇をさらに歩き、草の海へと消えた。少したつと、モリバトが集まる牧草地にキツネが再び姿を現した。草を突いていたモリバトは四方八方に散らばり、草やアザミの地面から大きな羽音とともに飛び立った。雄ギツネは何度もハトに飛びかかるが、やがて無理だと悟り、背の高い草むらから駆けて出、芝生の上で愉しそうに転がった。丘のはるか下のほうに眼を向けると、村の家々に光がちらつきはじめ、ツバメの最後の集団が斜面を競い合うように飛んでいった。祖父は死に、もう戻ってくることはない。あの生活はもう戻ってこない。そう、わかっていた。そして、夏が過ぎていった。

秋

訪れる人のいない、昔のままの場所──トマス・ウェストがガイドブックを執筆するまで、湖水地方は誰からも愛されていない無名の場所だった。詩人も旅行客も来ることはなく、森の妖精や羊飼いがその景観に何かを見いだすことはなかった。

──トマス・ウェストによる『湖水地方案内』(*A Guide to the Lakes*)の現代版より。ジェラルド・M・F・ヒル編(二〇〇八年)

山は、ふつう、都市や低地国の創造である諸文明から離れた世界である。山の歴史、それは諸文明をいささかも持たないことであり、ほとんどいつも文明普及の大きな流れの周縁にあることである。とはいえ、文明普及の大きな流れはゆっくりと通過していく……

──フェルナン・ブローデル『地中海』(一九四九年)より(『地中海I 環境の役割〈普及版〉』浜名優美訳、藤原書店、二〇〇四年)

祖父が死んだ年の秋、祖母は亡き夫に捧げ、競売市のチャンピオン雄羊に銀杯を贈ることにした。それを勝ち取ったのは、生前の祖父に私が話し伝えていた雄の子羊だった。リーバンクス家の農場の歴史のなかでも一、二を争う立派な雄羊で、ライバルの羊たちより背丈も肩幅もはるかに大きかった。事前の準備も手入れも完璧に済ませ、大切な場面でまっすぐ前を向くようにしつけてあった。審査のあいだ、私は競り場の真んなかのいちばん目立つ位置を確保し、自慢の雄羊を立たせた。王が家来たちを見下ろすように、雄羊は凛と立ちつづけた。それこそ、品評会で勝つための古いトリックだった。その雄羊は、自分がいちばん立派な羊だと自覚していた。私たちはたんに、まだ気づいていない人たちにその事実を知らせる手助けをするだけだった。私の姿を見た父さんは、ウィンクして微笑んだ。

その雄羊は競売市のチャンピオン羊に選ばれ、最高値で落札された。競り落としたのは地域でも名の知れた羊飼いで、自らの農場の五〇匹以上の雌羊と交配させ、雄羊の血を子羊に受け継がせるという。

私がGCSEに落ちたことなど、家族全員がすでに忘れていた。そのときの私は、学校の反対側の世界に這い出たような気持ちだった。私を止めるものなど何もなかった。私はやはり祖父の孫だったのだ。

そのあと、すべてが悪い方向に進んでいった。

＊

灰色の沈黙と霧雨に包まれた朝、灰色のスーツをまとった父さんが家から出てきた。その日、祖父の遺言書が事務弁護士によって読み上げられる予定だった。三〇年にわたって必死に働いてきた父さんが、自らの運命を知ろうとしていた。その表情には不安の色がありありと浮かんでいた。父はジョンという男に私を預け、家をあとにした。ジョンはときおり農場を手伝ってくれる男で、下品な冗談の名手だった。羊の囲いでの午前の作業のあいだ、ジョンはしゃべりつづけた。「心配するな。おまえのじいさんは、この場所を愛してた。おまえのことをケツの穴に入れても痛くないほど惚れ込んでたんだからな」。私は彼の言葉を頭のなかで反芻し、それが真実だと信じようとした。喧嘩になるたび、おじいちゃんは遺言書を書き直すと父を脅した。ここ何年ものあいだ、農場の当座借越(オーバードラフト)の額は容赦なく増えつづけ、資本金をみるみる食い潰し、その状況からどう脱出すればいいのか全員が不安に苛まれていた。事態がよくなるまで、とにかく身を粉にして働くこと——それが唯一の戦略かに思われた。が、事態は一向に変わらなかった。

話し合いを終えて家に戻ってきた父さんは、落ち着きと諦観の表情を浮かべていた。父はこれまで、一家の農場に人生を注ぎ込んできた。ところが最後に待っていたのは、すべてを現状のまま維持することはむずかしく、一部の売却を避けられないという結末だった。家族経営の農場ではよく、遺産相続のときに厄介で複雑な問題が発生する。私の父のような男たちは農場の運営にすべてを捧げており、現金をそれほど持ち合わせていないことが多い。結果、親の農場を引き継ぐ子供は、きょうだいの相続分を支払うために、土地を売却あるいは借金して現金を工面する必要に迫られる。代々続いてきた農場を引き継いで運営する張本人にとっては、理不尽な話と感じられるだろう。

それから数カ月のあいだに、祖父母のバンガローは売却され、祖母のために町にフラットが購入された。一時期、祖父の農場をすべて売りに出し、私たち家族が当時住んでいた借り農場だけを残すという案も浮上したが、結局、父さんはイーデン・ヴァレーの借り農場に加え、マターデールに祖父が購入した農場も続けることを決めた。しかし、祖父母が住んでいたバンガローと牧草地の一部は手放さざるをえなくなった。そのため、おじいちゃんの農場は無事に引き継がれたものの、二五キロ離れた場所から通って運営されることになった。そして、私たちはいくつかの深刻な現実を突きつけられることになる——祖父の農場には、私や両親が引っ越すことのできる家はもうない。近い将来、家族の誰かが移り住むところはない。それを知った私は、胸が張り裂ける思いがした。
灰色の雲に覆われたその日、祖父の遺言書が読み上げられたあと、父さんは私と眼を合わせようとしなかった。彼はジョンに事情を説明し、私はそれを横で聞いていた。それから父はやおら私のほうに向き直り、眼を合わせて言った。「ジェイムズ、すまない」。私は大人の平静を装い、ただ微笑んだ——その硬い笑みは、本心からのものではなかった。

*

その後の数カ月、おそらく父さんは私にこう望んでいたにちがいない。ただ黙って仕事に励み、自分をサポートしてほしい。この苦しい時期を、みんなで乗り越えるための手助けをしてほしい、と。けれど、私は父の望むような息子になることはできなかった。もしかすると、そんな理想的な息子などこの世には存在しないのかもしれない。祖父の死のあと、私たちはみんな、家族のなかの序列を一段上に上がっただけだった。

最近、老齢のファーマーたちがある若者についてこんな話をしているのを聞いた。「若いやつらの問題は、一人前になるまえに自分が一人前だと勘ちがいしてしまうことだな」。私も同じだった。一八歳になるころには、私はすでに一〇年ほど農場の手伝いを続けており、学校を出てからの三年はフルタイムで働いてきた。頭のなかは、自分ならこうしてみたいというアイディアでいっぱいだった。自分はよく物事を心得ていて、もう一人前だと確信していた。大学に進学した同世代の若者たちのほうが、幼稚で無意味な人間なのだと思っていた。

*

祖父、父、私は畜産農家の歴史における古典的な芝居を演じてきた。祖父は私たち一族の家長であり、家族経営の畜産業を始めたボスだった。あくまでも、私たちの農場は祖父の農場だった。ほかの多くの年配ファーマーと同じように、祖父は歳を重ねるにつれて、農場を自分のものとして護ろうとした。おそらく、私の父は芝居のなかでももっとも割の悪い役を振り当てられたにちがいない――ボスである父親と、ボスの地位を狙う息子のあいだで翻弄されるという役柄だ。父は農場の仕事の大部分を担いながらも、その努力に見合うだけの裁量を与えられることはなかった。一方、私がもらったのは、「秘蔵っ子」

「祖父の自慢の孫」「いずれ農場主となる完璧な若者」という役だった。

*

父親、息子、孫息子。

知り合いのなかには、仲のいい友達同士のように協力して働く父子もいた。でも、わが家はちがった。リーバンクス家代々の父親と息子たちは、シマウマの死骸のまわりで小競り合いを続けるハイエナたちのような関係だった。一〇代後半の二、三年のあいだ、父と私はありとあらゆることで衝突するようになった。

私が父親の生き方から学んだのは、こんな教訓だった——自分の父親の好き勝手にさせたら、二〇年近くただ働き同然でこき使われるだけで、最後には農場を維持する資金さえなくなってしまう。私としては、何年も脇役を務めるのはごめんだったし、父がやっと逃れた罠に自ら入り込むことだけはしたくなかった。ここ一〇年以上にわたって農場で父を見てきた私は、自然とそう考えるようになった。しかし運命の歯車はまわり、父がボスになり、私はたんなる息子になった。

もし農場が儲かっていれば、物事はもっと単純だったにちがいない。けれど、金はなかった。自分の人生を捧げたのに、最後には何も残らない――そんなふうになるのが嫌で、私は父親に対して以前にも増して攻撃的になった。金自体がなかったので、父としても気前よく振る舞おうにも振る舞えなかった。かくして私たちの関係は悪化の一途をたどり、最後には破綻した。少なくとも、原因の半分は私のほうにあった。当時、私たちは八方塞がりの状況にいた。出口を見いだす方法はふたつだけ。父親がボスであることを受け容れて仕事に打ち込むか、家を離れて別の仕事に就くか。父も若いころ、祖父と大げんかした末に、いっとき家を離れて地元の採石場で働いたことがあった。

若いときの私は、それぞれの役割がまわりの状況によって定められていることを知らなかった。自分は特別な存在であり、父さんという人間がおかしいのだと思い込んでいた。祖父亡きあとの農場の運営がままならなくなったのは、父親の力不足のせいだと思っていた。わが家の農場を作り上げたのは祖父であり、私があとを追いかけ、尊敬すべき人物は祖父だけだと感じていた。いまになって振り返ってみると、自分の考えがすべて愚かだったと気づかされる。自分がいかに無知で、勘ちがいだらけだったかを自覚すること、きっとそれが成長というものなのだろう。

あれから長い年月が過ぎたいま、当時のことを思い出すとつい笑ってしまう。父と私は互いに苛立ち、似たような欠点をさらけ出し、互いの最悪な姿しか見ようとせず、厳しい言葉を投げつけた。だからといって、たとえできたとしても、いまからそれを変えたいとは思わない。私は、ほかの人たちが知らない父さんやおじいちゃんの一面を知っている。彼らのもっとも輝いた瞬間を目にし、その時間を共有してきた。私はふたりの世界の一部であり、祖父と父の行動の意味や大切とする信念を熟知していた。ときに、私がふたりを失望させることもあれば、その逆もあった。ときに、私がふたりを誇らしい気持ちにさせることもあれば、その逆もあった。ときどき衝突することもあったけれど、そんなのはどの家族でも同じだ。私たちの人生は、世界のなによりも大切にするものを中心にまわっていた――農場だ。

*

納屋の干し草の梱の上に、四歳の私が坐っている。隣に坐る祖父は、片手に毛刈りばさみ、もう片方の手にカーディング用の櫛を握っている。眼のまえには、サフォーク種の雄羊が一匹。干し草用の紐が頭に巻かれ、紐の先は飼い葉台に固定されている。最初の数分は暴れたものの、いまはおとなしくその場に突っ立ち、体の手入れを愉しんでいるようだ。ときどき羊がゲップすると、草のにおいがする。両側にはさらに一匹ずつ紐で固定された羊がいて、父と母が世話をしている。大人たちは羊の脚を洗い、顔の汚れを落とし、むく毛を整え、毛刈りばさみで腹の毛を刈り取ってきれいなラインを作る。

この時期、村じゅうの親戚や隣人たちが羊の手入れに忙しくなる。私たちのあいだには、はっきりとした競争意識が存在する。羊飼いの評価は、ほかの農場の羊と比べた相対的な羊の質によって決まる。何年ものあいだ、私は大人たちを見て学び、その真似をしてきた。そのうち、だんだんと自分でもできるようになった。競売市では、ちょっとしたひと手間が大きな差を生むことがある。参加者たちは過去に競売市に出品した最高級の羊たちについておしゃべりし、眼のまえの羊の質がそれ以上かそれ以下なのかを見極めようとする。私は彼らに近づき、農場自慢の一匹について宣伝する。すぐに祖父が加勢し、「孫には羊を見る目があるんだ」と男たちに伝える。そんなとき、私はどこまでも誇り高い気持ちになる。私たちが競売市に出す羊は、一九四〇年代に祖父が購入した二匹の純血種の雌羊の子孫だ。いまでは六〇匹の群れとなっており、三〇匹の雄羊を売りに出すのが毎秋の恒例行事だった。

農場や羊飼いの評価を決める最大の山場は、毎年秋にやってくる。牧羊農場（とりわけフェル農場）は、九月から一一月のあいだに年収のほとんどを稼ぐことになる。この時期には、一〇〇以上の競売市や品評会がイングランド北部の各地で開かれる。この競売市は、冬草を持つ低地の農場と、夏のあいだに山岳地で育てた過剰分の羊を売りさばきたい高地の農場を引き合わせる貴重な機会となる。同時に、競売市が開かれるのは実用的な理由からだけではない。それは、自分たちの群れの質を左右する重要な決断を下す場でもあるのだ。それぞれの品種の雄の子羊を育て、当日までに周到な準備を進め、販売する——競売市のためのそのサイクルこそが、群れの将来を定めることになる。

理論上、羊の群れの質を向上させる方法はじつに単純だ。まず、競売市で売りに出される羊をじっくり調べ、より優れた遺伝子を農場の群れにもたらす雄羊を購入する。それができれば、もともとの群れより質が高く、美しく、最終的に価値の高い羊の群れが生まれることになる。雌羊の群れは農場の核となる資産であり、常に進化しながら同じ場所に留まりつづける。しかし、遺伝子の半分の善し悪しを決めるのは、秋に購入する繁殖用の雄羊だ（新たに群れに参入した雄は、一匹につき一〇〇匹ほどの雌羊と交尾することになる）。そのため優秀な羊飼いは、毎年の競売市において、群れの質を向上させる雄羊を見極めることにとりわけ神経を使うのだ。

数百匹のなかから自分の群れに合う羊を見つけ出すためには、ある種の天才的な能力が必要になる。このきわめて大きな選択によって、農場の羊の価値と評判は大きく上下する。優れた群れはそれぞれ独特のスタイルや性格を持っており、それは過去何十年、あるいは何世紀ものあいだに、群れを作るために下された幾多の決断によって積み上げられてきたものだ。また、世代を越えて引き継がれるのは、群れだけではない。往々にして、哲学——群れの性格を保つために、どんな要素を重視するべきかという考え——も脈々と受け継がれるものだ。時代とともに流行は移り変わり、ときに群れの性格が時代遅れになることもある。そのとき、羊飼いはひとつの選択を迫られる。流行に合わせて群れの性格を変えるのか。あるいは現状を保ち、再び人気が戻ってくるのを待つか。群れの維持のために費やされる、この献身的でたゆみない努力はじつに美しいものだと私は思う。

＊

私がはじめて雄羊を売ったのは九歳のときで、相手はジーン・ウィルソンという祖父の友人の女性だった。その日、父親が自宅とは別の離れた場所で作業をする時間帯に、ジーンが雄羊を買いにやってくることになった。牧羊犬を使って羊を囲いに入れ、売り物の羊を見せ、値段交渉をする――それが、その日の私の役割だった。

「彼女は手強いぞ」と父は言った。「ズルはしないが、かなり値切ってくるはずだ。覚悟しておけ」。父さんの希望する価格は、いちばん立派な羊が二五〇ポンドで、ほかの羊はそれよりも少し安めというものだった。

ジーンは生粋の羊飼いで、いまの私をはるかに上回る豊かな知識と経験を持つ人物だった。それでも、私はそれまで何年も羊を売る手伝いをしてきたし、交渉の流れについてはよく知っているつもりだった。彼女は夕食後にやってきて、「羊販売業務を担当しているのはあなたなの？」と訊いてきた。私が肯定すると、彼女はにやりと笑った。それから、私はジーンを羊の囲いへと案内した。

ジーンは雄羊の体を撫でただけで、すぐさま欠陥のある羊を見抜いた。しばらく羊を確かめると、「いちばんのお勧めは?」と彼女は尋ねた。

「この骨太の肥った羊です。この品種ではいちばん立派だから、おばさんの群れにもぴったりだと思いますよ」と私は答えた。

ジーンは笑みを浮かべた。私は羊たちと日々一緒に暮らしていたので、一匹一匹について何もかも知り尽くしていた。彼女はそれが気に入ったようだ。「そうかい、あたしもこの羊がいいと思ってたんだ……で、いくらするんだい?」

「三〇〇ポンドです」

この価格が高すぎることは、ふたりとも承知していた。

「それは高すぎる。一八〇ポンドがいいところだと思ってたけどね」

「あっちの小さいやつならその価格でもいいですけど、こっちの利口な羊はだめです」

予想どおり、ジーンは小さい羊になどまったく興味を示さなかった。いちばん立派な羊を手に入れる、とすでに心は決まっていたのだ。そこで私は、わざわざ無理してまで売る必要はないという印象を与えようとした。このまま農場で育ててもいいんだ、と。それから一時間ほど、私たちはほかの選択肢を探り合い、学校や天気の話を挟み、別の羊の価格交渉をしては決裂を繰り返した。やがて、彼女がもともと欲しがっていた立派な羊の交渉へと戻ってきた。そこで私は言った。「ほかの人も欲しがっていて、そちらの人は価格のことはうるさく言わないんだけど……」最後には二五〇ポンドで決着したものの、〝羊が健康に育つための願かけ〟と称して彼女はさらに一〇ポンドの値引きを要求した。帰宅した父さんは結果を聞くなり「こりゃ驚いた。二〇〇ポンドまでは値切られると思ってたんだ」と言い、声を出して笑った。

＊

学校を離れたあとの私の人生はシンプルなものだった——労働、食事、睡眠の繰り返しだ。夜はたいてい暇を持て余し、家族と一緒にテレビを観るしかなかった。家では、父さんが決めた番組をみんなで観るのが決まりだった。しつこく言えば別のチャンネルに変えてくれることもたまにあったものの、基本的にチャンネル権はほぼ父が独占して握っており、本人が眠り込んだときもチャンネルを変えることは許されなかった。父はクリント・イーストウッドの映画がとくに好きだった（いちばんのお気に入りは『ダーティファイター』で、イーストウッドに「右折だ、クライド」と言われたオランウータンが、道端の男たちをパンチする場面が大好きだった）。まだ眼を覚ましていれば、父はクライマックスになると興奮して掌を擦り合わせ、手を叩いて喜んだ。一方、眠り込んだと思って家族がチャンネルを変えると、さっと坐り直して言った。

「おい、何やってるんだ……観てたんだぞ」
「寝てたじゃないか……」
「いや、寝てない。チャンネルを戻せ」

家族が居間でテレビを観るあいだ、母さんはよく別の部屋でアイロンがけや書類の整理をしていた。別の惑星から来たかのような性格だった母は、ロシア人作曲家ラフマニノフが大好きで、『パガニーニの主題による狂詩曲』のレコードをよくかけ、たまに家にあった古いピアノで自ら演奏することもあった。その音色は、私が詳しく知らない母の別の一面を象徴するものだった。

一度、テレビ番組の内容についての家族の議論がヒートアップし、父がスプーンやフォークをテーブルに叩きつけて母を怒鳴りつけたことがあった。「だから言ったんだ。何度も言っただろうが……甘やかして子供が偉そうな意見を持つようになると、こうなっちまうんだよ……この家じゃ、みんな自分がいちばん賢いと思ってる……クソ犬もな」

あるときから、家にいる人数が多すぎると感じるようになった。小さな農場にしては、意見が多すぎるような気がした。私は大人へと成長していたが、家のなかに成長する余裕があるのかどうかはわからなかった。そこで、私は本の世界に逃げるようになった。

＊

母方の祖父に会ったことはなかったものの、彼も確実に私の人生を変え、新たな世界観を与えてくれた。第二次世界大戦中、祖父はビルマに派遣された。私は形見として、祖父がビルマで日本兵の死体から奪ったという二〇センチほどの短剣を受け継いだ。靴下やパンツをしまってあるタンスの引き出しに収まったその品は、ひときわ異彩を放っていた。母は祖父から数十冊の本を受け継いだものの、ほぼ手つかずの状態で本箱に置いたままにしていた。ペンギン社のペーパーバックの薄汚れたオレンジと白の表紙、長く閉じられたままの黄ばんだページ……。日焼けして色褪せた、緑か茶色のハードカバー本が数冊。そのときはまだ作家のことを何も知らなかったが、一九四〇、五〇、六〇年代に出版された名作だった――ヘミングウェイ、カミュ、サリンジャー、A・J・P・テイラー、オーウェル。いま考えてみれば、祖父の本の好みは完璧だった。幸運なことに、本の助けが必要になったその瞬間に、祖父の本が私の飢えた眼に飛び込んできたのだった。

私は毎晩ベッドに横たわり、家族と離れた別の空間にいることを愉しみながら、貪るように本を読みあさった。学校を離れて以来ろくに読書などしたことがなかったものの、すぐに本の虜になった。

ときどき、部屋の窓を開け放って本を読むこともあった。行進するガチョウの鳴き声や電話線にとまったツバメのさえずりが聞こえ、天気の変化もつぶさにわかった。家族が寝静まったところを見計らい、本をポケットに入れて窓から地面に下り、牧草地へ散歩に出かけることもあった。夜に響くダイシャクシギの鳴き声は、死んだ子供たちの亡霊の声に聞こえた。

遠くの西の空に沈む夕陽を眺めた。

牧草地の暗がりのなか、隣家のオレンジ色の光がちかちかと光っていた。私は家に戻ると、また部屋へと壁をよじ登った。翌朝、コクマルガラスの金属音のような鳴き声に眼を覚ました。カラスたちはまた、牧草地の納屋の飼い葉桶から羊の餌を盗もうとしているのだろう。目覚めたそのとき、私はまだ本を握ったままだった。

*

ある日、本箱からウィリアム・H・ハドソンの『ある羊飼いの一生』(*A Shepherd's*

『Life』という本を見つけ、ガラクタを取り扱うように乱暴に取り出した。どうせ押しつけがましい情けない本なのだろう、そう思った。学校で読むことを強制された本と同じように、私の大嫌いな類の本にちがいない。ところが、予想は見事に裏切られた。嫌いになるどころか、私はその本に魅了された。

表紙の見返しには、寄贈されたことを示す「G・ネイラー、普通科11学年、B・G・S」という献辞の文字。母方の祖父は生前、ベリー・グラマー・スクール（B・G・S）で教師として働いていた。祖父が羊飼いについての本を読んでいたと知り、私は思わず微笑んだ。四章の「低地の羊飼い」を開いてはじめの数パラグラフを読み進めただけで、私はすぐに本の魔法に取り憑かれた。まずなによりも、まったく無駄のない簡潔明瞭なストーリーテリングに驚かされた。さらに、この本は人生を変えるような突然の発見を与えてくれた――私たち羊飼いが本の主人公になることがある。それも、偉大な本の主人公に。

この本を読むまで、本の世界に出てくるのは「ほかの人たち」「ほかの場所」「ほかの人生」だと思っていた。しかし紛れもなく、この本は私たち羊飼いについて――少なくとも、イングランド南部のウィルトシャーに生きた昔の羊飼いについて――の物語だった。『ある羊飼いの一生』はケイレブ・バウクームという名のひとりの羊飼いの人生にまつわる物語で、二〇世紀初頭、老人になったバウクームにウィリアム・H・ハドソンが話を聞くという体でストーリーは進む。私は登場人物たちについて知っていた。彼らは私の祖父であり、父だった。本に出てくる人々は誰もが知り合いであり、私が尊敬する人間たちだった。もし私がその場にいれば、ケイレブと一緒に仕事をしながら、牧羊犬、脚が不自由な羊、天気について語り合うことができたにちがいない。年老いた羊飼いの話はあまりに現実的で、ハドソンが作者として介在していることを忘れてしまうほどだった。真夜中ごろに本を読みおえると、まだアイロンがけをしていた母のもとに急いだ。「この本、読んだ？　母さん……ほんと、すごいんだよ。僕たちみたいな人たちについての本なんだ。ウィリアム・H・ハドソンの本はほかにはないの？」

なかった。しかし、母の眼は笑っていた。のちに知ったところによると、ケイレブ・バウクームのような羊飼いとしての生き方は――効率化と大規模化の需要の波に呑み込まれ、世界じゅうで古い牧畜方式が消えたのと同じように――もうほとんど存在しないらしい。いまだ古い伝統が残るのは、代わりとなる方法がない山岳地帯だけだという。二〇世紀半ばまでに、バウクームがいたウィルトシャーの在来種はすべて売り払われ、近代的な品種改良種のみが育てられるようになった。大規模化や機械化にともない、垣根や石垣も取り壊された。ケイレブ・バウクームが現在のウィルトシャーの放牧地を見たとしても、昔と同じ場所だとは気がつかないだろう。

作家志望者が読むべき本について問われたアーネスト・ヘミングウェイは、越えるべきライバルのレベルを知るために大物作家の良書を読むべきだと答えた。そして、基準となる作家のひとりとしてウィリアム・H・ハドソンを挙げた。今日、ハドソンの作品が読まれることはほとんどない。しかし、オーウェルやヘミングウェイ以上に、私を本の虫に変えたのはウィリアム・H・ハドソンだった。書かれた言葉の力を私が信じるようになったのは、ハドソンの本のおかげだった。突如として、私の部屋は本だらけになった。置き場所がなくなるたび、家族ぐるみの友人で建具屋のジョージに依頼して新しい本棚を作ってもらった。彼への依頼の頻度が、私の読書量のバロメーターだった。

*

一八歳になると、だいたいの肉体労働で父とほぼ肩を並べて競争できるレベルに達した。私たちは自宅から祖父の農場に移動して、日々の仕事に取り組んだ（農場は父名義に変わったが、住む家がなかった）。その日の作業は、谷の麓の牧草地に置いてある干し草の梱をトレーラーに載せ、納屋に運び込むというものだった。単純ではあるものの、重労働だ。梱の山（サイズの異なる梱が一七〜二二個ほど積み重なったもの）の隣に父がトラクターとトレーラーを停めると、私たちは手作業で梱をトレーラーの上に放り投げた。交代でトレーラーに乗り、梱を正しい組み合わせになるように積み重ねた。途中のでこぼこ道で崩れないよう、石垣のごとく梱を交互に積み重ねて強度を上げた。いちばん力が要るのは、梱を地面から持ち上げてトレーラーに載せるときだった。荷台の梱は少しずつ高さを増すので、あとになればなるほど重労働になった。とくにその年は、かつてないほど蒸し暑く、風のない日々が続いた。そのため三〇分もたたないうちに体じゅうが汗まみれになり、昼に近づくにつれて梱が重さを増していくかのように感じられた。荷台がいっぱいになるたびにトラクターを運転し、曲がりくねった小道の上にあるフィールド・ハウスに移動させたが、その移動のあいだだけは一休みできた（フィールド・ハウスとは、この地域にある石造りの納屋の呼称のひとつで、冬用の餌を保管するための建物のこと）。

納屋に着くと、父は天井近くの干し草の山の上へと急ぎ、私はロープを引っ張ってエンジン駆動のエレベーターを起動させた。機械がガタガタと音を立てると、どっと噴き出したガソリンの煙が汗と埃まみれの体にまとわりついた。トレーラーからエレベーターに梱を降ろし、それからスイッチを入れる。すると、干し草は納屋の上の暗闇のなかに消えていった。それからまた梱を降ろし、再びスイッチを入れ……ひたすらその作業を繰り返した。正午の休憩中、父も私も納屋のなかが異常に息苦しいと文句を言い合った。それに、昼休みが終わってオレンジジュースのボトルを飲み干してしまったら、飲み物はなくなる。それでも三〇分後、日陰で寝（やす）んで体力が回復すると、残り半分の梱を積み込むために干し草畑へと戻った。滴り落ちる汗は止まらず、疲労も最高潮を迎えていた。予想どおり、昼食の一時間後には飲み物がなくなってしまった。はたして、このまま水分を摂らずに何時間も作業を続けることができるだろうか？

普段の水飲み場である小川や水桶の水はすべて干上がり、薄汚い膜やハエの死骸に覆われていた。近くに隣家はなく、いちばん近い店に行くとしても、自宅とのほぼ中間地点まで車を三〇分も走らせなければいけない。それに何かを買おうにも、父も私も一ペンスも持っていなかった。作業を切り上げて帰宅するという手もあったが、家は二五キロも先。さらに西側の空が暗くなり、いまにも雷が鳴り出しそうだった。とにかく咽喉の渇きのことはいったん忘れ、納屋に干し草を運び込んでから帰るしかなかった。

やっとのことで残りひとつの梱をトレーラーに載せる段まで作業は進んだ。午前中には風船のように軽かった梱が、午後には鉛のごとく重たくなり、荷台から転がり落ちてしまうこともあった（それを拾い上げ、再び荷台に載せるという作業が加わった）。最後のひとつを荷台に載せたころには、父も私も完全な脱水状態だった。ところが、作業を終えようと古い納屋に向かう途中、丘の斜面でトレーラーのタイヤが石に乗り上げて荷台全体が傾き、梱の一部が坂を転がり落ちてしまった。父と私は思わずぞっとして顔を見合わせ、暗い笑みを交わした。その日は、悪化の一途をたどるばかりだった。転がり落ちた梱を坂の上へと運んでトレーラーに再び持ち上げ、やっとのことで納屋に着いて干し草を移動すると、大きな木製ドアを施錠した。これで干し草は濡れることもなく、冬まで安全に保管できる。作業を終えるころには父も私も息も絶え絶えで、空気の薄い納屋から逃げるように飛び出した。帰り道に知人の家に寄り、冷たい水道水をがぶがぶ飲んだものの、すぐさま気分が悪くなった。熱中症だった。翌日、父と私は体調を崩し、ひどい頭痛に襲われた。
父は——普通の父親が普通の息子に、海辺で一緒に過ごした旅行の思い出を何度も語るように——失敗ばかりだったその日のことを繰り返し私に話した。それは、父と私が共有する貴重な思い出だった。

*

その年のある日、頭の悪い一〇代の町の子供が私の父親を「田舎者（シープ・シャガー）」と呼び、「ウザいんだよ」と罵った。父さんはすぐに相手を殴り倒す……かと思ったが、そうしなかった。
その直前、父はその子供を呼び止めて注意していた。勝手に人の土地を横切るな。ゲートを開けっ放しにすると、別の群れの羊が入り込んでしまう。
子供は鼻で笑い、肩で風を切るように歩き去った。父さんは私のほうに振り返り、ただ首を振った。

*

家族経営の農場で黙々と働けば、誰もが自分を高く評価してくれると思い込んでいた。私が祖父を尊敬したように、ほかの人も私を尊敬してくれる、と。しかし、それが真実ではないと気づくまで時間はたいしてかからなかった。わが家では、農場で働くのは当然のことであり、驚くべきことではなかった。けれど家族以外の人々にとって、それはどうでもいいことだった。つまり、私という人間は農場に呑み込まれたようなもので、外の世界では存在さえしないのと同じだった。ある意味、それはそれでかまわなかった（学校を辞めたことにいっさいの後悔はなかった）。でも同時に、納得がいかなかった。大学に進学した子供はまわりから高く評価されるのに、昔ながらの伝統に従って汗水流して働く子供は褒められることもなく、黙殺される。そう思えてならなかった。それに、地元の町のナイトクラブで遊ぶ若い女性たちの多くは、私がファーマーだと知ったとたんに興味を失った。

＊

年老いた羊飼いがひとり、銀色のアルミ製ゲートに覆いかぶさるように立っている。眼のまえの四角い囲いには、灰色の毛をまとった無数の羊の背中。彼はなにやら話し出すが、聞いているのは羊と偶然通りがかった私だけだ。

「こりゃ、忌々しいくらい育ちのいい羊だ……あんたら若い連中のケツを蹴飛ばしてやりたいよ。これほど立派な雌羊をあんなふうに売っちまうなんて」

彼が怒っているのは、つい先日の競売市でこの羊たちが低価格で売却されたからだった——一匹につき二二ポンド（約四〇〇〇円）。競売目録にミスプリントがあり、正しくは「ストック雌羊」と印刷されるべきところが、「ドラフト雌羊」と印字されてしまったのだ。老羊飼いにとって、このふたつの単語のあいだにはどこまでも大きな隔たりがある。「ドラフト」とは、肉づきの悪い低品質の羊、あるいは群れのなかの老齢の羊を意味する。一方、「ストック」は群れの中心的存在となる羊を指し、競売のために群れ全体が解かれて売り出されたことを意味する。針金のような硬い灰色の毛の羊が数えきれないほど出品される競売市で、この羊は差別され、無視され、忘れ去られてしまった——それが老人の考えだった。抽選の結果、この羊は早い段階で競りにかけられることになった（公平を期すため、競売の順番は抽選で決められる）。そのため、ほとんど注目を浴びることもなく、まっとうな客が会場に姿を現すまえに売られてしまった。その年の秋はとりわけ価格競争が激しく、タダで引き取られる雌羊も多かった。売れたとしても一匹二、三ポンドがいいところだった。

老人は羊の囲いに向かって何かささやくが、その言葉は牧草地に吹きつける風に乗り、道路と町を越え、フェルのはるか奥へと消えていく。例の群れが競売にかけられた日、会場の半分は空席だった。六六号線を走る車やトラックは数えるほどしか見当たらず、〝農場〟の人間は誰も参加していなかった。彼らは地元の町で仕事中であり、一世代前に羊飼いであることを辞めてしまったのだ。

過去は少しずつ活力を失い、死んでいく。やがて過去は消え去り、落胆した老人たちが家に戻っていく。

その夜、家に戻った私はやるせない思いに駆られた。ファーマーが農場でどんな仕事を日々行なっているのか、気に留める人などいるのだろうか？　私は最後には悲しい老人となり、誰ひとり歯牙にもかけない羊について独り言をつぶやいて人生を終えるのだろうか？　一九九〇年代から二〇〇〇年代にかけて、限界地域で小規模農場を営む私たちのような人々は、もはや過去の人間になりつつあった。この土地の未来を担うのは牧畜ではなく、観光、野生生物、木々、野生植物だった。毎秋、高齢の羊飼いが引退を決めるたび、由緒正しい群れが次々と売却、あるいは規模縮小を余儀なくされた。さまざまな環境計画が実施されると、羊の匹数を減らすために、湖水地方のフェルに古くから定住してきた何千匹もの羊が売られた。「デストック」と呼ばれるこの間引き政策は、二〇世紀のあいだに過剰に増えすぎた羊の数を是正するために不可欠なことでもあった。つまり、ほかの地域のファーマーと同じように、責任の一端は私たちにもあった。だとしても、この土地で働く多くの人間にとって、それは耐えがたい侮辱だった。群れを失うこと、あるいはその規模を小さくすることは、湖水地方の牧畜システム全体を脆弱化させることにつながり、ファーマーの仕事をさらに不安定にするからだ。専門家や役人が私たちの故郷について語り、評価するとき、ファーマーが大切とするあらゆる物事が無視されている気がしてならなかった。食料生産など、哀れで安っぽい仕事だと言われているような気がした。それは、私が子供のころに思い描いた農場のおとぎ話——みんなに愛される王子様として私が登場するはずの物語——とはかけ離れたものだった。

＊

牧畜だけで生計を立てることはむずかしい。もちろん、そんなことははじめから知っていた。しかし、事態はますます悪くなった。小規模農場の置かれた状況は、イギリス全土どこでも一緒だった。競売市での羊の価格は二〇年前と同じまま。羊はみるみる増え、金はみるみる減った。さらに、物価は軒並み高騰した。農場の働き手の高齢化は進んだが、後継者は現れなかった。築三、四〇年の建物が時とともに劣化しても、修繕する金はなかった。トラクターや農機具の老朽化も一気に進んだ。牧畜そのものも変化し、新しい規制が次々に施行された。が、私たち家族が営むような古い農場がその規則に従うためには、莫大な費用が必要だった。父、母、私は犬のようにがむしゃらに働き、現状を保つために奔走したが、状況は悪くなる一方だった。この事態にどう立ち向かうべきなのか、私たちの世界の人間は誰ひとり解決策を見いだすことができなかった。何かが変わることを望んで、死にもの狂いで働くしかなかった。そのころの父さんの口癖は、「牧畜は死んだ」だった。

かつて、ファーマーは〝地域社会の柱〟だった。しかし私が物心ついて以来、湖水地方の住人の種類は大きく変化した。家屋や自家農場（ファームステッド）が売りに出されても、それを購入するのはだいたい外の人々だった。祖父が一九六〇年代にマターデールに農場を購入したとき、この谷には二五軒ほどの小さなファームステッドがあった。住人の多くは牧畜以外の仕事で収入を得ていたが、それでも同じような田舎出身の人たちであることには変わりなかった。しかし、その後に移住してきた新しい住人たちは、私たちの生き方や土地に対する考え方にほとんど関係ない人たちだった。もともとの住人たちは彼らを「移住者」や「部外者」と呼んだ。その多くは近隣の町の出身者だったにもかかわらず、一部の老人は彼らを「外国人」と揶揄した。古い住人たちが感じた〝私たち〟と〝彼ら〟の差は文化的なものだった——新しい住人たちのほぼ全員が、専門的な職業に就く中流階級の人間だった。

＊

客観的に考えれば、地域共同体に新しい人たちが加わることには大きな利点がある。彼らは新しい考え、新しい活力、新しい資金、新しい仕事、共同体をよみがえらせるエネルギーをもたらしてくれる。たとえば、祖母の作るジンジャーブレッドのような地元にどっしり根づいたものでさえも、大西洋奴隷貿易の恩恵がなければ、すべての原料を手に入れることはできなかったはずだ。言うまでもなく、私たちは誰しも外の世界から影響を受けたさまざまな〝原料〟から成り立っている。だとしても、まだ二〇歳だった私の眼に映るのは、地元で失われたものだけだった。

「移住者」にとっての羊は道で行く手を遮るもの、あるいは自分たちの庭に勝手に入り込んで草を食むものだった。それだけには留まらず、この土地に対して強い〝所有意識〟を持つ住人もいた。彼らは湖水地方の景観を公共財のようなものだととらえ、地域の将来について自らが大きな発言権を持ってしかるべきだと考えた。誰かが新しく何かを造ろうとしようものなら、かまびすしい抗議文キャンペーンを繰り広げ、役所の開発計画担当者を震え上がらせた。この地で五〇年以上も前から農場を営んできた隣人は、廃墟と化したファームハウスを修復しようとしたときに抗議を受けたという。隣人は呆れ顔で私に言った。

「あのアホどもが昔からこの場所に住んでいたら、何から何まで阻止して、湖水地方自体が生まれなかっただろうよ」

湖水地方の村に移り住んだ人々は家の前の共有緑地（ビレッジ・グリーン）を購入することを望んだが、それが個人所有の許されないコモン・ランドだと知ると憤慨した。現在では、(何世紀ものあいだ続けられてきたように)村を横切って牛や羊を移動させると、住人たちの反感を買うことも多くなった。家畜が花を食べ、年々美しさを増している芝生に蹄の痕が残るから、というのがその理由だ。引っ越してきたばかりの隣人のなかには、「フェルの上から犬の吠え声と男の叫び声が聞こえる」と警察に通報する人さえいた。もちろん、ファーマーたちはただ羊を集めていただけだった。日々、相容れないふたつの世界が衝突を繰り返した。まるで大切な会議を欠席してしまったかのような気分だった。不在のあいだに誰かが規則を勝手に変え、私たちの仕事の意味を消し去ろうとしているかのようだった。

*

羊飼いは、よその犬が羊の群れに近寄ることをひどく嫌う。農場の牧羊犬は、ファーマーにとって最大の誇りであり最愛の仲間だ。しかし他人の犬は、厄介な問題を惹き起こす元凶でしかない。充分な訓練を受けていない犬がリードを外された状態で羊の群れに近づくと、本能に駆られて狩猟モードに入ってしまうことがある。犬の飼い主にこの脅威を理解してもらうのは、容易なことではない。事実、私が大人になってから二年に一度ほど、犬が羊を追いまわすという事件が起きた。追いかけられた羊はあっという間に犬に倒されるか、疲れて地面にぐったり横たわる。一般の犬はこのような場面で自制する訓練を受けていないため、羊の毛、皮膚、耳まで引き裂いてしまうことがある。それどころか、咽喉を嚙み切ることもある。だいたい二ヵ月に一度くらいの頻度で、大惨事にもつながりかねない小さな事件が起きた。

正直なところ、リードを外された犬を見かけるたび、私は最悪の結末を恐れてやきもきしてしまう。再びリードにつなげられて飼い主の車に戻る姿を見届けるまで、安心することはできない。十中八九なんの問題も起きないとはわかっていても、ひどく不安になってしまうものだ。疑心暗鬼だと嗤われるかもしれないが、羊の安全を護るのが私の仕事だ。それにマナーのいい観光客は、そのような危惧があることを認識し、配慮を持って行動してくれる。ある人の自由も、別の人にとっては苦痛の種になりうるということだ。

この地域での犬と羊の扱いについての倫理はシンプルそのもので、昔からその考え方は変わらない——他人の羊に犬を近づけさえしなければ、あとはご自由に。逆に言えば、リードを外した犬が群れの羊たちを追いかけたり襲ったりした場合、その犬は銃弾の軌道に入ったことになる。羊飼いには古くから、群れを保護するための法律上の特別な権利が与えられてきた。凶暴な犬が現れたときには、私たちには射殺する権利があり、ある意味それは義務だと言ってもいい。警察にどうにかしてくれと通報したら、おそらく犬を撃ち殺すように指示されるにちがいない。

二年前、妊娠中の雌羊たちの世話をしているとき、雲や霧がかかったフェルの麓あたりで、一部の羊が集団になってぐるぐる走りまわっているのに気がついた。どこか様子が変だった。キャンキャンという犬の吠え声が風に乗って一度か二度聞こえてくると、私はすぐさま斜面を駆け上がった。まわりには誰もおらず、自分でなんとかするしかなかった。風の強いどんよりとした雨模様のその日、ビニール合羽を羽織った私はよたよたと斜面を急いだ。森が広がるフェルの麓にたどり着くと、一匹の羊がこちらに向かって下生えを突き抜けてきて、私の足元に倒れた。一、二メートルうしろから、二匹のジャック・ラッセル・テリアが近づいてきた。体は小さいものの、ひどく気が立った様子だ。二匹の犬は私にはほとんど目もくれず、雌羊に飛びかかって両耳を引きちぎった。羊は血まみれだ。犬の襟首をつかんで引っ張り上げると、二匹は歯を剝き出しに唸った。私は怒り狂った。これまで、フェルではどんな修羅場が繰り広げられていたのだろう？　どれくらい前から？　犬は雌羊の一〇分の一ほどのサイズしかなかったが、そんなことにたいした意味はなかった。体の丈夫な雌羊でさえも、犬に追われてストレスが限界に達すると、疲れ果ててその場に横たわってしまうものだ。

唸り声を上げる犬を羊から引き離すとほぼ同時に、木々のあいだから男が転がり落ちるように出てきた。眼のまえの状況を見るなり、彼は平謝りに謝った。誰もいない山だと思って放したら、犬が命令を無視して羊を追いかけてしまった、と。私は悩んだ。ひどく悩んだ。犬は家畜にとって脅威以外の何物でもなく、この出来事は飼い主の男の管理能力のなさを示すものだった。このまま犬を返したら、飼い主はまたすぐにでも犬を逃がしてしまうかもしれない。いっそのこと殺処分されたほうがいいのではないかとも思った。男のほうは、犬のせいではない、全責任は自分にあると認めた。「そんなことは当然だ」と私は応えた。すると男は泣き出し、私の腕をつかんで犬の命乞いをした。それが怒りをさらに大きくさせた。私の手は血に染まっていたが、それが自分のものか羊のものなのかはわからなかった。怒りは収まらず、犬の頭を岩に打ちつけることも選択肢として考えた。

しかし、怪我をした雌羊は私の農場の羊ではなかった。そこで、犬をこのまま羊の持ち主に引き渡すと男に告げた。どうなるかは羊飼い（家族ぐるみの友人）の判断次第だ、と。くわえて、警察に通報すること、なんらかの処罰が下される可能性もあることを伝えた。

その日の後刻に落ち着きを取り戻すと、犬の飼い主に厳しく当たりすぎたことを申しわけなく感じた。聞けば、被害にあったファーマーは飼い主に警告を与えたうえで、犬を返したとのことだった。警察も事の重大さを男に説明し、生きたまま犬が戻ってきたのは運がよかったと告げたという。

子供のころの私は、このような出来事があったときの父親や同業者たちの言動が必要以上に乱暴だと感じていた。禁止場所で犬の飼い主がリードを外すと、父たちは罵声を浴びせ、昔ながらのやり方でこっぴどく叱りつけた。やさしく説明するだけで充分なのに、と子供ながらに思ったものだ。しかし大人になるにつれ、私も少しずつ経験を積んでいった。当初は丁寧かつフレンドリーに辛抱強く注意したものの、ほとんど効果がなかった。いまではじめから怒鳴り散らし、すぐさまリードをつなげないと犬を撃ち殺しそうな強面ファーマーの体で臨むことにしている。そのほうが、ずっと効果は大きい。

＊

学校を離れてからの記憶のほとんどは、変わりゆく季節を通して父親と一緒に働いた思い出ばかりだ。一匹のウナギが泥の上をするすると進み、水中に戻っていく。機械のアームが川底の沈殿物をすくい出すたび、十数匹のウナギが姿を現す。父が操作するのは、古びて色褪せたフォードの黄色い掘削機。私は鋤を使いつつ、あたりを歩きまわってウナギを両手ですくい上げる。ほとんどが靴紐ほどの長さで、鉛筆よりも細い。このウナギは数々の海を越えて、川をここまで遡上してきたのだという（サルガッソ海から来たと本には書かれていたが、それがどこにあるのか見当もつかなかった）。農場の小川の底深くに身を潜めていたウナギは私たちに叩き起こされ、いまは水のなかを泳いでいた。

ときどき、掘り起こされた泥から、もっと大きなウナギがにょろにょろと這い出てくることもある。すると、父親は叫ぶ。「どでかい黒いモンスターが出てきたぞ。ほら、捕まえろ」

一メートル弱の胴体、生気のない灰色の眼、ヘビのような力強い動きに気圧され、私はあとずさりする。大きなウナギはくねくね体を動かしながら泥水へと戻る。この地域には小川や排水溝が至るところに走っており、そこを通して水が低地へと流れる仕組みができあがっている。その日、父親と私が掃除をしていたのは、農場の牧草地を横切って流れ、干し草畑の水を排出する役割を持つ小川だった。牧草地に青々とした草を茂らせるためには、この小川の底の泥を取り除いて水位を下げておくことが大切になる。さもなければ、徐々に土地はイグサだらけになってしまう。いったん掃除しても、数年もしないうちに川底にはまた泥と石が堆積する。土地の現状を維持したければ、自分たちでなんらかの努力をしなければいけない。この地域の景観は、自然に保たれているわけではないのだ。祖父や父は敷地内にあった昔の排水溝の位置をすべて把握しており、それを誇りに感じていた。小川の沈殿物を取り除くと、大昔に使われていたテラコッタの排水溝が姿を現し、再びぽつぽつと水が流れはじめることがあった。ときには、なかが空洞になった長い木の幹が出てくることもあった。中央で真っ二つに割られたその木は、かつて排水溝を作るために地中に逆さまに置かれたものだという。たまに、何世紀も前の住民が造った、いびつな形の石製の排水溝が掘り出されることもあった。隣の谷の中腹には三〇〇〇年前の農場の遺跡群があるのだから、驚くことではない。

*

昔、自宅から三、四キロ離れたパブにたびたび集まっていた友人たちと一緒に、くだらない遊びで盛り上がることがあった。一度、二五キロほど離れたフェルに雪が降っているという話をパブの客から聞くと、すぐさま車で行ってブーツに雪を詰めたことがあった。町に戻ると、地元のナイトクラブが閉まる時間を見計らい、通行人に雪玉を投げつけた。町中には雪など見当たらない穏やかな夜だったので、いったい何事かと誰もがいっとき戸惑った。ところが、年上の男たちのグループに見つかったとたん、雰囲気は一変した。飛び蹴りをお見舞いしようと男たちが通りを走ってくると、私たちは一目散に逃げ出した。頭のなかには、『トレインスポッティング』のイギー・ポップの曲が流れていた。男たちがアスファルトを踏みつける足音を背中に感じながら、家々のあいだの小道を疾走し、私は命からがら逃げきった。

いつも誰かがまちがった相手と喧嘩かセックスをする――そんな毎日だった。親友のひとりは立ち上がれなくなるほど泥酔することがよくあり、そのたびに救急病院に連れていかなければいけなかった。親友の姿を見るなり、看護師たちがぶうぶう文句を言ったものだ。だいたい月に一度、その友人は石垣や塀から落ち、顔をしたたか地面に打ちつけた。

いつものようにほかのグループと喧嘩になった夜の翌日、警察から電話がかかってきた。聞けば、喧嘩の相手グループのひとりが死んだという。私たちとの喧嘩のあと、その男は別の集団と喧嘩になり、そこで命を落とすことになった。こちらのグループとは無関係だと警察は把握していたものの、簡単な事情を訊かれた。私たちが暮らしていたのは、そういう類の北の町だった。

ある土曜日の夜、仲間たちと一緒にフィッシュ・アンド・チップス店を出ると、脇の小道で顔見知りの男が誰かを殴っていた。どうやら相手は気絶しているようだ。私たちが制止すると、殴られていた男は立ち上がってよろよろと歩き去った。吐き気がした。いつ何が起きてもおかしくなかった。仲間の誰かが捕まって刑務所行きになれば、そこでゲームは終わる。喧嘩に明け暮れる日々などもう送りたくなかった。

酒、喧嘩、セックス……眼のまえに広がる未来は、私の理想とするものではなかった。だとしても、何をすればいいのかわからなかった。学校を離れた直後の明るい希望は、どこか遠くに消え去ってしまった。

そんなある夜、仲間と参加したあるパーティーで、妹の友人のヘレンという女の子と出会った。赤毛の美人だった。私は二一、彼女は一八。勉強家で読書家のヘレンは、私の知らないことをたくさん知っていた。賢く、自信に満ちた彼女は、なぜ私が自信を失いかけているのか理解できなかった。ヘレンと一緒にいると、私はありのままでいられた。そのうち、別の人間を演じる自分に疲れてきた。私でも努力すればなんでもできる、とヘレンは信じてくれた。それが、すべての扉を開けることになった。

二〇年前に出会った瞬間に、私はヘレンのためにまっとうな人間になることを誓った。彼女は私たちの人生を価値あるものに変え、私を実際以上にいい人間に変えてくれた。それまで頭の悪い遊び仲間だった私の急変に、友人たちはびっくり仰天した。町のパブにヘレンがいれば、私は仲間たちから離れた席に移って彼女と話し込み、そこを動こうとしなかった。もう、遊びまわる生活はイヤだった。バカをしてみんなを喜ばせる代わりに、私はまったくちがう世界に飛び込んだのだった。

＊

地元のパブの暖炉脇の棚には本が並べてあった。とはいえ読む人は誰もおらず、本の模様の壁紙と化していた。ときどき、私は眼に留まった本を借りることがあった。小声で店主に許可を取ると、誰にも見つからないようにこっそりジャケットの内側に本を隠した。この地域では、読書はダサい人間がすることだった。

パブの常連客のひとりに、朝鮮戦争に赴いた元軍人がいた。彼は機関銃部隊の一員として、数えきれないほどの中国人兵士を無差別に撃ち殺したという。ある夜、雄叫びを上げながら谷の斜面を突撃してくる敵を機銃掃射すると、あたりは夜通し泣きわめく男たちと死体で埋め尽くされた。イギリス人兵士たちは、その阿鼻叫喚の地獄で夜を越した。この話をするあいだ、老人の手はかすかに震えていた。

ある日、私はパブの本棚から一冊の本を取り出した——第二次世界大戦の回顧録で、著者のドイツ人戦闘機パイロットは、ヒトラーのために闘ったことを後悔していないという変わり者だった。すると、朝鮮戦争の退役軍人が本の内容について尋ねてきた。彼は本をちらりと見てから、「おまえたち若者は知識がなさすぎる。どうせ表紙の飛行機が何かも知らないんだろうが」と言った。友人たちはきょとんとしている。どうやら老人は、私たちに一席ぶつつもりらしい。

「メッサーシュミット１０９」と私は言った。

「なんだって？」と老人。

「メッサーシュミット１０９……Ｇ２／Ｒ２じゃないかな」

沈黙。口から出まかせかと思ったのか、店内の誰もが不気味そうな視線を向けてきた。

それから、視線は老人のほうに移った。退役軍人の男はうなずき、にやにや笑い出した。

数週間後、地元のパブで恒例のクイズ大会が開かれた。優勝するのは教師やホワイトカラー軍団と相場は決まっており、これまで私たちのグループが参加したことはなかった。実際、彼らの知識量はすさまじかった。イベントのあいだ、私たちは席で酒を飲みながら談笑し、たまにプール（ビリヤード）をやって時間を潰した。しかしその日、「第二次世界大戦の問題が出れば勝てるかもしれない」と友人のひとりが言い出した。二時間ほどあと、私たちのチームは優勝まであと一歩のところまで勝ち進んでいた。クイズに答えるのはほぼ私ひとりだったが、友人たちは満面の笑みを浮かべ、「ずいぶん簡単なクイズばかりだな」などと言ってカウンター席の教師たちを挑発した。ほかの参加者たちも、不思議そうな顔でこちらを見つめていた――いったいぜんたい、どうして村のクソガキたちがパブのクイズ大会で勝ってるんだ？　結局、「一般知識」の最終ラウンドまで優勝争いはもつれたが、一ポイント差で負けてしまった。勝負を分けたのは、一度も聞いたことがない一九六〇年代のテレビ番組についての問題だった。

その夜、友人のひとりが言った。「おまえ、こんなところで何やってるんだよ……俺たちみたいなバカとつるんでどうするんだ？　大学に行って、もっと利口なことをしろよ！　あの教師連中よりもおまえは頭がいいんだぞ。こんなクソ田舎なんか出て、何かしたほうがいい」

私は不安に駆られた。友人たちとちがう人間になどなりたくなかった。彼らよりも賢いとか頭がいいなどと考えたことはなかった。クイズ大会はただのお遊びでしかなく、戦争関連の本を二、三〇冊読んだことを自慢しようとしただけだった。しかし、周囲の人々がある人間について新しい一面を見いだしたとき、後戻りできない事態に陥ることがあるものだ。

＊

状況は悪くなるばかりだった。父さんが購入した雄羊が発端となり、ふたりのあいだで長い喧嘩が始まった。私はその羊が大嫌いだった。振り返ってみれば、それほど悪い羊ではなかったのかもしれない。が、そのときの私には群れにふさわしくない羊だと思えてならなかった。首の一部に、本来あるべきではない黒い毛が生えていたのが気に入らなかった。父はたんなる痣だと考え、子供には遺伝しないと訴えた。私は真っ向から反対し、将来にわたって群れに恐ろしい影響を与えることになると主張した。まずは何匹かの雌羊と交配させて成り行きを見れば済む話だったが、この意見の相違がふたりのあいだで火種となって爆発してしまった。何週ものあいだ、私と父は喧嘩し、いじめ合い、卑劣な言葉をぶつけ合い、互いを試し、互いの欠点を炙り出し、人前で相手をやり込めようとした。ときどき、父を本気で殺したくなった。向こうも同じ気持ちだったにちがいない。何度かほんとうに殴り合いになり、まわりに止められたこともあった。

「もうやってられない」「農場を離れる」と私は宣言した。恥を忍んで撤回することもできたが、それでは根本的な問題解決にはつながらないし、そもそも自分のプライドが赦さなかった。それまで私は、農場を早く離れて別の仕事をするべきなのに、長く留まりつづけた人々の末路を目の当たりにしてきた。彼らは決まって、無愛想なひねくれ者に少しずつ変わっていった。私自身がそんな人間に近づきつつあるのが自分でもわかった。とはいえ、何をすればいいのか見当がつかなかった。「履歴書」が具体的にどんなものかも知らなかったし、書く内容は「GCSE――やる気ゼロで不合格」「職務経験――ファーム」のふたつだけ。それに、私は金も車も持っておらず、いちばん近くの町から車で一五分もかかるど田舎に住んでいた。当時の私に人に負けない強みがあるとすれば、何も失うものがないということだけだった。

＊

ふたりの妹たちは、私よりもずっと勉強ができた。典型的なオールAの秀才で、試験結果の紙を胸のまえに掲げた写真が地方紙の一面を飾るようなタイプだった。ときどき、上の妹に宿題の手伝いを頼まれることがあった。妹としては、学校を中退した兄がたくさんの本を読み、幅広い知識を持っていることがおかしかったようだ。私の知識がほんとうに通用するのか、ふたりのあいだではよく冗談の種になっていた。ある夜、妹は歴史の宿題をやってみろと私を焚きつけ、自分は大切なデートか何かに出かけた。私は夜遅くまでかけ、（妹のワープロを一本指でタイプして）エッセイを書き上げた。数日後、妹はひどく腹を立てて学校から戻ってきた。普段の上出来なエッセイ以上のすばらしい出来だと教師がべた褒めしたというのだ。私は鼻で笑い、「学校なんてちょろいもんだな」と言ってバカにした。もういい、これからは全部ひとりで宿題をやると妹は宣し、さらにこう畳みかけた。たしかにお兄ちゃんに知識はあるとしても、私は少なくとも学校を辞めていないし、Aレベルだって問題なく取れる——。そのときから私は、なんとなくこう考えるようになった。もし望めば、私も大学進学に必要なAレベルの資格を取ることができるかもしれない。

＊

妹ふたりは、私ほど農場と強いつながりを持っていなかった。もちろん農場という世界の一員ではあったものの、現実が見えなくなるほど染まってはいなかった。妹たちはいつも、より現代的で冷静だった。この差が生まれた理由の一部には、私たちをとりまく環境が猛スピードで変わったことがあった。妹たちはそれぞれ四歳年下と八歳年下だったが、その差は想像以上に大きなものだった。くわえて、女の子だったということも大きい。息子とはちがい、畜産農家の娘たちの多くは人とちがうことを恥ずかしいとは考えない。いずれ家を離れて別の仕事に就き、人に認められること（あるいは別のファーマーと結婚し、自分の親と同じような仕事をしながら新たな家族を築くこと）が自分たちの役割だと自覚している。息子が学校を辞めて農場の仕事を手伝うことを誇りに思う昔ながらの家庭の親でも、娘には学校で勉学に励み、広い世界に飛び立って別の仕事に就くことを望んだ。最近では教育に対する姿勢も変わり、子供たちが学校に留まって別の人生を生きることを選択すると、農場を営む親の多くは誇りにさえ思うようになった（おそらく、ちょっとした安堵感もあるのだろう）。しかし、私が幼いころは状況が一八〇度ちがった。私の母は妹ふたりに自らの希望を託し、妹たちも抜群の成績でその期待に応えた。妹ふたりは地元の選抜制公立校（グラマー・スクール）に進学し、私とはまるっきりちがう学校生活を送った。私は決まってびりっけつだったが、妹たちはいつもクラスでいちばんだった。私たちが血のつながった家族であること自体、信じがたいことだった。

＊

二一歳のとき、私は地元の成人教育センター（私には、アダルトビデオの作り方を教える学校の名前にしか聞こえなかった）の夜間コースに申し込んだ。Aレベル取得のための二年間のコースだった。後日、担当教師から電話があり、GCSEの資格がないので入学は許可できないと告げられた。まずGCSEを取得し、それから申し込んでほしい、と。クラスが満席かどうかを尋ねると、そうではないと言う。私は三週間のお試し期間を設けてほしいとお願いした。まったく授業についていけず、ほかの生徒の迷惑になることがわかれば、三週間後に自分から退学する。その場合、支払った授業料は返金しなくていい。すると教師はわざと言葉を濁すように「イレギュラーではありますが、そこまで言うならいいでしょう」と答えた。それから週に一度、農場の仕事が終わると、私は両親の車に飛び乗って三〇分離れたカーライルに行き、夜七時から九時まで授業に参加した。

一週目、私はひどい緊張に襲われたが、イヤなら辞めてしまえばいいと頭のなかで繰り返し、なんとか自分を落ち着かせようとした。夜間コースのことは家族以外には隠し、家族にも他言しないように伝えてあった。ほかの誰でもなく、私は自分のために学校に通った。何かをやり遂げられると自分に証明したかった。そんな私に、教師はもっとも過酷なチャレンジを与えてくれた――端（はな）からできないと決めつけられることが、私はなにより嫌いだった。クラスには二〇人ほどの生徒がいた。老後の愉しみとして勉強する老人がふたり、履歴書の見栄えをよくしようとする若者がふたり、シングルマザーが一五人ほど。当時、求職中か就学中でなければ児童扶養手当を受給できないという摩訶不思議な制度があったため、シングルマザーが友人たちと週に一晩だけ学校に通うのが慣習となっていた。彼女たちは若く、陽気で、おしゃべりだった。望めばそれなりの成績を収めることもできたのかもしれないが、多くはコースにまったく無関心だった。私はそんなシングルマザーたちと同じ授業を受け、一緒にいる時間を愉しんだ。

しかし学校を離れて以来、私のなかで何かが変わっていた。今回、私は自ら選択し、教室にいることを望んだ。以前とはまったくちがう感覚だった。教師が質問をすると、だいたい沈黙が訪れる。教室のうしろのほうに陣取る女性たちは完全無視。数少ない熱心な生徒が答えようとするが、不正解。それから、私が正しく答える。それまでに読んだ本の中身を思い出せば、簡単な問題ばかりだった。何度か授業を受けてみると、教師よりも私のほうが詳しい科目さえあるのではないかと感じることもあった。私はその時点で、さまざまなテーマに関する学術的議論について知っていた。教師も、私が積極的に発言することをあと押ししてくれた。始まって三週間後、このままコースに残って勉強を続けてもいいか尋ねると、「バカなことを言うな」と教師は一喝した——私の成績はオールAだった。

それから毎週のように、授業後に教師は私にいろいろと質問をするようになった。なぜGCSEの資格を持っていないのか？　普段どんな本を読むのか？　仕事は？　大学に進学する気は？　オックスフォードやケンブリッジ大学を受けてみる気は？　私は最後の質問を笑い飛ばした。「まさか。学生は大嫌いですから」。実際、大嫌いだった。

大学に行きたいと思ったことは一度たりともなかった。大学に進学した知り合いも少なからずいたものの、以前より賢くなって戻ってきたとは思えなかった。むしろ、無駄なことばかり持ち帰ってきたように見えた。それどころか、彼らはもう地域に溶け込むことのできない人間に変わっていた。それでも、教師の言葉は私の心をたしかに揺り動かした。ほかの場所に行きたいなどと考えたことはなかった。それは本心だった。けれど、読書によって得た知識を教師がここまで褒めてくれたということは、そこに新たな選択肢が隠れているのかもしれない。当時の私に必要なのは選択肢だった。読書とAレベルの勉強は私にとって現実逃避のためのツールであり、自分の力でコントロールできる何かだった。私は、より広い世界についての何かを発見しようとしていた――私がこれまで経験してきた以上に、もっと大きなレベルで自分の運命を決めることができる。もっと本を読み、もっと勉強し、もっと深く物事を考え抜き、ほかの人たちよりもたくさん書き、たくさん意見を言えば、勝つことができる。しばらくのあいだ私は、この新たに発見した自由に心を躍らせ、解放感に酔いしれた。家族にも農場にも自分以外の誰にも関係ない何かを得意とすることに、言いようのないスリルを覚えた。

＊

ひとつ、小さな問題があった――私は、手書きで文章を書けなかった。学校でも文字を書くのはいつも苦手だったし、学校を離れてから九年間はほとんど何も書く必要がなかった。書くとしても、羊の数の記録や短い作業メモ程度で、それもすべてブロック体の大文字で書いた。夜学で毎週出されるエッセイ課題は、ワープロのキーボードを一本指でタイプして書き上げ、Ａ４用紙にきれいにプリントアウトして提出した。しかし試験の一ヵ月ほど前、私はある事実に気づき、顔に強烈なパンチを食らった――試験中はエッセイを手書きしなくてはいけない。それも、ブロック体の大文字だけではダメだという。そこで、ヘレンが用意してくれた模擬テストを使って、手書きでエッセイを書けるかどうか試してみることにした。

三〇分後、私は解答用紙を放り投げ、部屋から飛び出した。私の筆跡はほとんど判読できない代物だった。おまけにペンを握ること自体がむずかしく、文字を書くことだけに全神経を集中させる必要があるので、エッセイの内容について考える余裕がなくなってしまった。なにより恐ろしいのは、がんばってペンを強く握れば握るほど、状況がさらに悪くなったことだった。手が痙攣しはじめ、汗が噴き出し、頭が混乱し、完全なパニックに陥った。とにかく、恥ずかしかった。すべての答えを知っているのに、それを書くことができないなんて、どれほどの愚か者だというのだろうか？

その後、ヘレンが買ってきてくれた子供用の文字練習帳でいやいや練習を続けると、他人が読めるくらいの文字が書けるようにはなった。しかし現在でも、五単語以上を手で書けと言われると、冷や汗がどっと湧き出てしまう。

学校を離れて以来、私は農場で働きながら、地元の村の家々を購入した頭脳労働者たちを観察してきた。彼らはみな、私が数ヵ月かけて手にする金を、わずか一週間で稼ぎ出すような人々だった。どうやら、そのゲームに参加するには学歴が必要らしい。私もその流れに乗ってみることにした。大嫌いな世界にあえて飛び込み、自分をペテンにかけることにした。ペテン師になるなら、一流のペテン師になりたかった。やりたくないことをやるなら、なるべく大きなことをやってみたかった。そこで私は、オックスフォード大学に入学できるか試すことに決めた。もし合格すれば、実際に通ってみてもいい。もし不合格であれば、その時点ですべての計画を終わりにする。数ヵ月後、努力した成果はすぐに現れた。無事に一科目でAレベルの資格を獲得し、ほかの教科の学習も順調に進んだ。くわえて、大学への出願に向け、担当教師が熱烈な推薦状を書くことを請け合ってくれた――一種の〝機能不全の天才〟であるジェイムズ・リーバンクスに、ぜひ第二のチャンスを与えてほしい。

オックスフォードの町を訪れたことはなかったし、似たような場所に行ったこともなかった。私に入学のチャンスがあるということ自体、いかにも滑稽な話に思われた。

しかし、面接試験はまるで夢のようにうまく進んだ。前に居並ぶ退屈そうな教授たちの集団は、「良い警官・悪い警官戦術」を使って私を論破しようとした。一八歳の少年であればまんまとやり込められていただろうが、二〇代前半で失うものもない私は難なく対処することができた。私と教授のひとりが口論を始めると、ほかの教授たちは嬉々として会話を愉しんだ。私は大の議論好きで、負ける気がしなかった。教授が感情的になっておかしなことを言い出すと、相手をからかって論理破綻を指摘した。規定の時間が過ぎて部屋を出るとき、私は教授陣に向かって微笑みかけた。「ファック・ユー、あんな議論なら一日じゅうやってやる」と言ってやりたかった。

教授たちの顔に浮かぶ笑みを見たとき、私は合格を確信した。

＊

父と私は囲いに羊を集め、競売市に出す子羊を選定していた。親指と人差し指で背中をつかんで歩かせ、羊毛越しに指を押しつけて脂肪のつき具合を確かめると、肉づきのいい羊を横の囲いへと移動させた。最高の状態の羊を見抜くには、熟練の技が必要になる。

大学に行くべきか、私は父に相談した。「絶対に行くべきだ」と父は答えた。「農場の仕事はおまえなしでも問題ない。むしろ、いないほうがうまく進むかもしれないな」と冗談交じりに笑顔でつけ加え、さらに言葉を継いだ。「戻りたくなったら、いつでも戻ってくればいい」

大学進学というこの出来事が、父と私のわだかまりを解いてくれたような気がした。突然、すべてが穏やかになった。前週までいがみ合っていたはずなのに、父はまた私の〝父さん〟に戻っていた。父にとって、私はもう脅威ではなかった。私が未踏の海に旅立つことを、父は父なりに理解しようとした。それに、どこかうしろめたい気持ちもあるようだった。正直なところ、私はほかの場所になど行きたくなかった。そう、父は気づいていたのだ。父子関係が破綻してしまったから、息子は家を離れるのだ、と。その夜、競売市から戻った父は上機嫌だった。私の大学進学の噂が村に広まり、仲間たちに「おまえの息子の頭のよさは母親からの遺伝だな」とからかわれたのだという。

つかの間、〝労働者階級のヒーロー〟として私は地元のパブでちょっとした有名人になった。同じ村で家族農場を営む友人のディヴィッドに進学のことを伝えると、彼はいかれた人間を見るような視線をこちらに向け、事務処理にミスがあったにちがいないと心配そうに言った。「だっておまえ、俺と同じくらいバカじゃん」。学校時代の私を知る人たちも、みな合点がいかなかったようだった。以前は私を田舎者だと見下していた中流階級の女の子たちが、突如として私に大きな興味を示すようになった。私も友人たちも、それがおかしくてたまらなかった。「好きな娘（こ）を選び放題だな」と言う友人もいた。私はただ笑顔で応えたが、ほんとうのところ、すでに一緒になりたい女の子は決まっていた。

＊

オックスフォード大学に入学して一〇日ほどたったとき、大学ならではの連絡方法があることにやっと気がついた。学生寮入口の門衛詰め所（ポーターズ・ロッジ）にそれぞれ学生の名前が記された整理棚（ピジョンホール）があり、そこにメモや手紙が投函されるシステムらしい。私の名前の棚には、歴史学部の教授陣からのメモがぎゅうぎゅうに詰まっていた。その文面から、彼らの苛立ちが日に日に増すのが感じられた――どうして初回ミーティングをすべてサボった？　くそ、最悪の展開だ！　正直、ずいぶんとのんきで静かな一週目だと不思議に思っていたのだ。最後のメモには、いますぐ面会に来なければ授業に参加する意思がないものとみなし、何らかの措置を講じることになると書いてあった。どうやら、私はあらゆる機会を逃してしまったようだ。歓迎会、飲み会、図書館の説明会、学生生活に役立つさまざまなイベント…

…。私は教授のもとに急ぎ、すべてを告白した。教授は「そんな愚かな人間がいるのか？」と言いたげな苦々しい表情を見せたものの、すぐに図書館に行き、締め切りが二日後に迫ったエッセイに取り組むように指示してくれた。ボドリアン図書館に直行したが、必要な本はすべて貸出中だった。

＊

一週間の基本的な流れはこうだ。教授と一対一のチュートリアルが週に一コマか二コマ。その二日前までに、前週の授業で提示されたテーマについてのエッセイを提出。毎週の授業では、A４用紙一枚に二〇冊以上の本のタイトルが並ぶ課題図書のリーディングリストが手渡される。学生の仕事は、課題図書や関連図書を読みあさり、内容を精査し、たぐいまれな独創性と問題に対する明晰な分析力に満ち満ちたエッセイを書くこと。最初のリーディングリストを受け取ったとき、私は教授に尋ねた。「一週間で二〇冊の本を読んで、さらにエッセイを書くなんてことがどうやったらできるんですか？」。すると、教授は「つべこべ言わずにやれ」と言わんばかりの表情をこちらに向けた。しばらくたって慣れてくると、指示どおりにすべてきっちりやるか、翌週に〝心理的体罰〟を受けないレベルで適当に済ませるかを自然と選択できるようになった。最初の三週間、私のエッセイには上から二番目の「2－1」という成績がついた（私のなかではBと同評価という解釈だった）。なぜ最高評価ではないのか教授に訊いてみると、悪くない出来ではあるものの、ほかの人の意見のコピーばかりで自分らしさが足りないという答えが返ってきた。それまで、自分らしさが成績アップにつながるとは考えたこともなかった。そこで点と線がつながった。オックスフォードの教授陣の誰もが、完璧な進学校出身の完璧な学生にうんざりしていた。北部出身の変わり者という事実は、私の最大の強みだった。それが私を興味深い人間に変えてくれた。完璧な人々に勝つには、彼らに真似できないことをやるしかなかった。

＊

ある日、隣の席に坐った教授が、実家の農場での生活について尋ねてきた。こんなとき、私はいつも教授たちの望みそうな話、つまり少し神話がかった話をするように心がけた。入学願書の職業欄には「湖水地方のフェルの空積み石垣職人」と記入したため、三年の大学生活のあいだ、教授から訊かれるのはだいたい同じ話ばかりだった――何年もフェルで働きつづけたあとにオックスフォード大学で学ぶということが、いかに大きな変化か。その晩、愉しい会話の最後に教授はこう言った。「きっと昔の生活が懐かしくなるときが来るだろうね」。農場の仕事を辞めたわけではないし、いずれ戻るつもりだと私が答えると、教授はひどく困惑した表情を見せた。

ほかの学生たちの印象を教授に訊かれ、みんな親切な人たちだと私は答えた。ただ、誰もが似通っていた。彼らはみな、人と異なる意見を持たなければと必死だった。挫折を経験したこともなく、常に注目され、いつも勝ちつづけてきた人たちだった。けれど、それは多くの人間の人生とはちがう。そこまで聞くと、「どうすれば解決できると思う？」と教授は言った。一年間、過酷な肉体労働をさせてみればいい、と私は答えた。鶏肉加工工場、トラクターでの肥料まき……。大学入学前の一年間のギャップ・イヤーをペルーで過ごすよりは、そのほうが多くを学べるはずだ。教授は「なんとウィットに富んだ冗談だろう」とでも言いたそうに笑った。私としては、冗談を言ったつもりは微塵もなかったが。

＊

当初、オックスフォードでの生活は私にとって奇妙なものだった。日がな一日なんの用事もなく、暇を持て余すのははじめての経験だった。朝起きたときに、その日何をしようかなどとそれまで一度も考えたことがなかった。それが突然、体内時計が始業時間を告げて眼が覚めても、私を必要とする人間や動物はいなくなった。まるで、他人で埋め尽くされた海にぽつりと浮かぶ島になった気分だった。やっと手にした自由はたいして愉しいものではなく、無意味でむなしく感じられた。そのうち、私は捕らえられたトラになった。檻の端から端まで延々と歩きつづけるトラになった私は、毎朝着替えると〝羊飼いごっこ〟に出かけた。オックスフォードの公園を何キロも歩き、広場を突っきり、ポニーが放し飼いされた牧場の脇を進んだ。それから大学キャンパスに戻ると、四分円を描くように敷地内を一周か二周した。あたかも私の身体と精神がこの行動を必要とし、この場所が農場であり、この動きが農作業だと認識しようとしているかのようだった。誰もいないキャンパスを抜け、八時ごろまでに私は部屋に戻った。その時間に家に電話するたび、家族たちはいかにも迷惑そうに対応した。みんな仕事に追われ、おしゃべりする時間などなかったのだろう。

誰も口には出さないものの、私が抜けたことによって、家族それぞれ（とくに母親）の負担が増えたことはまちがいなかった。そう考えると、ひどく申しわけない気持ちになった。そこで私は、大学をトップの成績で卒業するしかないと心に決めた。でなければ、家族みんなの期待を裏切ることになる。思い立ったその日から、早朝から夜の閉館まで図書館にこもるようになった。勉強をするときには、父さんや友人たちにどう説明すれば理解してもらえるか、という視点で考えるようにした。

ときどき、図書館の窓から射し込んだ陽光が眼をとらえると、外で働きたいという強い衝動が押し寄せることがあった。そんなときには、愛するものすべてから自分が切り離されてしまったような気持ちに包まれた。

二年目、ヘレンがオックスフォードに引っ越してきた。生活費を稼ぐために彼女が手作りケーキをカフェやファームショップに販売しはじめると、私もアシスタントとして手伝うことになった。開店する早朝に商品を届けなければいけないので、前夜寝るまえにケーキを焼いた。ひとつだけ問題があった。大学から借りた小さなフラットの台所がひどく狭く、幅一メートル、奥行き二メートルほどしかなかったのだ。そのため、部屋じゅうにケーキのトレーが所狭しと置かれることになった——レモン・ドリズル、チョコレート・ブラウニー、フラップジャック、ヴィクトリア・スポンジ。ヘレンとはちがって料理下手な私にできるのは、皿洗い、材料の攪拌、あるいは車への荷物運びくらいだった。ちょっとした小遣い稼ぎのつもりだったケーキ作りも、数週間のうちに注文がみるみる増え、対応するために夜中まで働くことになった。テーブルやソファーはケーキトレーの段ボールで占領され、本棚の隙間にはコーヒーケーキが差し込まれ、ベッドにもトレーが置かれる始末だった。

ケーキ作りのあいだ、たびたび大喧嘩になった。私がヘレンの指示どおり行動できなかったり、情けないほど小さなオーブンでケーキが焦げてしまったり、地下のフラットから車までの階段で私がケーキを落としてしまったり……。それでも、ふたりで協力し合い、生活費を確保するためになんでもやった。それから何年もたったいま、当時のことを思い出すたびに私たちは笑顔になる。振り返ってみれば、それはとても大切な時期だった。周囲に家族や知り合いがほとんどいない場所で、やるべきことに翻弄されることなく、ふたりの人生の土台を築くことができた。のちに結婚し、地元の農場に戻って子供が生まれると、当然ながら幾多のやるべきことに追われるようになった。人生は私たちのものである以上に、まわりの物事や人々についてのものに変わった。しかしその根底には、大学時代に築いた強い土台があった。

＊

農場を離れ、別の人生を送っていちばん不思議だったのは、すぐにたびたび帰省するようになったことだ。入学してすぐ、新たな大学生活には自由時間がたくさんあることに気がついた――週末、休日、夜。平日の昼間も、教室や教授のオフィスに常にいる必要はなかった。三学期制のオックスフォードの各学期は八週間で、合わせて二四週。つまり、一年の半分以上は帰省できることになる。学期中でも、週の半分を実家で過ごすことも珍しくなかった。もちろん、ほかの多くの学生たちとは疎遠になり、オックスフォードで新しい友達を作ることはむずかしくなる。だとしても、それは私にとってたいした問題ではなかった。

私はおがくずまみれのブーツで、ほかの羊飼いと押し合い圧し合いしながら囲いの内側に立っている。競り場に入るまえの雌羊が囲いに一時的に集められると、羊飼いたちは羊の最終チェックをする。その群れの購入を望むときには、会場への入口が開かれたあとも、私はその羊たちに注目しつづける。購入を望まない場合には、狭い通路を歩いてくる次の集団に注意を向ける。一カ月ぶりにオックスフォードから実家に帰ってきたのは、昨晩遅くのことだった。家にいること自体が不思議な感覚で、自分はもはや愛する土地の一部ではなく、訪問者のような気分になった。そのときはじめて、帰属感が〝参加〟によって生まれるのだと知った。その場所で行なわれる仕事に参加してはじめて、土地に属することになる。そこで今日、私は朝早く起きて羊の世話をした。三〇分仕事をするだけで、まるで脱皮するかのごとく、農場が自分の一部だと再び体感できるようになった。白霜(ライム)がおりた草は重たく、雌羊の背中は銀色に輝いていた。朝食の時間になって家に戻るころには、ブーツはびしょ濡れだ。朝食のあと、肌を刺す冷たい空気のなか、父と私は秋の景色を抜けてイーデン・ヴァレーの坂道を車で上っていった。霞(かすみ)のような陽光が、麓の窪地に横たわっていた。午後にゆっくり時間をかけてフェルの山肌を上がるまえに、いったん休憩しているのだろう。地衣類に覆われた石が、薄暗がりのなかで銀色に輝いた。生け垣には、血のように真っ赤なローズヒップの斑点模様。農場の家の煙突から、その日最初の薪の煙がさらさらとたなびいていた。

私の新しい人生では、日々や季節の移り変わりとは無関係のまま時が過ぎていく。そう考えると、胸を締めつけられる思いがした。実家を離れた一ヵ月のあいだに、景色は大きく変化していた。以前の生活では当たりまえだった小さな変化ではなく、むしろ大きな変化のほうが眼についた。このあたりでは、秋は猛スピードでやってくる。過ぎゆく日々が葉や草から色を奪い、緑の風景が茶色に変わる。フェルを覆うヒースも色を変え、最後にはチョウゲンボウの羽のような朽葉(くちば)色になる。

競売にかけられる雌羊の一団は、通路から騒がしい競り場に向かって次から次にテンポよく移動する。競り場のすぐ横の待機場所に新しい羊の一団がやってくるたび、場の興味は膨れ上がり、私はほかの羊飼いと一緒になって羊の状態を確かめる。今日の競売市では、フェル農場で育った「ドラフト雌羊」――「ミュール」と呼ばれる販売用の雑種の子羊を繁殖するための羊――を手に入れる予定だ。先代の祖父と同じように、私の父もミドルトン・イン・ティーズデールやカークビー・ステファンといった田舎町で開かれる小さな競売市に足を運んだ。私たちのお目当ては、ペナイン山脈で育った雌羊だ。この種の雌羊は、毎年秋になると、環境がより緩やかな低地の農場に移動するために売りに出される。競売会場のまわりの牧草地や道路は、駐車マナーの悪いランドローバーやトラックで埋め尽くされる。会場へとつながる道を、三世代の家族がそろって歩く姿を見かけることも珍しくない。腰を曲げ、がに股でとぼとぼと歩くフェル育ちの小柄な老人。その両脇には、五〇センチ以上も背が高い大柄な孫息子たち。つい最近まで、競売市を訪れるときには身なりをきちんと整えることがしきたりだった。出発するまえ、祖父は私の頭からつま先まで見やり、競売市にふさわしい服装かどうか確かめたものだ。祖父は決まってツイードスーツとネクタイ、ぴかぴかに磨いたブーツという恰好だった。ジーンズは許されたものの、セーターの下にシャツとネクタイという条件付きだった。

私は状態をチェックするために背中に触れ、色、毛、脚、頭を順に見て羊の質を見極める。最後に体を抱えて下唇を引っ張り、歯を確認する(羊の前歯は下顎にしか生えていない)。歯は多くのことを教えてくれる。子羊の乳歯は針のように尖って小さいが、一歳になると中央の二本の歯が大きな永久歯に生え替わる。翌年、中央二本の永久歯の両脇の歯が永久歯に替わる。さらにその翌年には、白いポートランド石製の小さな墓石のような歯が隙間なく生えそろい、ほぼ大人と同じ歯並びになる。歳を重ねるにつれて歯は細長く脆くなり、歯間に隙間が空くようになる。そのうちぐらぐらしはじめ、最後には抜け落ちる。歯がなくても草を食むことはできるが、さらに時間がたつと口が機能しなくなり、健康状態が悪化する。口が機能しなくなった雌羊は、自力で草を食む能力と子羊を産む能力を失ったことになるので、食肉用として売りに出される。

今日のような競売市では、囲いのなかに立って雌羊の口を確かめるのが私の役目だ。正しい判断が下せるようになるまで、何年にもわたって父がノウハウを教えてくれた。いまでは、父は競り場を見渡す奥の座席に坐り、私の判断をもとに入札する係を務めるようになった。今日の競売にかけられるのは大人の雌羊なので、歯はすでに生えそろっている。見極めなくてはいけないのは、その歯がこれから何年も持ちこたえるのか、それとも一年そこそこで抜け落ちてしまうのかということだ。羊の価値を決める指針となる年齢と健康状態は、歯によって判断されることが多い。〝良い歯〟の雌羊は群れで三年は活躍できるが、〝悪い歯〟の羊は一年しか持たないことがある。競売の日、私は朝からひたすら何百匹もの羊の状態を調べつづける。競り場の奥に陣取る父さんは私のほうを見てうなずき、合図を待つ──次に競りにかけられる羊は〝良い歯〟なのか、それとも入札は避けるべきか？　小さな笑みやウィンクは、羊の健康状態に問題がないという合図。適正な価格であれば、父はその羊の一部を競り落とす。小さく首を振ったり顔を背けたりするのは、買わないほうがいいという合図。こういった競売市では、羊一匹当たり二〇ポンド（約三六〇〇円）の価格差がつくこともある。大規模な農場は一〇〇匹単位でドラフト雌羊を売りに出すこともあるため、歯の状態などの小さな点を見定めて競り落とす羊を決めることが大切になる。

競売市で再会した知人の多くは、私が大学に通っていることを知らないし、私もあえて言わない。すでに噂を聞きつけた人たちは、私が正気を失ったのではないかとじろじろと見つめてくる。ひとりかふたり、私が何者なのかわからずに戸惑っている人もいる。「あれ、たしか大学に……」と口を開くが、私が何も変わっていないことに気がつき、また羊の話を始めるのだった。

優秀な群れのドラフト雌羊が売りに出されると、激しい争奪戦が始まる。ドラフト羊たちはもう若くはないものの、ずば抜けて優れた子孫を繁殖するチャンスを生み出してくれる。残りの寿命は二、三年、よくて五、六年といったところ。しかしそのあいだに、これまでの群れの雌羊よりも優秀な子羊を産む可能性があるのだ。そういったさまざまな理由により、フェル羊の飼育に新たに取り組もうとする人にとって、良い血統の羊を獲得するチャンスは限られることになる。優秀な群れで活躍する全盛期の「ストック雌羊」が売りに出されることはめったにないからだ。

要するに、一般的に競売市で競りにかけられるのは、〝商品〟としての最低限の価値を持つ平凡な羊たちということになる。多くは食肉用の子羊を繁殖するために購入されるが、質の高い羊が一定数含まれており、激しい競争とプライドのぶつかり合いが巻き起こることも少なくない。ここで販売される羊は、フェルの群れのなかで（まだある程度の体力は残っているが）もっとも老齢の雌羊か、あるいは繁殖能力の低さを理由に群れから間引かれた羊だ。群れの羊たちはベルトコンベア式に毎年秋になると入れ替わり、五歳から六歳の老齢の雌羊がベルトのいちばん上にたどり着いて群れを離れ、前年に農場で産まれた若い雌羊が代わりにベルトのいちばん下に乗る。年寄りの雌羊を販売し、若く新鮮な羊を新たに引き入れることによって、群れは一年ごとに再編成される（フェル農場の奇妙な特徴のひとつが、群れのなかでもっとも立派な雌羊たちを実際に眼にするのは、農場スタッフと近隣のフェルの羊飼いにほぼ限られるということだ）。

秋の競売市で最高値を獲得するという名誉のために、羊飼いたちはより質の高いドラフト雌羊を出品しようと互いに競い合う。ドラフト羊は全盛期の若い雌羊ではないものの、それでも高値で取引されるため、農場の収入の大部分を占めることになる。くわえて、販売価格はそれぞれの農場の群れの質を外に知らせるバロメーターになる。競売に出したドラフト羊の歯の状態が悪く、年老いて痩せ細っていれば、農場の羊全体の質に疑問符がついてしまう。歳を重ねても体が丈夫で、歯も健康状態も良好であれば、農場そのものの評価が上がる。ベテランの羊飼いのなかにはこう断言する人もいる――ある雄羊の評価は、その娘たちがドラフト羊として売られるとき、つまり雄羊が購入されてから六、七年後に決まる。

注目の羊の競りが始まると、たくさんの人が集まってくる。友人のライトフット家の面々が一〇匹の立派な雌羊を連れて競り場に進むと、まわりを五重六重に取り囲む男女がその羊をじっとのぞき込む。白と黒に輝く頭と脚、そして体とのコントラストがじつに美しい。ライトフット家は地域でも名高い羊飼い一家で、彼らの農場で古くから引き継がれる羊の群れの質の高さは誰もが知るところだ。そのような偉大な農場の名前は人々に敬意を込めて呼ばれ、羊たちはきわめて慎重な扱いを受ける。また、最高の状態で出品するために、準備にも何時間も費やされる——泥炭を混ぜた水のプールで毛は染められ、白と黒の鼻と脚はきれいに洗われ、ほつれた毛は毛抜きで引き抜かれる。一般的なドラフト羊の落札価格は一四一〇〇ポンド程度（約二万八〇〇〇円）なのに対し、実績のある農場の羊は一四三〇〇ポンド（約五万四〇〇〇円）で取引されることもある。そんな農場自慢の羊について、人々は愛情を込めて語り合う——「あの雌羊は歳を取ってしまったけど、ほんとうに特別な女の子さ。去年、三〇〇〇ポンド（約五四万円）で売れた雄羊を産んでくれたんだ」。これらのドラフト雌羊はすでに特定の土地に定住させた羊なので、二度とフェルに戻ることはなく、低地の囲いのなかで人の手を借りながら飼育される。

＊

父が肉用のこぎり——精肉店などで骨を切断するのに使われる白い柄付きのこぎり——を巧みに操る。私は元気いっぱいの雄羊の体を押さえ込み、臀部を囲いの隅に押しつける。自分の膝を羊の胸に押し当て、その首をこちらの体に巻きつけるように強くねじり、父が切断しやすいように角の角度を調節する。雄羊が興奮して体をぐいぐい動かすたび、私たちの体も少しずつ前のほうに引っ張られる。なるべく羊が動かないように私は力のかぎり押さえ込むが、羊がのたうつたびに父は悪態をつく。

スウェイルデール種の雄羊には、アンモナイトのような渦巻き状の角が生えている。大人になるまで角は伸びつづけ、最終的にはひとつ（あるいは、ふたつ）の渦巻きができあがる。秋になって血気盛んになると、雄羊たちは互いにあとずさりして距離を置き、頭を下げて相手に向かって突進し、ふたつの巨石が衝突するような大きな鈍い音を立てて頭突きし合う。ときに衝撃で首の骨が折れ、どちらか一匹が微動だにせず静かに横たわり、そのまま死んでしまうこともあるほどだ。だいたいの雄羊の角は、眼や頭に当たらない安全な角度にカールしているので、放っておいても問題はない。しかし、なかには角が途中で折れたり、誤った方向にねじれたり、頭部にのめり込んだり、早く伸びすぎて角の基部にハエが集（たか）ったりすることがある。

そのため、群れの羊の安全を護るべく、羊の角を〝矯正〟することがある。たとえば、皮膚に角が食い込むのを防ぐために、頭部にもっとも近い先端の一部を切り落としたり、角を温めて安全な向きに曲げたりする。場合によっては、特別な器具を使って頭部から角をゆっくりと遠ざけることもある。角と角を鎖でつなぎ、日々少しずつ小さな圧力がかかるようにボルトを締めると、最後には本来の位置で角が固定される。もし角が極端に頭に接近しているときには、大惨事になるまえに角を切断しなくてはいけない。出血がともなうこともあるが、たいていはすぐに止まる。羊の安全を第一に考えれば、切断が最善策というケースもあるのだ。

死んだ雄羊（あるいは老齢の羊）の角はのこぎりで切断し、牧羊杖の柄として再利用する。ニスを塗ってハシバミの棒に継ぎ目なくつなぎ合わせれば、緩やかな曲線を描く杖の完成だ。昔の農場では、何ひとつ無駄にされることはなかった。村の老人やベテラン羊飼いたちは、角の柄に羊や牧羊犬の頭の絵柄を彫り、杖に美しい装飾を加える。とりわけ上等な杖は実際には使われず、装飾品として飾られることが多い。

競売市の競り場に立つときには、私は牧羊杖を使って雄羊の注意を惹きつける。さらに、杖の先で鼻先を軽くくすぐって羊の頭を起こし、より元気で堂々と見えるように工夫する。牧羊杖は、いまも昔も変わらず農場での仕事には必要不可欠なものだ。杖は羊飼いの腕の一部であり、杖なしでは羊を捕まえることもできない。羊の走る速度は人間よりも速いものの、人との距離を置けば安全だと感じて逃げ出すことはない。つまり牧羊杖を使えば、羊を驚かせない一定の距離を空けたまま、首を捕らえることができるというわけだ。とくに冬のあいだは、毎日のように牧羊杖が活躍することになる。さらに春の出産時期には、日に何度も杖を使って羊を捕まえなければいけない（杖のほかにも、羊飼いは作業に欠かせない多種多様な道具や薬が入った薬箱をいつも携帯している——ペニシリン、腐蹄病予防用のスプレー、削蹄ハサミ、マルチビタミン剤、毛刈りハサミ、注射器、針、駆虫剤、ハエ忌避剤）。

二歳の息子アイザックは、牧羊杖が羊飼いという存在の一部であることをすでに認識している。息子自身、杖作り名人の羊飼いに特別に作ってもらった自分専用の杖を持っている。毎秋の競売市では、この名人が作った美しい杖が何本か競りに出され、いつも高値で落札される。渦巻き状の角の柄がついた典型的な杖に、一風変わった木製の杖。彼の作る美しい杖は、多くの人にとって憧れの品だ。制作者の羊飼いはこれまでに何百本もの杖を作って販売し、その利益を慈善団体に寄付してきた。

*

昨年のある日、この杖作り名人の老人の家に同行し、仕事について話し合いをすることになった。私と息子が乗り込むなり、老人はラングデールに続く山道に車を走らせた。一時間ほどたって農場にたどり着くと、眠り込んでいた息子が眼を覚ました。老人の住むファームハウスは古風ではあるものの、絵はがきと見紛うほどの美しさだった。彼は私たちを台所に通し、手製の牧羊杖を見せてくれた。競売市での販売に向け、几帳面に並べられた何十本もの杖。ニスを乾かすために、黒いオーク材の梁に逆さまにぶら下げられた杖もあった。老人は、彼の牧羊犬がいかに優秀かを語った。朝食のあいだ、キッチン・テーブルに坐ったまま指示を出すだけで、犬は裏山を駆け上がり、崖に隠れた羊たちを集めてくるという。

当然のことながら、老人は自らの杖作りに誇りを持っていた。作り方は父親から教わったのかと尋ねると、彼は否定して「すべて独学だ」と答えた。それから外に出て、納屋の作業場へと案内してくれた。室内には、制作中の各段階の杖が置いてあった。紐で結われたハシバミやブナの棒の束が、作業台に立てかけられている。万力に挟まっているのは、いま作業中の美しい杖。少しねじれた角を、理想の形に曲げる作業をしているという。私としては、もともとの形のほうが個性的で好きだった。そう伝えると、「それは、あんたのために作ってる杖だよ」と老人は教えてくれた。数週間後、美しくニスが塗られた杖が私に手渡された。もとの角よりも緩やかな曲線に変わっていたが、たしかにそのほうが美しかった。それから、老人はアイザック用の杖を差し出した。半円状の角の柄がついた子供用の杖は、アイザックが寄りかかるのにぴったりの高さだった。

*

母が納屋に置かれた木製の椅子に坐り、眼鏡越しに小さな文字を読むように、羊の顔の前で少し身をかがめている。競売市に向けた準備のために、一匹のスウェイルデール種の羊が頭を固定され、木箱にぴったりと収まっている（頭のうしろを通してロープで顎の下を固定すると、だいたいの羊は静かにその場に佇む。はじめは少し抵抗するものの、すぐにあきらめてこちらの作業が終わるのをじっと待つ）。女性が眉の手入れに使うような毛抜きを握る母は、「トンシング」と呼ばれる作業――羊の顔の毛の一部を抜き、白と黒の色合いの差をよりはっきりさせる――の真っ最中だ。

スウェイルデール種の羊の顔には、理想とされるパターン、色、スタイルが存在するが、完璧な羊はめったに現れない。そこで誰もがちょっとズルをして、少しでも理想のパターンに近づけようと顔の毛を引き抜くのだ。スウェイルデール種を飼うイングランド北部一帯の農場の納屋では、この時期、誰もがこの毛抜き作戦に精を出しているはずだ。知り合いの羊飼いは、ある一四の毛抜きに四〇時間以上も費やしたことがあるという。本人からその話を聞いたとき、私は「頭がいかれてる」と笑い飛ばした。すると、彼はこう答えた。「まあ、そうかもしれない。けどな、あの雌羊を見たらおまえにもわかる。毛抜きが終わったあとの美しさと言ったら……その年の品評会はすべて優勝したよ」

太陽の光が母さんの髪の毛を明るく照らし出す。母は家族のなかでいちばん辛抱強く、注意深い性格の持ち主であり、この奇妙な仕事の担当にはぴったりだった。父さんなら、二〇分で投げ出してしまうにちがいない。もちろん、昔からなんら変わらない光景ではあるものの、大学から一時帰宅して新鮮な視点で観察すると、より大切さを痛感するようになった。このような小さなことの積み重ねが、私たちの生活を支えている。これまで以上にそう感じることができた。

＊

オックスフォード大学の学生になったとたんに私は、帰省するたびに村の読書クラブや夕食会に招待されるようになった。小道で隣人に出くわすと、誰もが時事問題について語ろうとした。

友人と町に出かけると、急にオックスフォードについて質問をしてくる人がいた。彼らは友人たちを完全に無視し、にこにこと笑いながら大学の話を聞きたがった。どうやら、私は〝利口な人間〟として再分類されたようだ。しかし、その分類は私にとって心地いいものではなく、それまで疑っていた多くのことを裏づける証拠でしかなかった。

＊

晩秋の白露に濡れた牧草地は銀色に輝き、羊が走って踏みつけた場所だけ、露が飛び散って緑色に戻っている。肌を刺すような冷気のなか、私たちは囲いのなかで作業を進める。父の牧羊犬マックは、木製ゲートの下に頭をくぐらせて地面に這いつくばり、囲いの内側を興味津々で見つめる。どの雌羊をどの雄羊とペアにするかの選択――最高の子羊が産まれるよう、互いに足りない部分を相補い合う特性を持った二匹を選び抜く複雑な作業――は、羊飼いにとって一年でもっとも大切な仕事だ。私たちは眼のまえの囲いを満たす雌羊たちを見つめ、頭のなかで比較検討する。去年の秋、どの雌羊と雄羊の組み合わせが最良の結果につながったか？　この秋に購入した新しい雄羊と相性がよさそうな雌羊は？

より交尾がしやすいように、一週間前に雌羊の尻尾の付け根の毛を刈っておく（羊毛の下着を脱がせるようなもの）。さらに洗羊液に体を浸し、寄生虫を駆除し、ミネラル・サプリメントと肝蛭症（かんてつしょう）を防ぐ薬を与える。それが、交尾のまえの最後の正念場。そして当日の仕事は、雌羊を正しい雄羊と組み合わせ、翌年の春により立派な子供が産まれる確率を増やすことだ。私たちはこれを「雄羊の解放（ラウジング）」と呼ぶ。簡単に言えば、雌羊の集団のなかに一匹または数匹の雄羊を放つということで、無事に交尾が済めば五ヵ月後に子羊が産まれる。

仕組みはじつに単純。ところが、販売するための立派な種羊や雄羊を繁殖させ、同時に優れた群れの特性や質を保つことは、驚くほど複雑でむずかしいことだ。それを知る作家たちは、「羊飼いが〝叡智の手〟を持つ」などと表現することがある。羊飼いの仕事を敬い、その職人技を称えた言葉なのだろうけれど、私はこのフレーズが好きではない。

交配の作業を手伝うため、私はいつものように短い時間だけオックスフォードから大急ぎで駆けつけた。その日の農場での作業は、ここ数週のあいだに大学で取り組んできたいかなる課題よりも、知的意欲を掻き立てられる仕事だった。農場ではその場で判断を下し、頭と手を同時に動かさなくてはいけない。帰省するたび、すぐに頭を切り替えることができず、心が落ち着かない数分間があった。そのあいだ、直前に大学で学んだことを反芻することもあれば、つい最近学んだ驚くべき情報を父さんに伝えようと頭のなかで考えることもあった。しかし私が羊を捕まえ損ねると、父さんは辛辣な視線を寄こした――「おまえは実家の農場にいるんだぞ。眼のまえのことに集中しろ。でなきゃ、とっとと失せろ」。そこで、私はもうひとりの自分のスイッチを切った。数分もたつと、以前と変わらずに作業を進めることができるようになった。そう、羊飼いたちは愚かなのではなく、ほかの人たちとはちがう波長で物事をとらえているのだ。

*

この時期、足元を走りまわる雌羊たちの体は最高の状態になる。子離れしたあとに八週から一〇週のあいだゆっくり過ごすと、雌羊は健康と体力を取り戻して丸々と肥る。これで冬への準備は万端だ。前年のこの時期、父と私は喧嘩ばかりだったが、今年はちがった。意見が分かれると、私はいままで以上に父の意見を受け容れるようになった。そうやって私が自分を抑えると、父はこちらの意見により耳を傾けてくれた。昨年の秋に父が購入したスウェイルデール種の雄羊の子供たちは、毛色は美しかったものの、体のサイズが小さめだった。そこで今年は、その雄羊の欠点を補う能力と性質を持つ雌羊を選び出して交配させなければいけない。同時に近親交配を避けるために、農場に以前からいる雄羊と血縁関係のある雌羊を選り分け、新たな交配相手をあてがうように気をつける。

私たちはそれぞれの雌羊の血統や成長過程、その年（ときに前年）に産んだ子羊のことまですべてを把握している。何週間か農場を離れても、その記憶が薄れることはなかった。なんと言っても、私はその雌羊たちの出産に立ち会い、毎年の毛刈りの手伝いもしてきたのだ。ときおり記憶が頭からすっぽり抜け落ちてしまうと、羊の耳標やぼろぼろになった古い父のメモ帳を確認する。そんなとき、父さんは取り繕うようにあえて大声で言う。

「俺が買ったジェフ・マーウッドの雌羊から産まれたやつだ。いかんいかん、俺としたことが忘れるとは。今年は、体格のいいユーバンク農場の雄羊と交尾させてくれ」

私の祖父はすべての雌羊についてのあらゆる情報を記憶しており、その羊がどこで子供を産み、子羊がいくらで売れたのかを滔々とまくし立て、よく私たちを困らせた。今日は父と私が順番にコメントを言い、判断を下していく。これから一年ほどのあいだ、私たちは今日の判断をしかと記憶に留め、どの時点で失敗したのか（あるいは、成功したのか）について互いに確認し合うことになる。

ときに、まったくの偶然の組み合わせによって秀でた子羊が産まれることもあるものの、羊飼いによる計画的な交配が最良の結果へとつながることがほとんどと言っていい。つい最近まで、私の群れには優秀なハードウィック種の雄羊がいて、長年にわたって質の高い羊を生み出しつづけてくれた。その雄羊は老齢だった。交尾できても一〇匹がいいところで、それ以上の雌をあてがうと死んでしまっていただろう。群れ随一の優秀な雌羊の一匹とその雄羊とのあいだに産まれた体格のいい子羊は、去年、一九〇〇ポンド（約三四万円）という高値で競り落とされた。さらに次の年も同じ組み合わせで交尾させると、翌春、雌羊はかつてないほど優秀な子羊を産んだ。その年の冬に雄羊は老衰で死んだが、その血を引き継ぐ特別な息子がこれからも群れに子孫を残しつづけてくれる。

親友のアンソニー・ハートレイの農場には、私が愛してやまない一匹の雄羊がいる。彼は決してその雄羊を売ろうとはしなかったが、三年前、私たちの農場の雌羊五匹と交配することを許可してくれた。私は五匹を慎重に選び抜いた。おそらく、これまでの人生でもっともいい仕事をした瞬間だったにちがいない。二年後、その子供を競売市に出品すると、一匹目の雄羊が五五〇〇ギニー（約一〇四万円）、二匹目が二〇〇〇ギニー（約三八万円）、三匹目が九五〇ギニー（約一八万円）で競り落とされた。同じ血を引く雌羊の一匹は品評会用の羊となり、家の暖炉の上にはこれまで獲得したたくさんの銀杯が並んでいる。しかしほかの全員のファーマーと同じように、私たちもたびたびペアリングに失敗し、そのたびに月並みで平凡な羊がごまんと産まれてきた。牧畜生活を中心とした生活では、数限りない失敗があるからこそ、小さな勝利が大きな意味を持つようになる。

一、二時間かけて雌羊を各グループに分けおえると、交尾の相手となる雄羊を囲いに放つ。雄羊たちはもったいぶってあたりを歩き、ゲートを頭で突き、前脚で地面を踏み鳴らす。何が始まるのかは、みんな気づいている。ここ数週のあいだ雄羊たちのホルモンは上昇し、毛が逆立った状態がずっと続いてきた。去年のクリスマスに繁殖の仕事を終えて以来、雄羊はただ食べ、飲み、寝て、喧嘩し、麓のインテイクや谷底の牧草地で悠々と暮らしてきた。そんな羊たちがいま、荒々しく互いに頭突きし、相手の体に飛び乗ろうとしている。

囲いに放つ種雄羊の胸部にはまえもって明るい色の油状のペーストを塗り、交尾した雌羊の背部に同じ色の印がつくようにしておく。繁殖季節の雌羊の性周期は一六〜一七日で、その期間が終わるたびに雄羊につけるペーストの色を変える。雌羊が妊娠すれば、背中についた色はそのまま。しかし妊娠せずに発情期が再び始まると、また雄と交尾をするので背中につく色が変わる。この一連の流れを見守ることによって、雄羊の生殖能力に問題がないか、雌羊がどの性周期で妊娠したのかを見分けることができる。通常、雄羊は発情期の雌羊をすぐさま見抜き、まるで久しぶりに交尾するかのように相手を執拗に追いかけてセックスする。私はその様子を頭のなかにメモする。妊娠した順番を覚えておけば、五カ月後に出産するだいたいの順番を把握することができるからだ。

それぞれ割り当てられた牧草地につながる道に羊たちを移動させると、雄に追いかけられた雌羊たちは全速力で駆け出す。待ちきれなくなった雄羊が、逃げる雌羊の背中に飛び乗ることも多い。雌羊たちが頭を下げて牧草地の草を食み出すと、雄羊は順に雌に近づいて尻尾のにおいを嗅ぎ、ときに体を軽く蹴る。雌羊が逃げ出さずにその場に留まれば、発情中であるサインだ。すると雄羊は頭を高く突き上げ、雄ジカのようにフェロモンを嗅ぎ取ろうとする。父と私は群れの様子を日々チェックし、一日おきに雄羊を捕まえて胸の顔料を上塗りする。雄羊の生殖能力や性欲に少しでも疑問を感じたら、すぐに別の雄羊に替えなくてはいけない。翌春に元気な子羊が産まれること――それこそが農場にとってなにより最優先の課題となる。

交配期間は約六週間。そのあいだ雄の胸部に塗る顔料を赤、青、緑と三回変えながら、雌羊と種雄羊を同居させる。六週たったあとの雄羊はたいてい疲れきっており、なかにはしばらく休息を必要とするほど疲れきった羊もいる。この期間中、若い雄羊は一五匹から二〇匹の雌羊と交尾する。もっと年上の体力旺盛な種羊になると、一〇〇匹以上と交配することも珍しくない。六週のあいだ雄羊たちは二〇エーカーほどの牧草地を一日に何度も周回し、草を食む時間も惜しんでより多くの雌羊と交尾しようとする。最後にはもうくたくたで、体重が減ってがりがりになる雄羊もいる。体力を使い果たした雄羊たちは、こちらが捕まえようとしてもほとんど抵抗しない。今年の繁殖期が終わったことに、自分でも気づいているのだろう。

＊

この秋、ペアリングの選定作業のあいだ、農場でもいっとう立派な雌羊が、自分がボスだと知らしめるかのように私たちの前に銅像のごとくじっと佇んだことがあった。優れた羊は自分が特別な存在だと自らわかっていることが多く、この雌羊もスター羊の一匹だという自負があるらしい。ある年、その雌羊が産んだ雄の子羊が、とんでもない高値をつけ、明け二歳（満一歳）のハードウィック雄羊としては過去最高価格で落札されたことがあった（この記録を破る雄羊はそうそう現れないだろう）。

高値をつけると確信したのは、ボローデールで農場を営む名高い羊飼い、スタンリー・ジャクソンがほぼ丸一日その雄羊を眺めているのに気づいたときだった。その日、エスクデールで開かれた〈ハードウィック・ロイヤル〉と呼ばれる品評会に参加した私は、ほかの参加者と同じように、羊の世話、準備、ショーへの出場に追われ、一日じゅう忙しなく動きまわっていた。しかし、スタンリーだけは私の羊の囲いの端から動こうとせず、ずっと柵から身を乗り出していた。ときおり彼は頭を傾げ、ちがう角度から雄羊をのぞき込んだ。何事か尋ねると、彼は「欠点を探してるんだ」と言った。何か見つかったかと笑顔で訊くと、「いや……けど、まだ調べおわったわけじゃない」と答えた。結局、優勝したのは私の農場の別の羊だったが、そんなことは些細なことだとでも言わんばかりに、スタンリーはただ手で払う仕草をしただけだった（彼のお気に入りの羊は、三位や四位のバラ飾り(ロゼット)さえ獲得することができなかった）。じつのところ、私はその前年の冬から、スタンリーと同じ考えを抱いていたのだった――優勝を逃したその雄羊は、誰もが夢に見るものの、めったにお目にかかることのできない優秀な羊にまちがいなかった。

*

秋の品評会や競売市で高い評価を受けるためには、いくつかコツのようなものがある。そのひとつが、「羊の見かけは常に完璧ではない」と認めることだ。賢い羊飼いは、人前に出す準備が整うまで、人目に触れる場所にむやみに羊を出したりしない。私自身、いちばん自慢の羊のお披露目は、パタデールやエスクデールの品評会まで控えるようにしている――前者では私の住む地域一、後者では湖水地方一の羊が決まる。その称号を得る栄冠を目指し、古くから羊飼いたちはしのぎを削ってきた。

品評会の当日には、山麓の牧草地が一時的に会場へと姿を変える。二本の長い柵で仕切られた羊用の囲いの列は、昼前までに満杯になる。小さな野外テントが各所に設置され、その生地がそよ風にはためく。会場じゅうで、牧羊犬の選考会や杖のコンペなどのイベントが開かれる。しかしなにより大切なのは、自分の囲いの羊に注目を集めることだ。そして、長い一日はビール・テントでの仲間たちとの談笑で終わる。その日の優勝者は、賞金で全員にビールをおごるのがしきたりだ。賞金はわずかだが、誰もそんなことは気にしない。これまで長きにわたり、アンソニー・ハートレイの羊がハードウィック種の品評会の優勝を総なめにしてきた。しかしその牙城を崩すために、ほかの農場も日々努力を重ねている。そして今年、ついにアンソニーの美しい雌羊を倒し、私の群れの羊が総合チャンピオン雌羊（ユー）と次点に選ばれたのだった。

品評会の勢いそのままに、その後に行なわれる競売市はさらに盛り上がりを見せることになる。秋の雄羊の競売市は、羊飼いの世界のメッカのようなものだ。ハードウィック種のための二大競売市はブロートン・イン・ファーネスとコッカーマス、スウェイルデール種の二大競売市はカークビー・ステファンとハウズで開かれる。有名な競売市の会場は、いつも人々の活気と期待に満ち溢れている。この二品種を飼育する農場はイングランド北部に集中するものの、ブリーダーはイギリス全土に存在する。そのため、これらの小規模なオークション会場に、全国からたくさんのファーマーが押し寄せることになる。

事前に雄羊の販売匹数を登録すると、当日はその規模に見合った数の囲いが割り当てられる。競りの順番は抽選で決まるので、有利な順番になるかどうかは運次第。順番が早すぎると、取引がまだ熟していない傾向があり、不利に働くことがある。逆に遅すぎるのもダメで、多くの買い手がすでにその日の買い物を終えている可能性が高くなる。また、著名なブリーダーの前後は、その羊目当てに買い手の関心や興奮が高まるため、有利になることが多い。その日に私たちが割り当てられたのは、ほぼ最後尾に近い囲いだった。最悪の事態も考えられるものの、もし目利きの羊飼いがわが家の羊を狙っていれば、終わり近くのこの順番が吉と出ることもある。私たちの農場の羊の競りの順番が来るまで一日じゅう待ちつづけるあいだに、第二候補の羊がすべて売れてしまい、買い手たちが焦って最後に高値をつけることがあるのだ。

競売市の一日は、直前の評価から始まる。それぞれの農場のファーマーは自慢の雄羊に紐をつなぎ、会場となる囲いまで引っ張っていく。飼い主たちはみな、雄羊たちの顔を上げてしゃんと立たせ、できるかぎり大柄で筋肉質に見せようとする。いい評価をもらうためには、『グラディエーター』のラッセル・クロウのように傲慢で堂々とした印象を与えなければいけない。

何百人ものファーマーが、五重六重に囲いを取り囲む。会場の背後にある囲いの柵に上らなければ、ほとんど何も見えないほどの人だかりだ。どの雄羊が優勝羊にふさわしいか、あるいは審査員の資質について、みんなが自由に意見を交わす。ここでどんな意見が飛び交うかはきわめて大切で、のちの競り場での入札価格に大きな影響を与えることになる。およそ三〇分後、賞に選ばれた六匹が別の小さな囲いへと連れていかれると、ほかの羊はそこでお役御免となる。私の農場の雄羊も予選落ちだ。とはいえ、今回の審査員のうちのふたりが――腕のいい羊飼いであることは認めるとしても――私とは好みがちがうことははじめからわかっていたので、驚きはしなかった。自慢の羊を連れて戻ろうとすると、友人が耳元でささやいた。「心配するな。賞を獲った羊より、こいつのほうが絶対に高値をつける」

やがて、優勝から六位まで順に並んだ六匹の雄羊にバラ飾り(ロゼット)が与えられる。競売前の品評会で優勝することは、通常のファーマーにとって人生で一度あるかないかの貴重な出来事であり、夢のままで終わってしまうことも多い。その一方で、偉大な群れを持つ羊飼いのなかには、たびたび賞を獲得する猛者もいる。

事前イベントが終わると、残りの時間はすべて競売に充てられる（一部の大規模なスウェイルデール雄羊の競売市は三日間にわたって開催される）。何百人ものファーマーたちが、何百もの囲いを隅から隅まで調べまわり、お気に入りの羊、自分たちの農場に合う特性のある羊を探す。囲いのあいだの小道は、まっすぐ前に進めないほどの大混雑。誰もが競売目録を握りしめ、眼に留まった羊の血統や競りの順番を確かめる。私の隣の囲いのブリーダーは、ほぼ一日じゅうひとり寂しそうに突っ立っていた。彼の群れの羊は見るからに時代遅れで、関心を抱く買い手はほとんどいなかった。競売市は弱肉強食の厳しい競争社会であり、客の多くは囲いをざっと見渡しただけで通り過ぎてしまう。

長年にわたって優良な羊を輩出してきた有名農場の囲いには、朝から晩までたくさんの人が押し寄せる。買い手のファーマーたちは、囲いの雄羊に触れて細かく体をチェックする。地面の藁を払って脚の状態を確かめ、歯を調べ、毛を掻き分け、体を突き、耳の色を確認し、頭の毛を指で挟んで硬さを判定する。会場にいる誰もが羊やその血統について学者並みの知識を持っており、目利きの羊飼いの頭のなかには過去数十年分の家系図がすべてインプットされている。暗い夜が続く冬のあいだ羊飼いたちは、雄羊の血統や登録情報などの詳細が記載された「登録簿」を読み込み、じっくり研究しているのだ。

「父親は？」

「母親は？」

「祖母は？」

「ゲイツガース農場の例の雄羊と血はつながっているのか？」

羊の評判は、直感、好み、流行によって決まる部分も多い。競売市に集った男女は、その日に見た羊の感想を言い合い、お気に入りの羊について意見を交換する。その会話のなかで、一部の羊が激しい議論を巻き起こすことになる。

「背があまりに低すぎる……」

「いや、あれはすさまじい雄羊だ……」

「首の毛がずいぶんと汚れていたのが気になるな……」

「いや、史上一、二を争う立派な羊だ。かなり大儲けできるぞ……」

競売市では、個人的な判断がすべてを決める。良い判断、正しい判断、まちがった判断、悪い判断……。誰が正しくて、誰が正しくないのか、それを証明してくれるのは時間だけ。その年、私が出品した自慢の雄羊についての前評判は――マーマイト（ビールの酵母を主原料とするペースト状の食品で、独特のにおいのため好みが分かれる）のように――真っ二つに分かれる。ある羊飼いは毛色が濃すぎると言い、別の羊飼いは完璧な色だと訴えた。

昼下がり、私がその日のチャンピオン羊を四六〇〇ギニー（約八七万円）で競り落とすと、いっとき会場がざわつき、正気の沙汰かと声が上がる。私の農場の雄羊ほど優秀ではないとはいえ、チャンピオン羊は若々しく個性的だった。競り落とした直後、競り場の後部上方の席からヘレンの鋭い視線を感じ、私は顔を下げたままにする。その後も慌ただしく競りが続くと、終わりに近づくにつれて少しずつ買い手の数が減っていく。会場の盛り上がりはすっかり失せ、時すでに遅しの感もただよいつつあるなか、私はじっと耐える。しかし競り場に近づいてみると、何人かの有名な羊飼いが私の農場の雄羊を待つ姿が見え、ほっと胸をなでおろす。それどころか、競りが始まる直前には、私の囲いに多くの買い手が集まってくる。私が慕うベテラン羊飼いのひとりは、「ここ数年でいちばんの雄羊だ」と請け合ってくれる。競り場の奥のほうには、緊張の面持ちで坐るスタンリー。どうしても私の羊を手に入れたいのだろう。と、競売は一瞬にして終わり、私の雄羊はその日の最高値の五五〇〇ギニー（約一〇四万円）で競り落とされる。しかし価格と同じくらいに重要なのは、地域でも最高水準の群れがいるターナー・ホール農場が競り落としたということだ。そこで私の雄羊は手厚い世話を受けながら、とりわけ優れた雌羊と交配するチャンスを得ることになる。競売市が終わって数週のあいだ——壁に飾ってあったゴッホの絵が消えてしまったかのように——私はその雄羊の思い出にひとり浸った。

＊

競売市で販売できるのは、品種ごとにある協会の検査に合格した羊のみと決まっている。私の父はときどき〈スウェイルデール種飼育者協会〉の検査に参加し、一方の私は〈ハードウィック種飼育者協会〉の一員として検査に出向くことがある。検査員の仕事はひとえに、羊の体に異常がないかを確かめることに尽きる。ふたつの睾丸（雄の場合）、歯、脚の健康状態をチェックし、品種に適した毛色かどうかを見定める。誇りを持って仕事に取り組むブリーダーが不健康な羊を検査員に差し出すことはめったにないので、比較的小さな問題が俎上に載ることが多い。

「歯がわずかに横にずれてる……残念ながら、不合格とさせてもらう……」

「いい雄羊なんだけど、脚が少しだけ曲がっていることはどうしても無視できない。合格は出せない……悪いな」

検査員の務めを果たすには、ニクソンやフォード政権で国務長官を歴任したヘンリー・キッシンジャーのような外交的手腕が必要になる。不合格を出してブリーダーを怒らせてしまうと、検査員自身の農場の羊を二度と買ってもらえないという事態を招きかねない。とはいえ、正常ではない羊を合格させてしまえば、競売市の段になって周囲の人々に気づかれるのがオチだ。なにより肝心なのは、競売市に来る買い手を護り、プロの検査員がお墨付きを与えた羊だけを安心して購入できる状況を作ることである。そのため、検査員はときどき一芝居打つことがある――羊に異常を見つけると、困りきった表情を浮かべ、執事が主人にお伺いを立てるかのように振る舞うのだ。すると、多くのブリーダーは自分が恥をかかずに済むように、助け船を出してくれる。「心配しなくていい。やっぱりこれは変だ。そんなに悪い状態だとは思っていなかったんだが……どうしてもダメなら、不合格にしてくれていい」

窮地を脱した検査員は言われたとおり不合格を出し、ほかの雄羊のチェックに移る。

＊

もし数日後に死ぬ運命だとわかったら、私はそのうち一日をハードウィック雄羊を検査して過ごしたい。検査員は車に乗せられ、湖水地方一帯の美しい石造りのファームハウスを順番に訪れる。なかには、険しい岩山の下にひっそり建つ家がある。すべての農場に共通するのは、延々と続く石垣に囲まれているということだ。石垣の一端はフェル中腹の斜面へと伸び、もう一端は谷床の牧草地を不規則に区切っていく。それぞれの現場に近づくたび、事前に住人と土地について把握しておくため、同じ谷に住むコーディネーター役の人間が農場と家族の歴史を教えてくれる。

「ここはかつて、湖水地方でも有数のハードウィック・ファームのひとつだった……俺の父親の話じゃ、ほかとは比べものにならないくらい質の高い群れがいたって話さ……けど、その息子が無能だった……息子が農場を手放すと、〈ナショナル・トラスト〉がどこの馬の骨ともわからない連中を南部から連れてきて、そいつらが羊をダメにしてしまった……それでも、質のいい羊はまだ少なからず残ってる……新しくやってきた男が、なんとか農場を立て直そうとしてるんだ……今年の羊はとくに立派らしい」

　それぞれの農場には、外部のファーマーや羊飼いたちの記憶のなかだけに留まる物語というものがある。そんな物語のなかでは、牧草地や小さなコモン一つひとつにも独自の名前がついているものだ。

　この地域の多くのファーマーはお互い顔見知りではあるものの、検査以外のときに相手の農場を訪れることはほとんどない。農場に到着すると——検査の結果が秋の販売に悪い影響を与えることもあるため、緊張感はただようものの——ファームハウスから家族全員が出てきて、検査員たちを歓迎してくれる。ひととおり挨拶が終わると、たいてい紅茶やケーキを勧められ、そのあと羊の囲いへと案内される。牧草地の囲いの様子はどこの農場でもだいたい似たようなもので、ビアトリクス・ポターがこの地に農場を購入した時代からほとんどスタイルは変わらない。決まってゲートの塗装は剝がれて金属が剝き出しになり、木製の柵は摩耗して表面がつるつる。雄羊が体をこすりつけるせいで、柵の木が赤く色づいていることも多い。

　その囲いで待っているのは、一〇匹ほど（ときにはもっと多くの）ハードウィック種の雄羊。これらの種雄羊には男らしさを息子に伝えるという役割があり、女性的な柔らかい立ち居振る舞いは御法度とされる。太い脚に支えられた頑丈なオーク製テーブルのように、雄羊には四本脚で地面をしっかりとらえて力強く立つことが求められる。夏の強い陽射しが、頭の白い毛を明るく照らし出す。およそ半数の雄羊の頭には、根元が傷んだ渦巻き状の角。残り半数の角は短く切ってある。頭や脚に生える白っぽい毛は大切なチェックポイントで、灰色などのくすんだ色への変色、広範囲にわたる黒い変色は異常の標だ。一般的に、ハードウィック種の生育状態の善し悪しは、前脚の裏側の〝腋〟の白さで見分けられる。また、検査は毛刈りの直後に行なわれるので、羊の灰色の胴体――力強く、長く、筋骨たくましい体――をつぶさに観察することができる。

検査員として羊のチェックをしつつも、真っ先に脳裏をよぎるのは「ほかの人たちに先んじて優秀な羊を見つけ、手に入れることはできないだろうか」という下心だ（正直な話、きっと誰もが私と同じ気持ちを抱くはずだ）。まずは、実用的な面をじっくり確かめる――体のサイズ、健康状態、警戒心の強さ、機敏さ、脚、毛、歯……。このすべてを兼ね備えていなければ、フェルで生活することはできない。一方、羊は文化的・芸術的な象徴でもあるため、羊それぞれの独特のスタイルや個性、耳の白さといったより細かな点にも私は注目する。白い耳は越冬する助けにはならなくても、目利きの羊飼いが高値をつけるポイントとなる。見た目の美しさを引き立てるそんな小さな点が、長い時間を経ると、優れた血統の象徴になるのだ。

私の頭のなかには、ハードウィック種の雄の理想像というものができあがっており、その羊がいつも脳内を泰然と歩きまわっている。自分の農場の羊とその理想像を比べるたび、まだ足元にも及ばないという現実を突きつけられた。

審査が終わると、検査員とファーマーは、雄羊の状態や干し草の梱包の進み具合などについて軽く言葉を交わし、それから次の農場に向けて出発する。この地域のすべての農場をカバーするには一〇日ほどかかるので、何人かの検査員が日替わりでチェックを担当するのが通例だ。そのため、「検査員によって審査基準に差が生じるのでは？」という議論が尽きることはない。サッカーの審判のように、検査員それぞれの判断は厳しくチェックされ、ときに検査員に疑いの眼が向けられることもある。

*

私がいるのは、ロンドンのオックスフォード・ストリート近くのビルの四階か五階。朝五時半にオックスフォードのフラットを出発して列車に乗り、帰宅するのは午後一〇時。私の仕事スペースは一×一・二メートル弱の小さな空間で、作業に使うマックの上には天井まで棚が伸び、種々雑多な書類や前任者の忘れ物が所狭しと並んでいる。いちばん近い窓は六メートルほど先にあるものの、どうせ隣接するビルの壁しか見えないので、たいして意味はない。それに、ビルの前に緑はほとんどなく、階下の広場に病弱そうな小さな木が一本あるだけだ。

そんなオフィスで、経験ゼロの私が編集補佐として働いている。オックスフォード大学に入学して二学期が終わるころまでに、高賃金の仕事を得るためには〝職務経験〟を積む必要があることを学んだ。私は密かに第二のアーネスト・ヘミングウェイになることを夢見ていたので、ジャーナリストの仕事に興味があった。そこで、大学の休暇中に就業体験ができないか、いくつかの雑誌社に問い合わせてみた。そのうち一社から返答があり、ロンドンで編集長と面接することになった。

幸先はよくなかった。雑誌社のビルに着いた私は、はじめて見るインターホン・システムの仕組みが理解できず、相手との会話中も切れ目なくブザーを押しつづけた。すぐに、ブザーを押すのをやめてくれという怒気混じりの声が聞こえてきた（ボタンが押されているあいだずっと、オフィス全体に大きなブザー音が鳴り響いていた）。オフィスに入ると、全員が顔ににやにや笑いを浮かべ、コンピューターのうしろからこちらをのぞき込んでいた。編集長はとてもフレンドリーな女性で、私が普段とはちがう環境に飛び込んできたことを充分に理解し、チャンスを与えると請け合ってくれた。数週間後、研修初日にビルのロビーに戻ると、片手に段ボールを抱えた男がひとり現れ、うろたえた様子で横を過ぎて戸口を抜けた。オフィスに着いた私はパーテーションで仕切られたデスクへと案内され、そのまま待機するように命じられた。

三時間後、やっと編集長が姿を現し、メモが走り書きされた数枚のA4用紙をこちらに差し出して言った。「これ、校正しといて」

「でも……」

「悪いけど、説明してる時間がないの……いいから、やっといて」

もしや編集長は私が何者か把握できていないのではないか、そんな不思議な感覚に包まれた。三〇分後に原稿を持っていくと、彼女は受話器を耳に当てたまま紙を受け取り、大きな身振りで「ただ黙ってろ」と示した。そのあと、走り書きのメモ付きの別の紙を手渡してきた。初日の終わり、私はひどく複雑な気持ちのままオフィスをあとにした。

それから数日かけて、私は仕事を少しずつ学んでいった。とくに、編集補佐の仕事では特殊な線や記号が多用されることを知った。そういった専門的なことを身につけようと、自分なりにベストを尽くした。オフィスは、私がこれまで経験したことのない類の混沌とした雰囲気に満ち溢れていた。ときに、次の仕事の指示をひたすら何時間も待ちつづけることがあった。ときに、編集長やほかのスタッフに邪魔者扱いされて手で追い払われることがあった。昼の休憩のあいだ、私は広場のベンチに坐り、その地区に集まるファッション誌の編集部やファッション・ブランドのオフィスから出てくる女の子たちの美しさに驚嘆しながら過ごした。

およそ二週間後のある日、編集長のオフィスに呼ばれた。雑誌の校了日が過ぎ、部内のムードは一変していた。編集長に給料について訊かれたので、私は無給だと答えた。あくまでも職務経験であり、報酬の話は誰からも出ていない、と。編集長は少し眼を丸くして、

「あなたには、二週間前に馘になった編集補佐の仕事をそのまま引き継いでもらったの」

と説明した。出社初日、段ボールを抱えて横を通り過ぎたあの男だ。

このまま休暇中ずっと働き、次の夏休みにまた戻ってきてほしいと編集長は言ってくれた。次の夏休み、私は農場から完全に離れて生活した。夏のあいだ長期にわたって農場を離れたのは、あとにも先にもそれきりだった。まさに、私の人生にとってもっとも異様な数週間だった。

ロンドンに知り合いはひとりもいなかったし、この街を訪れたいと思ったこともなかった。ここでの生活は理想とはかけ離れたものだったけれど、職務経験のためだとあきらめるしかなかった。まるで、神様が私に教えてくれているかのようだった――都会の住人たちがいかに過酷な生活を送り、私が田舎に何を置き忘れてきたか……。そのときになってはじめて、湖水地方のような場所に逃避したい人の気持ち、国立公園の存在意義を理解できたような気がした。ロンドンのような都会の住人たちには、街を飛び出したい理由があった。彼らには、髪をたなびかせる風、顔に照りつける日光を感じることができる場所が

必要だった。

＊

　翌年の夏こそは実家の農場で過ごす──私はそう強く誓った。実際にそうなったものの、帰郷した理由はちがった。二〇〇一年、口蹄疫が大発生した。

　雌羊と子羊を放牧する高地に立つと、羊、牛、豚の死体の山から昇る煙の柱が何本も空に伸びるのが見えた。見渡すかぎり、灰色のかすんだ空気に包まれていた。焼けた肉の不快な汚臭とともに、火から放たれる薬品のにおいが風に乗って運ばれてきた。何週にもわたって、地域全体が封鎖された。まだ病原体に侵されていない農場でも感染を防ぐ手立ては何もなく、周辺の土地はみるみる蝕まれていった。家畜は田舎の牧草地を移動する──古くから続く畜産世界の仕組みをすっかり忘れていた政府は、初期段階の対策で完全に後れを取ってしまった。テレビのニュース番組で感染拡大を示す地図が映し出されると、地図の上の醜い灰色の染みがこの世界のすべてを覆っているかのように見えた。政府が出した解決策は、特定の地域の家畜を殺処分して感染を封じ込めるというものだった。羊が真っ先に処分され、牛は一時的に冬期用の牛舎に閉じ込められた。

　私たちの農場の羊が回収されたのは、出産時期の真っ最中だった。妊娠中の雌羊はもちろん、すでに産まれた何匹かの子羊も荷台に載せた。これほどまちがっていると感じられることをしたのははじめてだった。これまでの教えのすべてに反することだと感じずにはいられなかった。

補償のための査定を託された競売人が農場にやってきたとき、彼は涙ながらに言った。「こんな優秀な血統の羊を殺すなんて犯罪だ」。処分された羊の多くは、祖父が一九四〇年代に買いつけた優れた雌羊の子孫たちだった。六〇年間の積み重ねは、わずか二時間で吹き飛んでしまった。

牛舎に避難させた牛にも病気が伝染した。小屋から出された牛は、警察の狙撃班によって撃ち殺された。ライフル銃の銃声とともに、村じゅうの牧草地で一頭ずつ家畜が殺されていく――まるで戦争映画の一場面だった。その信じがたい光景に、村人たちは草地に立ち尽くした。隣人は散弾銃を手に農場の境界線に立ち、フェンスを越えようとする牛を撃ち殺そうと待ちかまえ、自らの汚染されていない家畜への感染を防ごうとした。すまないが、家畜を護るために致し方ないんだと彼は謝った。「わかってる」と私は答えた。私が隣人の立場だったら、同じ行動を取っていたにちがいない。父さんはすべての惨劇に背中を向け、このカオスへの対応をただ私に任せて家に引きこもってしまった。私はひどく自分を恥じた。あるとき、私は知り合いのほうに向き直り、疑うように言った。「これ全部、実際に起きてるんだよな？」。すると、彼らは「そうだと思うよ」と答えた。

すべての虐殺が終わり、国から派遣された男たちが消えると、私はまだ現実を受け止められないまま夕暮れ時の農場を歩いてみた。濃い桃色の夕陽に照らされた、いかにもイングランドの田舎らしい美しい夜だった。しかし、牧草地のあちらこちらに死んだ畜牛が横たわっていた。赤い牛、白い牛、黒い牛。異様な平静に包まれた一帯の地面に、ねじ曲がってずたずたに引き裂かれた牛の体。そのすべての牛を知っていた私は、旧友の死体を見るような気持ちに襲われた。沈みゆく太陽が、あらゆる形のグロテスクな影を作り出した。頭の処理が追いつかず、映画を観ているような非現実的な気分になった。農場は不気味なほど静かで、それは生まれてはじめて経験する類の静けさだった。翌日、膨張した死体がゴミのごとく掘削機でトラックの荷台に載せられ、何キロも先の地面に掘られた穴に運ばれた。その光景を目の当たりにした父親の顔に浮かんだのは、純粋なまでの嫌悪だった。

最後のトラックが出発すると、私はみんなから離れてひとり納屋に行き、暗闇に坐って両手のなかに頭を埋め、泣きじゃくった。

そして、農場は空になった。世話する家畜がいなくなると、ただただ手持ち無沙汰になった。朝、父さんが起きてくるのを待ったが、起きてするべきことなど何もなかった。わが家の羊と牛は死んだ。誰かが、私たちの生き方という物語の〝一時停止ボタン〟を押したのだ。いつかまた〝再生ボタン〟が押されるのか、その時点では誰にもわからなかった。

＊

私たちの運営するフェル農場は、口蹄疫によって多くの家畜が処分された高原地帯のなかで、もっとも端に位置する農場のひとつだった。もし二、三軒西側の農場に感染が広がっていたら、湖水地方の囲いのないフェルへとさらに病気が蔓延し、コモンに大昔から定住（ヘフト）させてきたフェル羊の群れを殲滅（せんめつ）させていたかもしれない。現在、世界に生息するハードウィック種のうち九五パーセントが、湖水地方のコニストンを中心としたおよそ半径三〇キロの範囲内で飼育されている。そのため口蹄疫の拡大は、ハードウィック種の絶滅という重大な危機を惹き起こす可能性があった。にもかかわらず、往々にして都市中心主義の政府は、この危険の意味を把握できなかった。彼らにしてみれば、羊は羊であり、農場はたんに農場でしかなかった。貴重なものが崩壊の危機にあるという現実を、誰も理解しようとしなかった。

　この地の住人の人生はしばしば、他人の掌中に置かれる。ファーマーの運命はときに、消費者、スーパーマーケット、官僚の手に委ねられる。結局、湖水地方のフェル羊の群れのほとんどが殺処分をなんとか免れた（しかし、越冬するために移動した低地の牧草地が処分対象地となったケースがあり、多くの若いフェル羊が殺された）。良質な羊や牛の群れの多くが失われたものの、幸いにも全滅したわけではなかった。

＊

その夏のあいだ、私はずっと家に留まった。騒動が一段落すると、友人たちやいとこを臨時で雇い、高圧洗浄機で農場じゅうを清掃する大仕事に取りかかった。政府の検査官が満足するレベルまで、染みひとつ残さず清潔にする必要があった。家畜のいなくなった農場では、あらゆるものや人間がちがって見えた。それまでの人生で完全に自由な時間を一度も経験したことのない人々が、突如として日々のルーティンから解放された。農場はぴかぴかになったものの、それが逆にみんなを狼狽させた。眼のまえに広がる農場は、不気味なほど殺風景で生気のない場所だった。

パブやレストランにも風評被害が及んだ。地域すべての施設が休業したと誰もが思い込み、その夏はほとんど観光客が来なかった。さらに、ファーマーのあいだにも微妙な空気が流れた。処分された家畜の補償額を評価する競売人が複数いたせいで、査定額にバラツキが出てしまったのだ。当然、多くの人が不公平だと感じた。しかし、財政的な打撃を誰より被ったのは、口蹄疫の感染をぎりぎりで免れ、補償を受けることができなかったファーマーたちにちがいない。家畜を売りに出すこともできず、取引は何カ月もほぼ止まったまま。そのあいだ収入はゼロにもかかわらず、維持費だけはかさんでいった。

とはいえ、必ずしも悪いことばかりではなかった。この苦難を乗り越えようと、共同体意識がこれまで以上に高まった。ここ数十年のあいだ、私たちの農場にこれほど大人数が集まって共同作業をしたのはおそらくはじめてのことだった。最初のつらい時期が過ぎると、わいわいがやがやとみんなで愉しく作業をするようになった。仕事が終わると決まってパブに飲みにいき、ときにチームに分かれてサッカーをすることもあった。

＊

騒動から数カ月後、母と父は早々に賢い判断を下し、それまで賃貸で運営していたイーデン・ヴァレーの農場を手放す手続きを進めた(賃料を支払うと赤字の年もあった)。一年後に農場を閉じると、両親は地元の町の外れに家を買った。とりあえずは、湖水地方のマターデールにある祖父の農場だけを離れた場所から運営することになった。何カ月ものあいだ、私は父さんと一緒に準備を進めた。

普通、いったん農場を離れた人間は、それまでとは別の人生を送るようになる。しかし私の場合、離れたことで逆に気づかされることになった。私にとって農場はすべての始まりであり、終わりだと。子供のころ、敷地の上のほうの外れにひっそりと建つ納屋の前で、祖父が「将来ここを家に改築して住むといい」と言ったことがあった。口蹄疫騒ぎのあと、祖父の言葉がまた脳裏によみがえり、それが私の目標になった。私はその夢とともに目覚め、その夢とともに眠りに就いた。それは、生きるか死ぬかの問題ではなかった。私にとっては、それよりもはるかに大事な問題だった。

＊

その後、すべての農場がいっせいに家畜を買い求めることになったため、一時的に取引価格が高騰した。父と私はどこまでも慎重だった。どの品種の羊を仕入れるか迷った末に、まずは祖父の友人ジーン・ウィルソンからハードウィック種のドラフト雌羊を数匹購入することにした。譲り受けた老齢でくたくたの雌羊は、わが家の農場にやってくるなり見ちがえるように元気を取り戻し、優秀な羊であることを証明してくれた。そんなある日のこと、囲いで羊たちの世話をしていると、ジーンがやってきた。彼女によると、私たちが買い取った雌羊の数匹は、（異種交配して食肉用の子羊を産むために利用するだけでなく）「純血種」を繁殖できるほどの優れた血統の羊だという。それを実証するため、彼女は立派なハードウィック雄羊を一匹連れてきてくれた。ジーンの言うことは絶対なので、私たちは言われたとおりに交配させた。そして翌春、私たちの農場ではじめてハードウィック純血種の子供が産まれた。ジーンから買ったその年老いた雌羊たちが、新たな農場の始まりだった。結局、そのうち二匹が繁殖能力の高い種雌羊としてその後も活躍することになった。一年目に産まれた子羊の一匹は、地元の品評会で優勝するほどの立派な羊に育った。それをきっかけに私はハードウィック種の繁殖の虜になり、ある日父さんに言った。「これからはハードウィックを育てようと思う」と。父はにこりと笑い、「いいだろう」と許可してくれた。それ以来、父と私は別々の品種を専門に飼育することになった。現在、私が管理する群れには、口蹄疫騒動の年にジーンから買った雌羊の孫とひ孫の世代の雌羊たちがいる。私の牧畜生活は、あの悲しい数カ月——すべてが崩壊したかと思われた日々——に生まれ変わったのだった。

冬

田舎暮らしはどうかって？
私はあくびをする。たとえば、あの足音――
天を見上げる必要はない――エヴァンズは
鍬（くわ）を持って牧草地へ行く途中
植わったフダンソウの列をまたいで上にあがり
次の列で下にさがる。彼の心中を慮（おもんぱか）る必要はない
心のなかには何もないのだから
脳は失業状態で、彼のちっぽけな失業手当は
通行人の親切心だけ
通行人は彼をさん付けで呼びかけ
問題への答えを読み上げてくれる

彼の話は途切れ途切れで
眼は静寂を湛えている。
私は彼らに言うだろう
田舎で暮らすということについて
耳をつんざくほどの静謐があることを
美しさはもはや驚きではないことを。
あるのは、長い小道をゆっくりと進む
どすんどすんという足音だけ
朝に、そしてまた夜になると聞こえる足音だけ。

——R・S・トマス「The Country（田舎）」、
詩集『*Young and Old*（老若男女）』（一九七二年）より

若いワタリガラス——私より先に、向こうがこちらに気がつく。太い首、石炭のような黒い毛。何をも恐れず、腹のなかは死骸で満たされている。ワタリガラスは羊飼いの失敗を餌に生き延びる。残忍で、傲慢で、非情で、ときにハッとするほど美しい鳥。

私は記録をつけるために耳標を確かめ、湿ってぼろぼろのメモ帳に書き留める——15 547、死亡、肺炎。

もし私が散弾銃を持っていれば、ワタリガラスは石垣の上にさっと飛び上がり、カアカアとしゃがれた笑い声を上げながら、わずかに射程圏外の木の奥へと逃れていたにちがいない。しかしボールペンという武器しか持たない男が相手だと、すべてお見通しだとでも言いたげに態度は冷淡そのもの。風が黒い羽毛をとらえ、太い首を包む灰色の毛が逆立っていく。無我夢中で強欲なカラスは、石を腹に詰め込んだみたいに、あるいは死肉で酔っぱらったようにふらふらと、ゆっくり空を上がっていく。

生と死が必ずしも美しくないように、犠牲になった動物たちの姿も必ずしも美しいものではない。羊の群れにとって、冬はまさに消耗戦だ。冬を越すには歳を取りすぎた二匹の雌羊が、地面に横たわっている。腹は大きく膨れ、眼球はえぐられている。二匹の隣には、若い雌ギツネの死体。腹に大きな穴が開き、内臓がほぼすべて掻き出されている。皺だらけの野生の顔の口元には、怒りに満ちた牙が光る。

牛小屋のトタン屋根の上、ワタリガラスは鉤爪を立てて一歩ずつ移動する。ずんぐりとした暗色の体の動きのすべてが、満腹であることを示している。それから難儀そうに翼をはためかせ、暗闇に消える。

もう疲れきっているのに、暗い知らせの影がじわりじわりと襲いかかってくる——農場で仕事をしていると、よくそんな瞬間があるものだ。

死んだ雌羊の一匹は、とくに思い入れのある羊だった。農場でも一、二を争う優秀な羊であり、群れのボスのような存在でもあった。去年の冬、雪の吹きだまりに巻き込まれて危険が迫ったとき、群れを救い出してくれたのは彼女だった。

*

雪。羊飼いは大雪と吹雪を恐れ嫌う。雪は家畜の命を奪い、羊の体をすっぽりと埋めてしまう。雪が草を覆い隠すと、羊には人間の手助けがさらに必要になる。雪玉、雪だるま、そり遊び……雪が降ると誰しも喜ぶものだが、ファーマーにとっては苦痛以外の何物でもない。雪は脅威だ。少しの雪ならそれほど害はない。干し草を与えれば、羊はなんなく寒さに耐えることができる。しかし風と大雪の組み合わせは致命的で、羊はおろか人間の命も危険にさらされることになる。雪が融けたあと、石垣の脇に横たわる雌羊の死体を見たことがあるなら、あるいは産まれた直後の子羊がその場で死んでいる姿を見たことがあるなら、もう雪を無邪気に愛することはできなくなるはずだ。雪がもたらす最悪の影響を恐れ嫌いはするものの、それでも雪化粧を施した谷はじつに美しい。白く、静かで、無慈悲な風景。風の泣き声のような小川のせせらぎ以外、雪はすべての音を吸い込み、あたりはいつもより静かになる。そんな静寂を耳にしたときには、眼を開くまえに谷が深い雪に包まれていることがわかるものだ。しかし、頭のなかの時計がカチカチ鳴って私に告げる。すべての羊を見つけて餌を与えるまで、今日の仕事は終わらない。

＊

私が足を踏み入れるのは、雪とカラスが描かれたブリューゲルの絵画の世界だ。雪の地面から突き出たオークの木とイバラの生け垣は、まるで黒珊瑚のように見える。私は自分が生きていることを感じ、誰かに必要とされていることを実感する。今日、私は全力を尽くして眼のまえの出来事と闘わなくてはいけない。でなければ、羊たちは飢え死にしてしまう。雪は重たく、地面にみるみる層状に積もっていく。干し草を雌羊のもとに届けるために、四輪バギーで深雪のなかを進むと、私の体も真っ白になる。坂道を上がるとき、体は厚い雪のじゅうたんに覆われる。無数の雪片が羽毛のように空から舞い落ちてきて、その一部が顔に当たって温かな目蓋の上で融け、柔らかな水が視界を奪おうとする。舌に着地した雪片はふわふわと軽い。脆く、繊細で、大粒の雪。雪の神様が、聖餐(せいさん)式のために舌に雪を置いてくれたのだろうか？　四輪バギーのタイヤはバリバリと音を立て、路上の雪を巻き上げていく。

牧草地のゲートを開けると、最上段の横棒に積もった一〇センチほどの柔らかな雪がぽろぽろと落ちていく。最初に餌を与える群れは、ここから少し離れた渓谷のなかにいるはずだ。そこは代々の母親や祖母たちが、強風のときに避難するように群れに教えた場所だ（野生の羊は、自分の縄張り付近の天気を予測する第六感を持っている）。予想どおり、風や吹きだまりにさらされる危険がある場所から一二メートルほど下、アカマツの木陰で群れを見つける。天気が悪くなると、最年長の雌羊が群れをここに導き、危険な牧草地に戻ろうとする若い羊を断固として制止する。羊の群れは、常に年長の羊の指示のもとに行動する。たとえ雪が何日か続いても、この場所は安全だと大人の羊は知っているのだ。地面に生えた束状の草（タソックグラス）を餌として齧（かじ）り、なんとか生き抜くことはできる、と。事実、この場所は納屋と同じくらい快適と言ってもいい。小川が山腹の地面を削ってできたこの深い渓谷のなかにいれば、風は遮られ、いつでも水を飲むことができる。

非常食の干し草を渓谷の斜面に投げ込むと、羊たちがいっせいに駆け寄ってくる。雌羊たちは干し草を口に挟んで束から引っ張り出し、そのまま噛みはじめる。もぐもぐと草を食むその姿を見て、私は一安心する。この渓谷に避難し、乾いた干し草をいくらか与えられた羊は、しばらくのあいだ問題なく生き延びることができる。羊の匹数を確かめると、二匹足りないことがわかる。しかし次の瞬間、二匹が干し草のある場所まで駆け足でやってくる。ふーっ。その若い雌羊たちは、より甘い草を求めて雪を掻いていたようだ。これで、この群れは大丈夫だろう。吹雪のあいだ、羊たちは干し草の近くにじっと留まってくれるはずだ。

しかし、その光景をのうのうと眺めている暇はない。ほかの群れのもとに急ぎ、餌を与えなくては。雪はまだしんしんと降りしきり、まわりの谷の姿はいまも変わりつづけている。

＊

ホワイトアウト——はるか下の道路を走る車はなく、静寂そのもの。谷は世界から遮断される。麓で作業する父が、なにやら羊に叫ぶ声が聞こえる。除雪車がすぐに出動するとしても、まずは高速道路と市街地が優先されるため、ここにたどり着くまでに一週間ほどかかるかもしれない。いちばん遠くの高地にいる雌羊の群れは大丈夫だろうか。雪がこの勢いで積もりつづけたとして、はたして私は群れのもとにたどり着けるのだろうか（それに、たどり着くだけでは問題の半分を解決したことにしかならない）。

私が群れに干し草を届ければ、羊たちはそれを腹に溜め込んで雪を耐え抜くことができる。とにかく、早く助けにいかなければ。四輪バギーは大きくスリップしつつ、ときどき横にぐいっと傾きつつ、雪のなかをのろのろ進んでいく。村の集落を抜けるとき、数台の車の横を通り過ぎる。雪にタイヤを取られた車を、村人たちが人力で押して家の前に移動させている。地元の町に出勤しようとしたものの、雪に阻まれて戻ってきたのだろう。私は村を過ぎ、曲がりくねった小道を上がる。が、地面の雪が氷のように凍結し、滑って坂道を上がることができない。仕方なく道を引き返し、牧草地を横切る別のルートに変更する。途中、似たような作業に没頭する隣人の横を通り過ぎると、相手が小さくうなずいてくれる。私を目撃し、私が進む方向を確認したという合図だ。その小さなうなずきが、のちに私の命を救うことになるかもしれない。その隣人をのぞけば、私の目的地を知る人はいないのだから。

雪が深さを増すと、私はいっそう運転に集中する。一瞬でも油断すれば、雪の下に埋もれたものにぶつかってしまう。飼い葉桶、枝、石……何が隠れているかはわからない。すぐに目的の牧草地にたどり着くものの、群れは見当たらない。羊たちはきっと、牧草地の石垣のうしろに避難しているにちがいない。ところが、ゲートのあたりで地吹雪が巻き起こり、四輪バギーをそれ以上前に進めることができない。とにかく、羊を見つけ出さなくては。距離は短いものの、重い荷物を抱えて雪のなかをのっしのっしと歩くのは、壮大な冒険のようにも思えた。牧羊犬のフロスは波を飛び越えるように、深雪のなかをぴょんぴょん跳ねていく。フロスはここに来た理由をしかと把握しており、先に石垣にたどり着く。それから吹き寄せる雪を突っきって石垣に上がり、反対側をのぞき込む。するとフロスは振り返り、私が追いつくのをじれったそうに待ちつづける。すぐに、何匹かの雌羊が視界に入ってくる。毛は雪で覆われ、顔は真っ白。そのやさしい黒い眼は、私の登場を喜んでいるようにも見える。背中に厚く雪が積もっているものの、毛が断熱材の役目を果たしてくれるので体温が奪われる心配はない。羊たちは私の足元に大急ぎで集まり、干し草を食みはじめる。四数を数えようにも、猛吹雪のなか四方八方から次々と羊が出てくるので、はっきりとした数はわからない。とはいえ、おそらく一〇匹ほどは足りないようだ。私は決断を迫られる。これ以上この場所に留まれば、小道に停めた四輪バギーが雪に埋もれてしまう。そのせいであらゆるトラブルが起き、ほかの群れのところに行けなくなってしまうかもしれない。そのとき、真っ白な幕の奥から残りの羊が姿を見せる。

　これは普通の吹雪ではなかった。雪は地面に層状に降り積もり、瞬く間に吹きだまりができる。私は羊を引き連れ、麓に避難させることを決める。急がなくては。なんとか群れを誘導しようとするが、羊たちはどうしてももとの場所に戻ろうとする。そこで、ポケットから黄麻布製の空の餌袋を取り出し、羊をおびき寄せる作戦に出る。二、三〇〇メートルほど斜面を下って別の牧草地に行けば、もっと安全な場所があった。どんどん激しさを増す嵐のなか、私はたびたび尻もちをついては、また起き上がって歩きはじめる。うれしいことに、雌羊たちも移動する意味を理解したらしく、あとをついてきてくれる。

　群れのなかでいちばん優秀な雌羊が、私が踏みならした道を率先して歩き出す。これまで立派な息子や娘をたくさん産み、群れのレベルを引き上げてくれた雌羊だ。いかなる場面でも、彼女は自分が重要な存在であるとわかっていた。若いころに品評会で活躍したこの雌羊は、私が訪問客を牧草地に連れていくたび、銅像のように立ち止まってその姿を見せびらかした。夏の終わりにフェルから農場に移動するときにも、群れの羊を先導して小道を下り、真っ先に小川を飛び越えた。その雌羊にならい、群れの羊たちも続けてジャンプするのだった。彼女は用心深く、世慣れた性格の持ち主だ。この雪のなかの移動も、危険から逃れるためだと気づいているにちがいない。

群れの残りを誘導するようにフロスに合図を出すと、羊たちは一列縦隊になってあとをついてくる。私の体は汗だくなのに、手足の指は凍えるほど冷たい。四輪バギーのところにはあとで戻ることにする。吹きさらしの牧草地を反対方向に進めば、なんとか家に戻れるはずだ。やっとのことで牧草地の出入口までやってきたものの、ゲートはすっぽり雪に埋まり、あたり一面腰まで雪が積もっている。一帯に風が容赦なく雪を運びつづけ、状況は悪くなる一方だ。この地点さえ越えれば、最悪の事態は避けられる。この小道に群れを置いていくわけにもいかず、私は腰の高さまで積もった雪を押しのけて無理やり前に進んでいく。これが妙案かどうかはわからない。が、例の年長の雌羊がすぐに踏み跡を歩き出す。ほ

かの羊たちは、歩き出した羊を見やるも、あとに続くべきかどうか戸惑っているようだ。しかし、先頭の羊の娘が続いて歩き出すと、私が作ったばかりの白い小峡谷の入口に群れ全体が集まってくる。やっとのことで吹きだまりを抜けると、雪の下の地面がだんだんと近づいてくるのが足の裏に伝わってくる。その瞬間、私は石につまずいて倒れてしまう。すると先頭の羊が私の両脚をまたいでそのまま前に進み、残り八〇匹も一列になって黙々とあとに続いた。羊たちが雪の少ない斜面の下にたどり着くと、私もすぐに駆けつけて干し草を与える。ここまで来れば、どんな悪天候にも耐えることができるはずだ。羊は無事に吹雪を抜け、安全な場所へと移動した。最後にフロスが近寄ってきて顔を舐めてくれる。この猛吹雪のなか、私が仲間を必要としているのを察してくれたのだろう。

＊

その後、雪に覆われた牧草地から四輪バギーを救い出し、家に戻る。勝手口から大急ぎでキッチンに入るとき、ドアに張りついた薄い雪が床に落ちてしまう。かじかんだ手には感覚がなく、すぐに指を湯に浸ける。学校が休校になって上機嫌の子供たちは、そり遊びに連れていってくれとせがんでくる。私はうめき声を上げる。

キッチンの床に落ちた雪を見たヘレンが文句を言う。その日の朝の出来事を詳しく伝えると、ほんとうにあの羊が大好きなのね、と彼女は冗談交じりに言う。ヘレンはそのリーダーの羊を〝群れの女王〟と呼んだ。それから妻は私の体がひどく冷たいことに気づき、大騒ぎしはじめる。

膨れた豚のような自分の指、それが私にとっての冬の象徴だ。蛇口から流れる湯のなかで温かさを取り戻した指は、ずきずきと痛み出す。突き刺すような痛みに、声にならない冒瀆の言葉をわめき散らす。私は充血した眼を鏡に映し、干し草の種子を指で取り出す。それが冬だ。四輪バギーで風を切って走るとき、顔にぶつかる雪片や霰。体に当たった雪や雨は――スロットルレバーを引くと、星が疾風怒濤のごとく流れ出す『スター・ウォーズ』の一場面のように――ワープスピードを示す線になる。体調の悪い老齢の羊を捕まえるとき、私の前に立つ父の首にしたたる雨。嵐の強風に吹き飛ばされるまえに、必死で干し草に群がる雌羊。闘いが始まるまえにくずおれ、死んで地面に横たわる子羊。吹き飛ばされ、引き裂かれ、砕け散った干し草台と木。それが冬だ。

冬は残酷だ。

しかし冬のあいだには、太陽がさんさんと照りつける、雲ひとつない純粋で平穏な日々が訪れることもある。干し草をたらふく食べた羊は、乾いた牧草地にのんきに寝ころんで日向ぼっこする。私たちは働きながら、谷の自然や野生生物の美しさに酔いしれる。そう、冬は美しいものでもあるのだ。

眼に飛び込んでくる些細な光景が、冬を特別なものにしてくれる。凍えるような青い空高くを横切るガンの群れ。フェルの上からたなびく黒いリボンのように風に煽られ、互いにぶつかりそうになりながら飛ぶワタリガラス。夜明けごろ、霜で覆われた牧草地をこそこそと進むキツネ。黒く大きな涙目で人間を見つめる野ウサギ。

＊

翌日に再び様子を見にいくと、重たい雪の塊を体にまとった雌羊たちは、石垣のうしろで嵐が過ぎ去るのをじっと待っていた。とはいえ、山腹の高地よりも風は弱く、もう大きな危険はない。私は干し草を投げ入れ、羊の数を数えて全匹の無事を確かめる。

すべての羊がその日の暴風雪をなんとか乗り越えることができたにもかかわらず、それからの数週のあいだに普段よりも多くの命が奪われることになった。嵐のあいだに羊の体力は奪われてしまい、数週間後の出産時期にそのツケがまわってきた。知り合いのいくつかの農場では、何百匹もの羊が数日にわたって雪のなかで立ち往生し、そのうち数十匹が死んでしまったという。隣の農場のファーマーは、雌羊の群れを救出するために、トラクターとホイールローダーを使って一週間も道を除雪しつづけた。ウェールズ、アイルランド、マン島の被害はさらに甚大だった。

嵐の一、二週間後、四肢が互いにもつれ合うように凍りついた一八頭のアカシカの死体が隣の谷で見つかった。シカたちは猛吹雪から逃れようと〈グレー・クラッグ〉と呼ばれるフェルを下り、麓の石垣の陰に避難した。しかし、石垣を包み込むように雪が渦になって吹き寄せ、シカを孤立させた。足元の草は食べ尽くされ、地面にはシカの糞が積もっていた。シカは空腹のまま凍え、脱水症状になって死んだ。そして雪が融けてその姿があらわになり、友人の羊飼いに発見されたのだった。

＊

大英博物館のガラスケースのなかに、水中を泳ぐトナカイの姿を象った彫刻がある。一万三〇〇〇年以上前に、マンモスの牙を彫って作られたものだという。その彫刻に私は心を奪われ、牧羊杖の柄に彫られる動物の絵柄を思い出した。このトナカイの彫刻は、一八六〇年代にピレネー山脈の断崖を抜ける鉄道の建設中に発見された。驚くべきことに、それは〝北〟が常に移動していたことを証明するものだった。〝北〟はその昔、いまより何百キロも南を意味する言葉だった。このトナカイが彫られたとき、湖水地方はまだ厚い氷河に覆われていた。マンモスの牙から彫られた美しい小さな彫刻のなかに、私はある民族を見る。夏のあいだ北方に移動し、湖水地方のような地域で遊牧する民族。品格と審美眼を兼ね備え、美しい光景を眼にすると立ち止まって眺めたであろう民族。そういった人々は、動物に大いなる意味を見いだした。

氷河が後退すると、狩猟採集を生業とする遊牧民が野生動物の群れを追い、当時はツンドラ地帯と似た気候だった湖水地方へとやってきた。たとえば一万六〇〇〇年前、国際宇宙ステーションのような場所からヨーロッパ北西地域を見下ろし、眼下の地球の歴史を早送りしたとしたら、氷河が後退する様子がまじまじと見えたことだろう。白い潮流のうねりとともに、氷河はそれまでどっしり鎮座していた場所から北へとそろそろ移動し、時代が進むにつれて徐々に浸食されていく――〝北〟はゆっくり北極へと後退する。くわえて、海の大部分が果てしない氷床の下に閉じ込められており、海水面が現在よりもずっと低かったことにも気づくだろう。のちに湖水地方と呼ばれることになるこの北西ヨーロッパの片隅の一角は、より大きな陸塊（りくかい）のほんの小さな一部でしかなかったのだ。

分厚い氷河から南に眼を移すと、景色が変わる。ツンドラからステップに、そして氷河からもっとも離れた場所には森林が広がる。氷が後退するにつれて新しい種類の土壌が現れ、氷と雪の世界では生き残ることのできなかった多種多様なものが成長しはじめる。木々の植生がゆっくりと北上し、やがて海抜六〇〇メートルほどの山岳地帯まで林に覆われるようになった。氷河が去った跡地には、まずツンドラの動物たちが棲みはじめ、のちに森林の動物も移動してきた。トナカイの群れ、オオカミ、クマなどだ。氷河時代のあとの数千年のあいだ、湖水地方に住み着いたわずかばかりの人々は、牧畜民としてではなく狩猟採集民として生活していた。その後、四、五〇〇〇年前のある時期から、彼らは狩猟採集をしながら牧畜も営むようになった。そして三〇〇〇年前には、ついに完全なる定住牧畜民になったようだ。その生活様式は現在とは少し異なるとはいえ、それでも私が充分に親しみを感じることのできるものだった。続く数世紀のあいだに何度となく侵入者が訪れたが、牧畜文化が失われることはなかった。一〇〇〇年前までに、現在ときわめて似た牧畜方式が確立されるようになった。それ以降、規模の変化はあれど本質的な構造はずっと同じままであり、現在の湖水地方の景観はワーズワースが散策していたころの景観とまったく変わっていない。

もしかすると湖水地方のフェルの住人たちは、イングランドの歴史物語を彩るさまざまな波の狭間で、ただひたすら同じ生活を続けてきたのかもしれない。融けた氷とともに北の潮が引くと、この丘陵地帯――迫り来る南の〝文明〟という大海から突き出た小さな島々――に、住人たちは取り残されたのではないか。ときどき、私にはそう思えてならない。

＊

三〇〇メートル手前に来た時点で、例の老齢の羊が病気だとわかった。いつもの姿ではなかった。猛吹雪から数週のあいだは健康だったにもかかわらず、いまは表情がうつろで耳が垂れ下がっている。命を救うためにあらゆる手を尽くしたものの、容態が急変し、数日後に肺炎で死んだ。

羊飼いは感傷的な人間ではないものの、私たちは羊と生活を共有し、羊を大切にしている。その日死んだ雌羊は、七年前にわが家の農場で産まれた羊だった。ハードウィック種の雌羊を購入して以来、私は麓のインテイクで生活する群れを作り上げてきた。ハードウィック種はフェルの高原地帯に放牧されるのが一般的ではあるものの、麓の囲いで飼育される群れも少なくはない。たとえば、販売用の雄羊を専門的に繁殖する場合、フェルの高地よりも麓の囲い地のほうが管理しやすく、規模は小さくても質の高い群れを作り出すことができる（完全に高地で放牧して飼育するとなると、何百匹もの雌羊を妊娠させるために、麓の囲い地よりも多くの雄羊を放つ必要がある）。ここ一〇年、私はハードウィック種の雌羊が産んだ立派な雄の子羊を育て、毎秋の競売市でほかのファーマーに販売してきた。はじめはずぶの素人同然だった私も、試行錯誤を繰り返しながら群れの質を上げ、いまではやっとプロのブリーダーの一員として認められるようになってきた。

死んだ老齢の羊は群れでもとりわけ優秀な羊で、一〇年間のその旅路の主役の一匹だった。母親も品評会で活躍した立派な羊だったので、その雌羊が産まれたときのことはいまでも脳裏に焼きついている。雨と風が強い日、母羊は倒木の下に避難して雌羊を産んだ。ひとりっ子だった。一年目の夏、その子羊はとくに地面が荒れた場所を好んで過ごした。ほかのところに移しても、なぜか嬉々としてその場所に戻っていった。最初の秋、彼女は品評会の当歳雌羊部門で優勝し、農場に留まることになった（その年に産まれた仲間の一部は、余剰分として競売市に出された）。最初の冬、草が豊かな低地の酪農場に移動して立派な若者に成長すると、翌春、その雌羊は地元の品評会の明け二歳部門で優勝。さらに、最初に産んだ雄の子羊も優勝羊となり、翌年にボローデールのチャペル農場を営むジョー・ウィアに二〇〇〇ポンド（約三六万円）で落札された。つまり、死んだ雌羊の血を引く羊は、いまでは別の谷の農場にもいることになる。さらに、彼女が最後に産んだ娘は親譲りの立派な羊に成長した。その羊もまた、移動するときに群れの先頭を率いるのを好む目立ちたがり屋で、誰かの視線を感じると決まって銅像のように立ち止まった。その雌羊が元気な子供をたくさん産み、死んだ母羊の血が今後も群れのなかで引き継がれる――それが私の夢だ。そんな小さな夢が、この生き方を支える糧となってくれる。

＊

生と死は農場の仕事の一部である。昔、それぞれの農場には死体を一時的に保管するための〝死体の山〟や〝死体の穴〟があった。その死骸を処理するために、私たちは「ナッカー」と呼ばれる解体業者を呼んだ。現れた解体業者の男は、いつも口にタバコをくわえたまま作業を進めた。彼らが運転する古びたトラックは、死臭をたなびかせてあたり一帯を走ったものだ。当時の私は、誰が好きこのんでそんな仕事を選ぶのだろうと思っていた。しかし、それは誰かが引き受けなければいけない仕事だった。

ある日、父と私は死んだ雌羊を一匹荷台に載せ、ナッカーの作業場に行った。父さんの古いポンコツのランドローバーのラジオから流れるのは、ブロンディの『銀河のアトミック』。動物の死体は見慣れているつもりだったが、あれほどの光景ははじめてだった。体が肥大し、口から舌が垂れ下がり、眼球から眼が飛び出た牛や羊。でっぷりとした黒いハエがあたりをぶんぶんうなり、半乾きの血と胆汁が地面にまだら模様を作り、小便の水たまりが至るところにできていた。吐き気を催すほどの強烈な汚臭は、家に帰るまで服に染みついたまま。まるで、動物の死体をガラスケースに入れて展示することで有名なダミアン・ハーストの作品の拡大版を観ているかのようだった。

白黒ぶちの大きな牛の膨れた腹の上に、男がひとり坐っていた。脇に置かれたランチボックスの上にはハエの群れ。乾いた血がこびりついた男の両手を這う肥えたアオバエ。男はその手を使って、バターを塗った白パンと厚切りハムのサンドイッチを食べていた。その顔には、おどけたようなにやにや笑いが浮かんでいる。

　父と私は雌羊を荷台から引っ張り降ろし、死骸が積み重なった小さな山の横に置いた。灰色の粘着物で覆われた地面に、ブーツが沈み込むのを感じた。作業場を出ると、いつもは何事にも動じない父さんが言った。「信じられん。見たか？　あの男の手……あれでサンドイッチを食べてたぞ」

＊

　オックスフォード大学を卒業して実家に戻ると、私が最後までやり遂げたことを家族や友人たちは一様に褒めてくれた。しかし褒められるたび、「まだ何ひとつやり遂げていないのに」と思わずにはいられなかった。学生ローンを返済しなくてはいけないのに、私は無職の身だった。農場には、ヘレンと私が住む家はなかった。けれど私は何も心配などしておらず、むしろ気分は有頂天だった。

　眼のまえにそびえる湖水地方のフェルを眺め、ついに家に戻ってきたのだと実感した。フェルが友達のように私を取り囲んでくれているような気がして、拳を宙に突き上げて叫んだ。「やっと帰ってきたぞ！」

　隣にいたヘレンは、「頭がいかれてる」と言って笑った。

　私は自分自身に、そしておそらく周囲のほかの人たちに何かを証明するために家を離れた。しかし、証明しようとすることに心を満たすものなどほとんど何もなかった。その時点で、証明しつづける渇望は消え失せていた。

＊

灰色の雲が頭上を通り過ぎていく。広大な茶色い牧草地の真んなかで、私は石を拾う。与えられた仕事は、ショベルカーを動かして三〇メートルおきに停め、掻き出された石をすべて車体前部のローダーバケットに投げ込むこと。今日やってきたのは、いとこの農場だ。いとこは横を車で通るとき、「こんな教養のある奴隷ははじめてだ」と冷やかす。私は笑って「失せろ」と言う。仕事を与えてくれたことに、私は心から感謝していた。

オックスフォードから戻って一日か二日もたたないうちに、たくさんの仕事の依頼が舞い込んできた。石垣造り、毛刈り、牛の乳搾り、石拾い……。しかし、そういった雑用の賃金だけでは家を買うこともできないし、祖父の農場の納屋を改築するための住宅ローンを組むこともできない。とにかく、頭を使った専門的な〝良い仕事〟が必要だとわかっていた。九時五時のフルタイムで働きながら、休日や週末に農場の仕事をすることもできる。それに毎朝の数時間、昼の休憩中、終業後の夜を含めれば、ほぼ毎日農場に通い、毎週かなりの量の作業を進めることができる。そのためにはスーッと作業着を日々着替えることになるが、一〇年もそれを続ければ、きっと望むとおりの生活ができるようになるはずだと信じていた。敷地内に家を建て、農場の仕事だけで食べていくことができるはずだ、と。

*

オックスフォード大学を卒業したあと、私は地元に戻って農場で働いた。しかし、それだけで生計を立てるのはむずかしく、時間を作って別の仕事も兼業するようになった。史跡の経済的側面に関する仕事を何度か立てつづけに引き受けたとき、自分がそのテーマに強く惹かれていることに気づいた。それに、インターネットとスマートフォンの進化によって、自宅にいながら自由な時間に働けるようになった。現在、私はパリにあるユネスコ世界遺産センターと「エキスパート・アドバイザー」としてフリーランス業務委託契約を結び、観光が地元共同体に利益をもたらす仕組み作りの手助けをしている。年じゅうさまざまな場所を訪れ、わけのわからない仕事をする私を見て、羊飼い仲間のひとりは「ジェイムズ・ボンドみたいだ」と言って笑った。

ときどき、羊小屋に突っ立ったままユネスコの仕事をすることもある。いまやインターネット接続とスマートフォンがあれば、事実上どこにいても（羊に囲まれていても）仕事ができるし、相手に場所を知られることもない。もし電話の向こうの同僚が「羊の鳴き声が聞こえた気がする」と言ったら、「幻聴だ」と答えればいいだけだ。

副業で得た収入によって、私はついに農場の敷地内にファームハウスを建てることができた。

*

祖父の死から二〇年後、農場が窮地に陥った。

オックスフォードから地元に戻ったヘレンと私は、最初の二年間、農場から北に五〇キロほど離れたカーライルの町に部屋を借りた。生活費を稼ぐため、私は毎朝ヘレンを家に残して農場、あるいは別の仕事場へと向かった。帰宅すると、ヘレンは産まれたばかりの赤ん坊を私の腕のなかに押し込み、「あなたの番よ」と言った。当時、隣の家には素敵な老夫婦が住んでいた。夫のファーギーは水道水を〝公共ジュース〟と呼んだ。子供のころに貧しくて水以外に飲むものがなく、母親がふざけてそう呼んでいたらしい。

その後、今度は私が生まれ育ったイーデン・ヴァレーにほど近い村に引っ越した。少しずつ実家の農場に近づいていく私たちを見て、友人たちはこう冷やかした。「このままの速度だと、人生三回分くらいの時間が必要になるぞ」

カーライルから移り住んだニュービー村の家をヘレンは愛していた。次女のビーが生まれたのは、その家のバスルームでのことだ。翌日、近所の老人が家にやってきて、七〇年あまり前に彼が生まれて以来、（地元の病院ではなく）村で子供が生まれたのははじめてのことだと教えてくれた。ヘレンとしては、長いあいだ快適に暮らしてきたその家を離れるのは本望ではなかった。人里離れたへんぴな場所にある農場に引っ越すことが不安だったのだろう。友人、隣人、それまで築き上げてきた生活から離れ、牧草地の真っただなかに建つ古い納屋に引っ越し、新しい人生を始めることが怖かったにちがいない。だとしても、農場の敷地内で暮らすことは昔からの私の夢だった。ヘレンも私の思いを受け容れてくれた。彼女はいつも私を愛し、私がどうしてもしたいことを尊重してくれた。ヘレン自身も畜産農家に育ったものの、ほかの多くの農場の賢明な娘たちと同じように、農場の仕事から常に一定の距離を置いた。そんな彼女は、いつも冗談っぽくこう言う。「一九年もあなたがしつこく話をしつづけるから、やっと牧畜に少しだけ興味が湧いてきたわ」。それでも、彼女は自身が思っているより幅広い知識を持ち、農場のさまざまな仕事をてきぱきとこなしてくれる。

数年後、農場の納屋を住居に改築する工事が終わった。子供たちも近くの学校へと転校し、私たちはその家で新たな生活をスタートさせた。私の世界のすべては、いまでは農場に存在すると言っていい。家族、羊、わが家。暗い雨の日が永遠のように続いても、ここに来たことを後悔したことは一度もない（この地域では雨ばかりなので、それはいい心がけだと言える）。

とくに冬のあいだは、毎日がひたすら同じ日の連続に感じられることもある。秋の競売市が終わると、二日酔いのようにすっきりしない不吉な空気感にあたりは包まれ、眼前に冬が少しずつ広がっていく。冷たくじめじめした天気は早ければ一〇月に始まり、再び暖かさが戻る五月までひたすら続く。つまりこの土地では、一年のうち八カ月ものあいだ冬のような天気が続くということになる。ここでは、イングランド南部のように四季が穏やかに移り変わることはあまりない。春と秋は慌ただしい移行期間でしかないことが多く、冬のような長さも存在感もないままに過ぎていく。穏やかな世界が訪れるのは、短い夏のあいだだけだ。

＊

窓を叩きつける風と雨の音に眼が覚める。ベッドに横になったまま外に眼を向けると、薄汚れた茶色いじゅうたんが敷かれた谷の姿が見える。ヒース、泥、骸骨のようなオークの木。遠くの峡谷から、小川の激流が石にぶつかる轟音が聞こえてくる。フェルの頂上を覆うのは、鈍色（にびいろ）の雲。朝、窓の外を見るわずかな瞬間が、どんな一日が待ちかまえているかを教えてくれる。ウォーキングブーツで作業できる楽な一日になるのか、防水仕様の防寒着を着込んでの闘いのような一日になるのか。

目蓋が開かれたそのときから、頭のなかで時計がチクタク音を立てて時を刻みはじめ、作業ができる日照時間が限られていることを教えてくれる。罪の意識か恥によって増幅した頭の声が、「群れの羊はおまえほど幸運に恵まれてはいない。夜のあいだ悪天候にずっと耐えてきたのだ。絶対にヘマをするな」と警告してくる。冬、空が明るい時間はそれほど長くない。東のフェルの上に太陽が昇ったとたん、タイマーはすぐに動き出す。その有限の時間のなかで、それぞれの群れの世話をしつつ、必要な作業をすべてこなさなければいけない。天気のいい日には、私は時計の存在に気づきもしない。しかし天気の悪い日には、頭蓋骨の内側で時計の音が大きくこだまする。もはや逃げ道はない。少しでも気を抜けば、羊は死んでしまうかもしれないのだ。

冬の雨の日に水浸しになって働くこと――そこに喜びを見いだすことはむずかしく、耐えられずに途中であきらめてしまう人も多い。〈ナショナル・トラスト〉がこの世界に不慣れな人間――牧畜生活への強い憧れを持ち、現実が見えなくなった人たち――に農場を貸し出すと、たいてい悪い結果につながるものだ。そういった人たちの頭のなかでは、「ベッドから出て外に行って働け」という声が大きく響かない。羊と土地を大切に思う気持ちは小さく、冬になって家の外に出ることが億劫になると、当初の強い憧れはどこかに消えてしまう。すると、あらゆることが破綻しはじめ、彼らはすぐに農場を離れることになる。頭のなかの声こそが、湖水地方の景観を保ち、石垣を修理し、牧草地の水はけを改善し、羊を手塩にかけて育てるための原動力となるのだ。農場での仕事の多くは、〝合理的な経済的意味〟の枠の外にある。なかには、石垣の修理に一年のうち五〇日以上を費やすファーマーもいる。ファーマーたちはただ、やるべきことをやっているだけなのだ。おそらく、崩れた石垣の石を売って金にするのが現代的な選択肢にちがいない。

私は朝食を掻き込む——コーンフレークかオートミール。

「悪い天気などない、あるのは悪い服装だけ」ということわざがある。すべてが腑に落ちたわけではないが、重ね着が重要であるということに疑いの余地はない。防寒機能付きの下着、肌着、Tシャツを着込み、パンパンの小包みたいになるまで重ね着すると、体もぽかぽかとしてくる。しかし同時に、私の心は沈んでいく。なぜなら、朝六時のこのときが、一日のなかでもっとも温かく乾いた状態だとわかっているからだ。さらに、服の乾燥がこの時期のもっとも厄介な問題になる。自宅のキッチンじゅうに水浸しのジャケット、オーバーオール、帽子、手袋を吊るしたところで、羊のにおいがただよう室内の空気はじめじめと湿っぽく、衣服が完全に乾くことはない。そのせいか一度肺炎にかかったことがあるが、再発したとしても誰も驚きはしないだろう。その昔、この地域の湿っぽい家々の住人にとって、肺炎は命をも奪う恐ろしい病気だった。そんな病気を少しでも防ごうと丈夫なジャケットを新調しても、代わりを買うのをためらうほど短期間でぼろぼろになり、破れてずたずたに裂けてしまう。仕事着の私は、きっと老人のように見えるだろう。大昔のモノクロ写真に写るファーマーのように。

仕事は単純だ。牧草地を動きまわり、それぞれの群れに餌を与え、様子を見守る。そして、何か問題があれば対処する。

羊飼いの仕事の掟三ヵ条――

一、自分自身ではなく、羊と土地のために働くこと。

二、「常に勝つことはできない」と自覚すること。

三、ただ黙々と働くこと。

＊

毎年、一二月のある時点になると、雌羊たちには栄養補給のための干し草が必要になる。厳しい天候の影響が少しずつ群れにも現れ、羊は体調を崩しはじめる。私たちは餌を与えて世話も細やかにし、なんとか負の効果を減らそうとする。しかし天気が悪くなると、羊たちは一日じゅう雨に打たれ、雪に覆われ、膝まで泥に浸ったままその場に立ち尽くすしかない。あるいは、吹きすさぶ風を避けるために、石垣のうしろで不機嫌そうにじっと待つだけ。そのため、朝から夕方にかけての短いスパンで羊の体調が急変することも多い。

子供のころ、私は祖父を追って牧草地に行き、柵用の支柱と金網を組み合わせて干し草台を作るのを手伝った。私が支柱を手で押さえると、祖父はハンマーを使って硬く冷えた地面に突き刺した。少し慣れてくると、ハンマーが振り下ろされるたび、狙いが外れないかと冷や冷やしたものだ。ハンマーが振り下ろされるたび、祖父が狙いを外したり手を滑らせたりするのに備え、すぐに腕を引っ込めることのできる持ち方を編み出した。ある日、それを見た祖父は笑い声を上げ、柵造りに熱心だったある兄弟の話を教えてくれた。ある日、兄がハンマーを頭上高く持ち上げたとき、弟は地面の硬さを調べるために柵の支柱の上に手を置いて揺らしていた。次の瞬間、振り下ろされたハンマーが、弟の手を直撃してしまったという。

次に、祖父は柵に使われる金網（祖父は「豚用ネット」と呼んだ）を広げ、ふたつに折り曲げて金網の封筒を作った。私がその金網を持ち上げると、祖父は支柱とつなぎ合わせて胸元の高さで固定した。できあがった干し草台は、安っぽい漁網のように見えた。ところが、六個ほどの梱を開いて金網に載せると、雰囲気は一変する。上質な夏の干し草。農場内でもっとも優美で甘くかぐわしいにおい。真冬のはずなのに、晴れ晴れとした太陽の息吹が感じられる瞬間だ。梱を開くと厚いスライス状に干し草が解れ、七月にロールベーラーに巻き込まれて圧縮された花、ソラマメ、草、ハーブが姿を現す。冬、干し草を地面にまくと、同時に無数の植物の種子があたりに散らばる――ティモシー・グラス、イトコヌカグサ、ウシノケグサ、イエローラトル。

餌を気前よく振る舞うファーマーがいる一方で、山岳地帯の屈強な雌羊に干し草が必要なのは欠点だと考える人もいる。わが家の農場のポリシーは、雌羊に干し草をたっぷり与え、春に元気で立派な子羊を産むための体調をしっかり整えるというものだ。新鮮な草がまだ地面に残っていた一週間前には、雌羊たちは干し草に見向きもしなかったが、いまでは手作りの干し草台の前に列を作って草を口で引っ張り出している。父と私は、丘の斜面に点々と置かれた金網の干し草台に、百科事典ほどの厚さの干し草のスライスを補充していく。

ここ一〇年のあいだ私たちは、冬になると毎朝のように大量の干し草を手で運び、農場じゅうの十数カ所にある干し草台や餌入れを補充し、羊がいつでも乾いた草を食べられるようにしてきた。霜の降りた朝は美しく牧歌的だが、そんな長閑（のどか）な日が訪れることは珍しい。たいてい凍てつく冷気か雨が体に襲いかかり、草から舞い上がった種子が容赦なく眼を攻撃してくる。干し草台のまわりは泥濘（ぬかるみ）だらけなので、滑って転ばないように足元には常に注意が必要だ。強風が干し草台に吹きつけ、蓋をもぎ取ろうとする。ゲートの扉をなんとか手で押さえようとしても、風に煽られてしたたか石垣にぶつかってしまう。日照時間は短く、屋外での作業をすべて終わらせることなどできるはずもない。都会から農場に遊びにきた友人たちと、午後三時に紅茶を飲みながらおしゃべりしていると、私はどんどんと落ち着かなくなってくる。（彼らは知る由もないが）日没までの残り一時間のうちに、昼間にしかできない残り三つほどの作業をすべて終わらせなくてはいけないのだ。そんなとき、私は短気で面倒くさい人間になってしまう。しかし同時にそれは、この北の大地にも電気が発達し、ほとんどの住人が太陽のサイクルから解放されたという証拠でもある。ところが、農場に電気のスイッチはないので、ファーマーはいまでも太陽の動きに合わせて生活しなくてはいけない。

＊

この冬の日々、冷たい風が体に吹きつけると、頭のなかは絶望感でいっぱいになる。冬の日々、羊は石垣の陰で不機嫌そうに立ち尽くす。陽が短く、陰気で、暗い冬の日々、人間にできるのは踏ん張ることだけ。ただ立ち上がることさえも困難な冬の日々、私たちはこう気づかされる——寛容とは言えない過酷な世界では、人間はなんと弱い生き物なのだろう。

灰色の雲に覆われる真冬の数週間、すべてが停滞するような感覚になることがある。触れるものすべてが湿っており、ゆっくりと腐って土に還っていく。石垣の上部を覆う深緑のコケは、キルトのように見えた。毎朝、私が家を出るときに、まだ眠る子供たちの絡み合った脚の上にかけられたキルトのようだった。銀色の地衣類がゲートの柱、木枝、囲いの支柱に貼りつき、宙へと触手を伸ばす。聞けば、空気が穢れなくきれいだからこそ、この地域には地衣類が育つのだという。アイリッシュ海から車で一時間も離れたこの地域でも、空気に海の塩味を感じることがある。それほど空気は澄みきっているのだ。冬のあいだ、土地は水浸しになる。排水溝や手つかずの水源からふつふつと水が湧き上がり、大地に流れる。ときに、平地よりも丘の斜面のほうが水浸しに見えることさえあるものだ。こんな環境のなかでは、人間と羊の体力はすぐさま消耗してしまう。風吹きすさぶ冬に打ち勝つには、ただこの場所に留まり、夏が来たらすぐさま体を回復させるしかない。ときどき、湖水地方の住人たちの帰属意識は、これまで耐えてきた悪天候によって生まれるのではないかと思うことがある。住人たちがこの地に属するのは、風、雨、霰(あられ)、雪、泥、嵐には私たちを変える力がなかったからではないか、と。

変化への抵抗は、私たちにとって大きな意味を持つものだ。私の父は、あらゆる人の生活を向上させると喧伝(けんでん)された新テクノロジーをことごとく拒みつづけてきた。四輪バギー、携帯電話、クレジットカード、コンピューター……そのすべてに父は端(はな)から疑いの眼を向け、何年も抵抗しつづけた。

正直なところ、「冬の日々が大好きだ」と言うとさすがに嘘になってしまう。それでも、夏への憧憬が、冬を乗り越える力を与えてくれる。それに冬には、泥沼や重労働を忘れさせてくれるほどの美しい瞬間があるものだ。近づくと、草むらから飛び出すシギ。しげしげとこちらを見つめ、最後の瞬間に古い巣穴から飛び出す野ウサギ。弱々しい太陽の光。ノハラツグミの集団は、銀色に光る羽の下に体を小さく折り畳み、風に押し戻されそうになりながらイバラの生け垣のほうに飛んでいく。

*

フェルから農場へと流れ込んでくる小川のほとんどは、大人がまたいで渡れるほどの幅しかない。細い糸のような源流の水は、数百メートル斜面を下るうちに白く泡立つリボンに変わり、丘の中腹の岩々を縫うように進み、この地域をアイリッシュ海や大西洋とつないでくれる。

生前の祖父は、一一月末から一二月にかけて起きる小川の氾濫をいつも愉しみに待っていた。大水は、サケやマスといった収穫をもたらしてくれた。冬が始まると、祖父は羊の世話の合間を見ては、毎日のように小川の様子を確かめにいった。家に戻ってくるなり、丸々とした銀色の流線形の魚が川を遡上していたとうれしそうに報告した。今年も魚が戻ってきた、と。

噂によると、その昔、地元の若者たちは小川の魚をよく密漁していたという。彼らは夜中に集団で押し寄せ、懐中電灯で川床を照らし、冷たい水に腰まで浸かり、金属製のギャフで魚を釣り上げた。魚鉤に突き刺さった大きなサケが体を震わせると、自分が生きていることを実感して興奮したらしい。夜更け過ぎに他人の敷地内に入り込み、河川取締官と取っ組み合いになったり、慌てて逃げ出したりするはめになるのを恐れながら魚を捕るのが愉しかったという。すぐそばには移住者たちの家があり、彼らがいつ窓の外を眺め、谷底で輝く怪しげな懐中電灯の光を見つけて警察に通報するかもわからなかった。若者たちは魚を捕まえるたびに大喜びで友人に報告し、草むらに釣果を放り投げたという。そんな噂を耳にしたことはあったものの、私自身は誘われたことはなかった。そもそも密漁は違法だ。それに、長年の大規模な乱獲によって海の魚は根こそぎにされてしまい、いまでは遡上してくる魚もめっぽう減ってしまった。しかし現在でも、魚鉤がかかったままの魚が砂利の上に置き去りにされていることがある。たまに、銀色に輝く魚が浅瀬を泳いでいるのを見かけることもあった。

＊

眼も覚めるような青に包まれた、凍てつく朝。西のほうから、キツネを追う猟犬の吠え声が聞こえてきた。私のすぐ脇では、祖父が羊に餌を与えている。狩り場は五キロほど離れた場所で、ワラビに覆われたフェルの山肌が目隠しとなってこちらからは見えない。

この近くではかつて、獲物を追って農場を横切る猟犬を見かけることがよくあった。湖水地方のフェルでのキツネ狩りは、ロンドン周辺のホーム・カウンティで貴族が正装に身を包んで行なっていたような格式高いものではない。ここでは人間が歩いて森を進み、フェルの狩り用に訓練した狡猾な猟犬の一団を放ってキツネを追うというのが一般的なスタイルだった（起伏に富んだこの地域では、キツネが犬を負かすことのほうが多かった）。いったん狩りが始まると、興味津々の老人たちが近くの道路に車を停め、双眼鏡を手にその様子を見守ることもあった。善悪は別として、冬のキツネ狩りはまさに圧巻の光景だった。祖父は動物愛護運動家とはほど遠かったが、地域の多くの男たちと同じように、キツネ（彼らはやや大仰に「レイナード」と呼んだ）に対して渋々ながら一定の敬意を払っていた。私たちファーマーにとってキツネは同情の対象にはならないものの、厳しい動物界を生き抜く術を知るタフで狡猾な生き物の象徴だった。

キツネが猟犬を撒いて逃げる姿を眼にするたび、祖父の顔にはいたずらっぽい笑みが浮かんだ。狩りを見物するときの祖父は、不利な立場に置かれたキツネをいつも応援しているように見えた。しかし、出産時期に産まれたばかりの羊を殺されたときだけは別で、そのときにかぎってはキツネが狩られるのを当然の報いとして黙認した。

猟犬の吠え声のほうに眼を向けると、はるか遠くの農場の東端にキツネの姿が現れる。

陽光を浴びるその姿は、真っ赤な小さい点でしかない。キツネは流れるような足取りで斜面を横切っていく（キツネが何キロも易々と走ることができるのは、その軽快な足取りのおかげだ）。太陽がキツネの毛をとらえると、その体が燃えるようなオレンジに輝いて見える。キツネはわざと垣根に開いた穴をすべて抜け、すべてのゲートの下をくぐり、庭のように知り尽くしたフェルの中腹をこちらに向かってくる。その一キロ半うしろに、キツネのにおいをかぎつけた第一陣の猟犬。日光に白く輝く犬たちは、斜面を転がり落ちる精巧な陶磁器のようだ。

キツネは道路を渡ってわが家の農場の敷地内に入ると、そのまままっすぐ駆け寄ってくる。私は祖父のほうに一歩近づく。肩をつかむ祖父の指から、興奮が伝わってくる――〝じっとしてろ、見逃すなよ〟。キツネは、草を食む羊の集団がここにいることをずっと前から把握し、群れに紛れて自分のにおいを消そうと近寄ってきたのだ。次の瞬間、私たちのわずか五メートルほど前方をキツネが通り抜けていく。羊たちは我関せずという態度を貫くが、脇に移動してキツネの通り道を作る。キツネは一瞬だけ立ち止まり、こちらに視線を向ける。それから雌羊の群れの周囲をまわり、三軒隣の牧草地にいる猟犬のほうに頭を向け、時間を計算するようにちらりと見やる。祖父と私が見守るなか、キツネはうしろの斜面を駆け下りて谷床に突き進み、そのまま沼地の草むらを抜けていく。

キツネのにおいを追って隣の牧草地までやってきた猟犬たちは、見るからに感情を高ぶらせている。しかしキツネほど土地勘はなく、犬たちはフェンスの穴やゲートの下の隙間を見逃してしまう。何度も立ち往生しては無理やり柵を飛び越え、道に迷っては再びキツネのにおいを見つけて前進する。そのときの私は、心臓が胸から飛び出しそうなほど興奮していた。先頭の猟犬がこちらに向かって斜面を疾走してくると、雌羊たちが牧草地の外れの静かな場所へと散らばる。ほかの猟犬も石垣を飛び越え、あとに続く。集団の残りの猟犬たちも、近くの牧草地からこちらに進んでくるのが見える。先頭の猟犬が懇願するような視線をこちらに向けてきたので、私と祖父はおもしろがって肩をすくめてみせる。犬は鼻を宙に突き上げ、羊とキツネのにおいを嗅ぎ分けようとする。後続の犬たちも追いつき、困った様子で私たちを取り囲む。やがて一匹の犬が、さきほどキツネが逃げていった生け垣のほうに臭跡を発見。猟犬たちはまた吠え声を上げると、転がり落ちるように斜面を進み、フェンスを越えて谷床へと進んでいく。

最後までキツネは捕まらなかった。私と祖父はその場に突っ立ち、谷床の沼地でなんとか臭跡を嗅ぎ分けようとする犬たちを観察した。その日の朝、その谷床に少なくとも五匹のキツネが集まり、それぞれ別々の方向へ歩いていったのを私たちは知っていた。猟犬たちは複数のキツネのにおいに戸惑い、ただ途方に暮れるしかなかった。祖父は笑みを浮かべて言った。「利口なキツネの圧勝ってところだな」

＊

二匹の雌羊がその場に倒れ込む。口からよだれを垂らし、体を震わせ、立ち上がることができずにうずくまるその姿は、どこまでも痛々しい。群れに餌を与えたときにも、二匹はもう駆け寄ってくることができないほど弱っていた。一匹は頭をぐったり地面に下ろし、リステリア症特有の眼つきでこちらを見つめてくる。リステリア症は羊の脳機能を蝕む突発性の病気で、抗生物質を投与しても死に至るケースが多い。一週間前にも立派な羊がリステリア症で命を落としたばかりで、今回も同じ症状に見えた。私は二匹を抱えて納屋へと連れていき、薬を投与する。羊を見つめて佇む父をその場に残し、私はコーヒーを飲みにいく。気分は最悪だ。病気になったのは、群れのなかでももっとも血統のいい羊たちだった。どこか引っかかるところがあったが、それが何かわからない。普通、リステリア症の羊はこんなふうにうずくまったりしない。今日のケースは、急激に下がった気温と関連しているように思われてならなかった。しかし私の頭は疲れすぎていて、まともに考えることができない。三〇分後、代わりに父が答えを導き出してくれる。「これはリステリア症じゃない。スタッガーだ。カルシウム剤の注射を打ったら、もう回復してきたみたいだぞ」

父の言うとおりだった。どんなに経験を積んでも、自分より羊について詳しい人間——

たいていは年長者――がいるものだ。スタッガーはカルシウム不足が原因で惹き起こされる症状で、天候の急変や草の急生長によって発生する病気だ。一般的には、草が萌え出すころに老齢の羊がかかりやすい病気ではあるものの、この二匹の若い雌羊がスタッガーであることは疑いようがなかった。治療法は単純。大量のカルシウム希釈溶液を皮下注射で注入し、あとは見守るだけ。回復する見込みはリステリア症よりもはるかに高い。注射をしたとたんに立ち上がり、そのまま走り去ってしまうことも珍しくない。一時間たっても羊はぐったりしたままだったものの、二匹を苦しめていたものが何にせよ、それが和らいでいることは明らかだった。腕のいい牧夫は、羊を見つめ、観察し、考えることに多くの時間をかける。車で農場の横を通りがかるとき、何もせずに突っ立ってゲートの向こうを眺める羊飼いを見かけることがあるはずだ。一見ぼうっとしているだけに見えても、彼らは仕事の真っ最中なのだ。

*

父さんは私の〝二重生活〟に対してとても寛容で、応援までしてくれた。たとえば羊の囲いで同じようにせっせと忙しく仕事をしていると、父が急に手を止め、私のほうに向き直ってこう言うことがあった。「コンピューターでやらなきゃいけない仕事があるんじゃないか？　ここは俺に任せておけ」

誤解しないでほしい。父さんと私はいまでも全身全霊で羊を飼育している。私は羊を心から愛しているし、できることなら羊飼いの仕事だけで生活したい。父はそんな私の気持ちを知りつつも、同時に厳しい現実を理解しているのだ――生計を立てるためには別の仕事が必要であり、この地域ではそうやってファーマーたちは生き残ってきた。

*

農場と現在の生き方を護るためには、ほかの仕事に頼らなければいけない。にもかかわらず、父、母、妻、子供たち、親戚を総動員しなければ、農場をいまのまま維持することも叶わない。もっとも賢明な解決策は、家族それぞれの才能を最大限に活用することだ。つまり、「私は別の仕事に取り組んでもっと収入を得るべき」と誰かが考えれば、私はすぐにでも農場を追放されて別の仕事に専念することになる。

かつての私は、同時に二方向に引っ張られるようなこの緊張感が大嫌いだった。それは、「なによりも農場を優先すべき」という子供のころから培ってきた感覚と相対するものだった。しかし、そんな感覚にも時とともに少しずつ慣れてくるものだ。事実、私たちのような家族の大多数が現代社会に片足を置き、もう片方を昔ながらの生活に置いている。農場仲間の多くはキャンプ場やB&Bを経営しているし、家計を助けるために妻が外で働くこともあれば、ファーマー本人が一定の季節のみ出稼ぎに出ることも多い。そうやってスコットランドの小規模畜産農家は生計を立て、ノルウェーなどのファーマーたちは生き残ってきた。

過去の伝統が消えてしまってから人々がそのことを後悔する——これまで、私はそんな場所をたびたび訪れてきた。ノルウェーのある丘陵地帯では、その地域の特色を保つために、自治体を挙げて畜産農家の復活を推し進めている。畜産業の影響が及ぶのはたんに景観だけではない。農場は地元の食品産業を維持し、観光業を支え、過疎地域における唯一の収入源を与えてくれる。ノルウェーの一部の地域では、人里離れた遠隔地にぽつんと建つ農家の住人が監視・通報しなければ、森林火災を管理することさえできないのが現状だ。しかしそれ以上に、伝統的な牧畜が消滅すると、遠隔地から輸送される加工食品に共同体がますます依存することになり、それにともなって環境コストが増加する（くわえて、人と土地との文化的なつながりも断たれてしまう）。するとはじめに、その地に根づく伝統的技術が失われ、そのまま住みつづけること自体がむずかしくなる。そうやって地力が衰えつづけると、将来的に現在とはまったくちがう土地へと変わってしまうことになる。湖水地方で働く人間に、野生の力を侮る者はいない。

＊

　私の人生の大部分と同じように、ヘレンとの結婚も恐ろしいほど古風なパターンに則ったものだった。彼女もまた、イーデン・ヴァレーの家族経営の農場で生まれ育った。乳牛と羊の群れを育てる彼女の父親と私は以前から仕事上のつき合いがあり、ヘレンと出会うずっと前からお互いをファースト・ネームで呼び合う間柄だった。はじめてのデートの日、一張羅を着込んでヘレンを迎えにいったときにも、私と将来の義父は羊の価格について一〇分ほど話し込んだ（ヘレンは困り果て、ひどく決まり悪い思いをしていた）。

　もともとヘレンの父親は私の父と友人同士で、父さんは向こうの家にも何度か行ったことがあった。羊の競売市のあとの打ち上げでは、酔っぱらってトイレで嘔吐したこともあったらしい。おそらくその時点では、将来の義母はわが家に対してあまり好印象を抱いていなかったにちがいない。そのせいか、私がヘレンにふさわしい相手かどうか、最初のころの義母は少し懐疑的だったようだ。ヘレンの祖父は地域でも指折りのクライズデール馬のブリーダーで、私の祖父と友達だった。何代にもわたってそのような友人関係が続き、ヘレン一家の物語とわが家の物語にはたびたび同じ人間が登場する。とくに祖母ふたりが生涯の親友同士だったため、ヘレンと私の出会いは仕組まれたものだったのではないかと疑ったこともあった。はじめて〝孫の彼氏〟として紹介されたとき、ヘレンの祖母アニーは私の大おじのジャックのことを話してくれた。大おじが運転するバイクの後部座席に乗り、ダンスに出かけたことがあったという話だ。昔を思い出して笑うアニーに、大おじが速い男だったのかどうか尋ねずにはいられなかった。アニーは言外の意味を汲み取ってくすくす笑い、「そうさね、いろいろな意味でな」と言った。

＊

大おじジャック——あるいは「ピオ」という通称で呼ばれた人物——は、この界隈では名の知れた有名人だった。ファーマー、競走馬の調教師、卵の販売業者……それらにくわえて、彼が生涯ほかにどんな仕事をしたのかは神のみぞ知るところだ。私の父親が車の免許を取得したばかりのとき、よくジャックの運転手役を命じられたらしい。最後にはパブや人里離れたファームハウスでの飲み会に発展することが多く、深夜にお開きになると、父は参加者全員を地域じゅうの農場まで送り届けたという。ジャックはいつも、地元ホテルとの卵の取引で得た〝エッグマネー〟をポケットに忍ばせていた（すべて現金払いだったので、税務署にも見つからなかった）。シチリア島のギャングのように、ポケットではいつも分厚い札束がぱたぱた揺れていた。ジャックにとっては、それはごく自然なことだった。

ある日、ジャックは私の父らと一緒に畜牛を競売市の会場まで歩かせていた。牛の群れのうしろには、短気な若者が運転する新車のミニ。おそらく、地元の町への出勤途中で急いでいたのだろう。男は牛の群れに車を近づけてプレッシャーをかけ、エンジンを吹かし、「遅い、遅い」と大声でまくし立てた。ジャックは落ち着くように伝えたが、男は嫌がらせをやめずにさらに声を荒らげ、群れすれすれのところまで車を近づけてきた。と、それに驚いた雄牛が不意に振り返って飛び跳ね、車のボンネットの上に腹から着地。車体は牛の形に凹んでしまった。外に飛び出した若者は半泣きで文句を言い、愛車の惨状に恐れおののいて両手を宙に掲げた。群れを率いる男たちは自業自得だと考え、そのまま歩きつづけた。ところがジャックはわざわざ引き返し、若者の体を小突いて黙らせ、車の価格を尋ねた。男が価格を答えた次の瞬間、ジャックはなんのためらいもなくエッグマネーの新札の札束を引っ張り出し、車の価格分の五〇ポンド札を数え、相手の上着のポケットに押し込んだ。「俺の車を路肩に停めたら消え失せろ。それと、うちの連中に二度とちょっかいを出すんじゃないぞ」

私が実際に眼にしたジャックは、祖母のもとを毎週訪れ、用意されたハードキャンディを舐める老人だった。ジャックにまつわる逸話はいくつもあるものの、とりわけ自身の〝通夜〟を計画して主賓として参加した話は有名だった。ジャックは地元のホテルでど派手なパーティーを催し、何百人もの友人を招待した。まだ病気の兆候もなく、もちろん死が差し迫っていたわけでもない。ただ自分の通夜はきっと愉しそうだと予測し、参加したいと考えたらしい。数年後、いまだ健康体だったジャックは、再び通夜を計画してたくさんの知り合いを招いた。カンブリア地域の五〇歳以上の住人に彼の名前を言えば、ほぼ全員がそれぞれに異なるジャック・ピアソンのエピソードを語ってくれるはずだ。

＊

クリスマスの前週、上の娘が牧羊犬の子犬を抱いている。クリスマスと子犬を結びつけるのは気が進まなかったが、もう避けられそうもなかった。「世界一かわいい子犬コンテスト」があったら、白黒ぶちのこの雌犬が圧勝するのはまちがいない。私たちは、家族ぐるみの友人であるポールが所有する古い納屋にいる。彼は優れた牧羊犬のブリーダーで、ときどき余った一匹か二匹を知り合いに売ってくれることがある。厳しい訓練を受けた優秀な牧羊犬は、数千ポンドで取引されることも珍しくない。そのため、子犬が産まれても農場内で飼育・訓練されるケースが多く、子犬の段階で売りに出されることはめったにない。ポールから子犬を譲り受ける機会が巡ってきたのも、数年待ってやっとのことだった。自分の犬たちを心から愛する彼は、当然、才能を無駄にしそうな相手に子犬を譲ろうとはしない。そんな彼が私たちに子犬を譲ってくれるというのは、ちょっとした名誉だった。

チャンスは一度きり。今回譲り受ける子犬の訓練に失敗すれば、二度とこんなチャンスは巡ってこない。私の心を見透かすように、娘は「イエス」を求める表情でこちらを見つめる。譲り受けるのがどの子犬なのかはまだ教えられていないので、娘はがっかりするかもしれない。

しかし、ポールはすべてをわかったうえで、その子犬を娘に手渡していた。彼はにこりと笑い、「まだ引取先が決まっていない雌はその犬だけだ」と告げる。私はほっと安心するが、娘はいち早く車に戻ろうとそわそわしている。ポールが考えを変え、申し出を取り下げるのが怖いのだろう。家に戻ると、子犬をベッドに連れていこうとする娘から、私は半ば力ずくで犬を取り上げなくてはならなかった。子供たちには、牧羊犬はペットではないということをしっかり教えなければいけない。

牧羊犬の訓練は容易ではない。一二歳のときに一度失敗し、つくづくそれを痛感した。当時、私は父さんの許可をもらい、ラディーという名の美しい雄の子犬の訓練を担当することになった。正しい訓練方法など知るはずもなく、犬が思いどおりに動かないと、私はイライラして声を張り上げた。犬は戸惑い、ときに怯えた表情を見せた。指示が必要な子犬と、指示の出し方を知らない少年——それは最悪の組み合わせだった。訓練方法を熟知し、ゆっくりと時間をかけて牧羊犬を育て上げることのできるファーマーは、想像以上に少ないものだ。そのため、多くの犬は基本的な仕事はできても、それ以上のことはほとんど何もできない。牧羊犬に指示を与えて思いどおり動かすことは、決してたやすいことではない。一二歳の私には、分別も、忍耐力も、寛容さも足りなかった。大人になったいまでも、牧羊犬の訓練では自分が試される場面にたびたび遭遇する。

それから数年間、ラディーは懸命に働いてくれた。ラディーがすばらしい働きぶりを見せ、お互い理解し合えたと思える瞬間も何度かあった。一度、ラディーと私は見事に連携し、牧草地にいる一〇〇匹ほどの群れから、品評会のために必要な二匹の雌羊を選り分けて家に連れ帰ってきたことがあった。しかしそんな幸運はまれで、ラディーが本来の才能を存分に発揮できていないことは明らかだった。私がかっとなって怒鳴りつけると、ときどきラディーは農場に帰ってしまうことがあった。私たちのあいだに信頼関係などなかった。それが誰のせいか、言われなくても痛いほどわかっていた――私はラディーを失望させてしまったのだ。振り返ってみると、私にもう少しだけ知恵があれば、ラディーはもっと優秀な牧羊犬に育っていたにちがいない。しかし人生は巡り、人間は過去から学んで次に活かすことができる。私は二度と同じまちがいを犯さないと心に誓った。

わが家にやってきた子犬は「フロス」と名づけられた。

＊

フロスは物覚えが早かった。まずは一日に二度の短い訓練を行ない、「伏せ」「つけ」「戻れ」の三つの練習から始めた。次に羊と対面させると、はじめは戸惑い気味だったものの、羊が走って逃げ出したとたんにフロスは自分を抑えられなくなった。何かに突き動かされるように、フロスは猛スピードで牧草地を駆け抜け、逃げた羊たちを私の近くへと連れ戻してきた。自信をつけさせるために何度か練習を繰り返すと、てんでに散らばった五、六匹の羊を誘導できるまでになった。それからわずか一〇日ほど訓練を続けると、フロスはすでに本物の牧羊犬よろしく働きはじめるようになった。私は丸い囲いに羊を入れ、犬にそのまわりを走らせた。号令の意味を教え込むため、フロスが時計回りにまわると「来い（come bye）」と呼ばわり、反時計回りにまわると「行け（away）」の指示を出した。最後に牧草地で実践練習すると、フロスははじめから見事な動きで羊を操ったのだった。私たちは理解の糸でつながっていたが、その糸はいつ切れてもおかしくはなかった。子犬の訓練では、糸がぷちっと切れることがよくあるものだ。すると犬は戸惑い、失望し、途方に暮れてしまう。訓練でなにより大切なのは、その絆の糸を探し、理解と信用を深め、互いに信頼関係を築くことだ。

　羊飼いのなかには、まるで魔法使いのごとく犬を器用にしつける人もいる。しかし私は素人なので、困るたびにポールに電話して質問した。彼は辛抱強く質問に答え、コツを教えてくれた。時がたつにつれ、とんでもなく賢い犬を譲り受けたのではないかと感じるようになった。普段のフロスはとても臆病だった。牧羊犬の多くと同じように、彼女はペット扱いされることをよしとせず、ただ仕事だけに打ち込んだ。フロスといると、こちらが誇らしい気持ちになった。やり方を一度教えるだけで、すぐにマスターしてしまうのだ。フロスはみるみる調子を上げ、より速く、より強くなった。彼女は私の指示にじっくり耳を傾けた。それどころか、指示を出すまえから、次に求められる動きを予測しようとした。号令の最初の音節を発したかどうかの時点で、すでに振り返っていた。もはや命令と反応の域を越え、理解や考えを共有しているかのようだった。フロスは、私の脳と腕の一部のようなものだった。

しかし、働きはじめたころのフロスは未熟で、指示のあるなしにかかわらず、自分が必要だと考えたことをなんでも行動に移した。たとえば、私としてはゲートの先に羊を進めたいのに、フロスは群れをその場に留めようとすることがあった。大声を上げようとしたところで、そうしたら怒っていると思われてしまうと気づいて自分を抑えた。代わりにすぐにフロスを呼び戻し、命令のほんとうの意味を教えた。私の足元に戻ってくるフロスの顔には、笑みのようなものが浮かんでいた。これほど賢い犬と一緒に働けることに、私は心から感謝した。

＊

ある日のこと、妹とその夫が父を手伝うために農場にやってきたとき、子供のようなミスを犯してしまった。四輪バギーの後部座席に置かれた濃厚飼料（穀物を練り込んだ濃縮物）の袋の口が開いていることに気づかず、そのまま斜面に車を走らせてしまったのだ。中身は牧草地一面に散らばり、使い物にならなくなった。そのミスに気づかないまま戻ってきたふたりに、父の怒りが爆発した（父が放った罵声の言葉の詳細については、読者のみなさんの想像に任せたい）。義理の弟は温厚でやさしい性格の持ち主で、めったに怒ることのない人間だった。が、そのときばかりは父の言葉にぶちギレ、妹を引き連れてものすごい勢いで去っていった。家の横に停めた車に乗り込むとき、ちょうど通りがかった私のほうに向き直って義弟は言った。「あんたの親父は手のつけられないクソ危険人物だよ」

家族の喧嘩ではいつものことながら、二日もたつと、そんな事件のことなど誰もが忘れてしまった。しかし、「危険人物」というフレーズだけはみんなの記憶に残り、それが家族内での父のニックネームになった。そう呼ばれると、父自身も小さく微笑んだ。昔もいまも、父との共同作業には大きな危険がともない、最後は大喧嘩というのがお決まりのパターンだった。一度、週末のあいだだけオックスフォードから帰省したとき、車から降りるなり、父が罵詈雑言をまくし立てながら猛然と横を通り過ぎたことがあった。また誰かとくだらない喧嘩をしたらしく、私を歓迎するそぶりはゼロだった。長時間の運転で機嫌が悪かった私は、父の背中に向かって叫んだ。「あとのことは任せて、このまま消え失せたほうがいいのか?」。すると父は答えた。「ああ、とっとと消え失せろ」
私はそのまま運転席に戻り、車を走らせた。ときに、避けるべき闘いというものがある。

*

クリスマスが近づくといつも、父さんはひとりで家を出て、地元の競り市場に七面鳥を買いにいった。この時期の田舎の小さな競り市場では、それまで農場向けに卸売していたクリスマス用の食用鳥の大処分市が開かれる。土壇場で供給過多になることが多く、かなりのお買い得価格で手に入ることもあった。車が家を出ていくと、私たち家族は互いに眼を合わせ、にんまりと笑った。今年は、七面鳥のほかに何を買ってくるのだろう? 父は「お買い得」という言葉にめっぽう弱く、掘り出し物を見つけると買わずにはいられない性質(たち)だった。彼は競売こそ適正価格を決める最善の方法だと考えており、なんでもかんでも競り落とすのが大好きだった。たいてい、母に頼まれた七面鳥のほかに、中世の晩餐会が開けそうなほど多種多様な鳥肉を競り落として帰ってきた。何を手に入れるかは、すべて〝取引〟(価格)の状況次第。もし価格が安ければ、父は自分を抑えることができず、車から溢れんばかりの肉を買って戻ってくることになる。

夜、自分の買い物に満足した父は、満面の笑みを浮かべて帰宅する。母は外の車の荷物を確かめてから、首を振って戻ってくる。あんなにたくさんの鳥をどうしろっていうの？　六羽の七面鳥、三羽のガチョウ、一羽のヤマウズラ……。一方の父さんは、知ったことではないとでも言いたげに肩をすくめる（「どうして女はいつもそうネガティブなのだろう」と不思議に思っているのだろう）。クリスマス・ディナー用の良質の肉をほかの人の半額で手に入れたんだぞ、と父は説明する。冷凍して一月に食べればいい。そこで母が不満の声を上げ、冷凍庫は去年のクリスマスに父が買ってきた〝お買得品〟でまだいっぱいだと反論する。私たち家族はみな笑い、父に七面鳥を買いにいかせたのがまちがいだったと同意する。七月、私たちは硬くなった七面鳥の肉とフライドポテトを一緒に食べながら、「ちょっとパサパサしてるな」と言う父につっこみを入れる。私たちは笑い、今年のクリスマスに七面鳥を買いにいこうとしたら、今度こそ家族全員で阻止すると父に宣言する。

しかしもちろん、実際にそうすることはなかった。

＊

爆発してしまいそうなほど眼をまんまるに見開き、下の娘が興奮して話し出す。

「パパ、起きて！……来たの」

「んん？　誰が？」

「サンタクロースだよ」

「まさか！」

「まさかなの……パパ、靴下いっぱいにプレゼントが入ってるよ」


わが家のクリスマスは、私の子供のころからずっと同じ展開で進む。リーバンクス家の伝統に従い、子供たちは（早すぎないかぎり）朝に眼を覚ました時点で、サンタクロースが靴下に入れたプレゼントを開けることができる。子供たちがプレゼントを手にどたどたと私たちのベッドに入ってきて、眼にも留まらぬ早業で包装紙が破られると、クリスマスの幕が上がる。すぐさまベッドの上にはしわくちゃの包装紙や粘着テープが散らばり、子供たちは口いっぱいに甘い菓子を頬張る。「靴下のプレゼント」が開かれると、私は牧草地に行って羊に餌をやり、ヘレンは七面鳥をオーブンに入れる。私が戻るまでのあいだ、子供たちは靴下の中身を愉しみつつ、じっと待たなければいけない。羊の餌やりが終わり、私が戻って朝食を食べおえるまで、クリスマスツリーの下に置かれた本物のプレゼントのほうに触れることは許されない。リーバンクス家のこのルールがいつ始まったのかはわからないが、教訓は単純だ――なにより優先されるのは、農場と家畜、そして労働する男女。私たちにとっては、クリスマスも休日ではない。ほかの日と何ひとつ変わりなく、クリスマスのあいだも羊は餌と世話を必要とする。酷なことに聞こえるかもしれないが、そうではない。はるか遠くの羊飼いの村で生まれ、飼い葉桶に寝かされた誰かさんの誕生日には、羊の群れの世話をしたり、畜牛に餌を与えたりするのが、なにより自然なことに思えるものだ。イブの晩、私たち家族は教会に行って友人や隣人たちとクリスマスを祝う。羊飼いをテーマにしたクリスマスキャロルを歌い、ミンスパイを食べるのが私は大好きだ。まえもってさまざまな準備を進めておくとクリスマス当日に楽ができるので、イブは必然的に慌ただしくなる。干し草台に餌を補充し、翌朝のための餌を袋に詰め、囲いを掃除し、クリスマス当日に仕事が増えないように種々のこまかなルーティン作業をこなす。そこまで準備を進めておけば、クリスマス当日は群れに餌を与え、羊の健康状態に問題がないかを確かめるという必要最低限の作業だけで仕事は終わる。クリスマスの朝に家を出て真面目に仕事をするというのは、どこか気持ちのいいものだ。道路に眼をやると、濡れた灰色の路面を車が行き交っている。プレゼントを渡すために親戚の家に向かうところなのだろう。隣人たちがそばを通り過ぎ、手を振ってくれる。四輪バギーのうしろに干し草の梱やシープ・ケーキを詰めた袋が積んであるところを見ると、谷周辺（あるいは、もっと遠く）の牧草地の群れの世話に行く途中にちがいない。羊への餌やりを終えて家に戻ると、私たち家族はゆったりくつろぎ、プレゼントと暴飲暴食の一日を愉しむ。

＊

昔の父と同じように、羊の世話をするあいだ、私は子供たちを長い時間待たせておく。帰宅するなり、子供たちは大慌てでゆで卵とトーストを準備して、早く食べろとせがんでくる。子供たちが私の朝食に少しでも関心を示すのは、一年を通してこの日だけだ。末っ子のアイザックが、「リビングのソファーにプレゼントが置いてあるよ」と告げにやってくる。私がリビングに行かないとプレゼントを開けられないルールなので、息子は必死そのものだ。私はそこでついに降参し、家族と一緒にクリスマスを愉しむことにする。アイザックへのプレゼントは、農場の動物についての本、〝自分の農場〟に仲間入りする羊のおもちゃ、ゲーム。羊のおもちゃは息子の大のお気に入りで、いつもまわりに見せびらかすように歩かせて遊んでいる。おそらく、品評会で見た光景を真似しているのだろう。近ごろのアイザックは遊びだけでは満足がいかないらしく、フロスのような牧羊犬が欲しいと言い出すようになった。そうすれば、パパとおじいちゃんを手伝いにいけるから、と。私は息子の髪をくしゃくしゃに撫で、「これからはフロスを長めに貸してあげるよ。それにいつか、フロスが子供を産むかもしれない」と伝えた。「だけど、羊と牧羊犬より大切なものも人生にはあるんだぞ」とつけ加えると、アイザックはバカげた話を聞いたかのようにこちらを見返す。

プレゼントを開き、チョコレートをむしゃむしゃ食べ、巨大な七面鳥とさまざまなつけ合わせを食い尽くす。午後三時のエリザベス女王のクリスマス・スピーチを見て、感情を込めて国歌を口ずさむ。それから、新鮮な空気を吸わせるために子供たちを外に送り出す。誰もそんなことは望んでいないとしても、いい気分転換になるものだ。子供たちには毎日なんらかの仕事が割り当てられており、クリスマスも例外ではない。そうやって、彼らは責任や義務について学ぶ。〝労働〟は、その日の後刻の食事と家族団欒の時間をより意味深いものにしてくれる。私たちは昔から、労働を通して休息を得てきた。クリスマスだからと言って、そのルールを破りたくはない。

私にとって大切なものは何か、子供たちはずっと前から見抜いていた。まだ四歳だった上の娘は、キッチン・テーブル越しに鋭い視線を私にぶつけ、四年しか生きていない子供とは思えない見識を披露した。「パパの悪いところは、いつも羊のことばかりだってこと」

＊

父が癌になり、ニューカッスルの病院に入院した。病状は芳しくなかった。しかし、クリスマス・ディナーのためにどうしても農場に戻りたいと父が言い張るので、この日だけは一時帰宅することになった。皮膚が灰緑色に変わった父は、数分おきにトイレへと行くものの、それでもご馳走をいくらか食べる。家のなかでは女性陣が慌ただしく動きまわってクリスマスの行事を取り仕切り、子供たちが床の上で遊びまわる。

父さんは自分の居場所に戻ってきたことに安堵したのか、とても幸せそうだ。窓越しに父は自分の農場を見やる。強い風が吹きつけ、雨で水浸しの荒涼とした眼下の牧草地が、いまだけは冬の陽光に包まれている。まるでその景色を見るのが最後だと言わんばかりに、父は涙で眼を真っ赤にして農場を眺める。「あの新入りの雄羊の歩き方、見てみろよ」

父の眼をとらえたのは、遠くの丘の斜面で草を食む種雄羊たちだ。そのうちの一匹が、金網フェンスの反対側にいる雌羊に向かって自信たっぷりの歩調で近づいていく。父と私に多くの言葉は要らない。その雄羊は、去年の秋の物語の主役だった。私たちはその雄羊に一目惚れし、リスクは承知のうえで高値で競り落とした。この雄羊が、群れの将来を決めることになる。すべては私たちの選択にかかっている——。競りのときに父さんがためらっているのを察知すると、私は肘を小突いて買うように仕向けた。私のその行動に、父は大いに喜んだ。そしてこの雄羊の子供が今度の四月に産まれ、次の秋に売りに出される。雄羊を買うとき、私たちは将来への夢を買っているのだ。

これから二年間の農場の生活サイクルが、ふたりの頭のなかで展開していく。父と眼を合わせると、その表情が私にこう語りかける——俺はファームを愛しているが、もう二度と戻れないかもしれない。父の表情はさらに言葉を継ぐ——農場はずっと続く。私は父に見られないように背を向け、泣いた。

＊

一月、灰色の毛をまとった羊たちのあいだを掻き分けていく。真冬仕様のむく毛に包まれた背中に風が襲いかかり、毛がさざ波のように揺れる。老齢の羊たちが私の脚に頭を押しつけ、濃厚飼料（シープ・ケーキ）をせがんで黄麻布製の餌袋のほうに首を伸ばす。私はよろけながら羊のあいだを通り抜け、餌を広げられそうな障害物のない場所を探す。四月の出産時期まで数週のあいだ、スキャン検査で双子や三つ子を妊娠していることがわかった雌羊には、シープ・ケーキが与えられる。円筒状の小さな丸い塊の飼料が地面に一列に並ぶように、私は逆さまにした袋を強く引きながら走る。このとき、なにより大切なのは勢いだ。一気に袋を引いて走らないと、集まる羊によって私は地面に組み伏せられてしまう。すると餌が一カ所に山となり、さらに多くの羊たちが群がってくる。出産時期が近づくにつれ、どんな些細な危険も避けようとする心がけが大切になる。

クリスマスから三月までの数カ月は、一年でいちばん長く、もっとも忍耐が必要とされる期間だ。毎日、仕事を終えるころにはもう真っ暗で、谷に散らばるオレンジ色の光の点が、隣人たちがまだ作業中であることを教えてくれる。天気の悪い日には谷の反対側を見渡すこともできず、スローモーションのように通り過ぎる雨か雪の波にすべての視界が遮られる。冷たく湿った厳しい天気が続くこの数カ月は、ハードウィック種がついに本領を発揮するときでもある。妊娠中にこの土地の冬を生き延びることができるのは、ハードウィック種だけだと断言してもいい。そんなたくましいハードウィック種でも、週ごとに胎児が成長して雌羊の体重が重たくなると、人間の手助けがさらに必要になる。羊飼いと群れのあいだの絆は、この過酷な数カ月のあいだに築かれる。

*

大学に通った三年間、冬の作業の大部分を休むことになった。すると、春になるとやってくる、あのわくわくとした感覚を味わうことができなくなった。厳しい冬の数カ月を経験しなければ、あの感覚は訪れない。太陽の明るさも、草の青さもそれまでとはぜんぜんちがうものだった。

かつて人間は太陽を崇拝し、春の訪れと冬の終わりを祝う幾多の祭りを開いた。それも当然の話だ。一年を通して絶え間なく襲いかかってくる自然に耐えることこそが、住人と土地との関係を形作る。この地に育つナナカマドの木のように、住人もまた風雨にさらされながら生きていく。風はナナカマドの木をねじ曲げ、打ちのめし、引き裂こうとする。が、そのすべてを耐え抜かなければ、ナナカマドはこの地に生息することができない。私たちを私たちたらしめるのは、そんな風化のプロセスなのだ。

私たちはきっと、冬の容赦ない天気を乗り越えた小さな標を求めて生きているのだろう。三月か四月になって陽が伸びて少しずつ暖かくなってくると、牧草地がわずかに色づき、羊たちが突如として干し草に無関心になる。ここでは、草がすべてを支配する。イヌイットが雪の種類を細かく区分けするように、私たちは緑の色合いを細かく区分けする。

さまざまな足跡を残しながら、冬は去っていく。日毎に陽射しが強くなり、陽の暖かさが増し、肌を刺すような風が弱まり、草の緑色が濃くなる。しかし、フェルの上空でワタリガラスが鳴き声を上げるのは、そこに衰弱死した雌羊の死肉があるからだ。生け垣から空高く飛び上がるノハラツグミは、はるか北に冬がまだ留まっていることを教えてくれる。有刺鉄線に吊るされたモグラの腐敗死体をキツネがくすねる姿は、残酷な飢え、かつて動物だけでなく人間も苦しめていた空腹を私たちに思い出させる。〝死肉カラス〟の異名を取るハシボソガラスがいまだ谷を支配するかのように、イバラの茂みや木々の上からガアガア鳴き声を上げる。油断してはいけない。なんの前触れもなく、冬がまたこの地を包み込んでしまうかもしれない。

＊

「五月までは完全に冬が終わったと思うな」というのが父の口癖だ。さすがに悲観的すぎると思う年もあれば、実際に四月中旬まで冬のような天気が続くこともある。冬も終わりに近づくと、ゆっくりと変化の兆しが見えはじめる。ガンの群れがやってきて、ときに騒がしく低空を通り過ぎ、ときに子供の話し声ほどの小さな音を立てて上空の雲近くを飛んでいく。年明け早々の数週間で、私たちは一部の牧草地から羊を移動させる。羊がいなくなった区画では新鮮な春草が萌え出し、四月上旬に戻ってくる雌羊と子羊を迎える準備を進めてくれる。さらにこの時期になると、干し草の残量にも気を配らなくてはいけない。冷たい冬のあいだに干し草の山はみるみる小さくなり、いつ底をついてもおかしくない状態になる。夏、私の祖父はまるで高級品を取り扱うかのように、小さな干し草の房を持ち上げて言ったものだ。「真冬のいちばん寒いとき、これが年寄り羊の腹を満たしてくれるんだ」。普通の年であれば、牧草地に草が生える四月、多少の在庫を残したまま干し草の出番は終わりになる。とはいえ、干し草が少しでも残っていると、なんだか悔しい気持ちになってしまうものだ。

＊

三月ごろになると、妊娠した雌羊にはこれまで以上の細心の注意が必要になる。一月にスキャン検査を行ない、ひとりっ子と双子はすでに判別済みだ。ひとりっ子を妊娠中の羊が必要とするのはいくらかの干し草だけで、人間の手助けはほとんど要らない。一方、双子や三つ子を妊娠中の羊には人間の手助けが必要になる。また、双胎病や体力消耗の危険が増すため、干し草のほかにも濃厚飼料（シープ・ケーキ）を与えなくてはいけない。羊一匹分のスキャン検査は一瞬で終わる。検査の報酬は羊の匹数で決まるので、検査を依頼した友人は、当然ながらすべてのプロセスを効率的に進めようとする。そのためには、協力的な連係プレーが必要になる。友人は片手を雌羊の下腹部にあて、ぼやけた灰色の画面をにらみつけ、「ひとりっ子」「双子」「三つ子」「ゲルド（妊娠の兆候なし）」と叫ぶ。直後、それぞれの羊の背中に印がスプレーされ、囲いの群れのなかに戻される。私たちが育てる山岳種の雌羊は、平均すると一腹当たり一・二五から一・五匹の子羊を産む。それより数が増えてしまうと、さまざまな問題が発生する。限界地で生活する若い雌羊にとって、一匹の子羊を育てることは問題ないとしても、二匹を同時に育てるのはむずかしいことも多い。また、三つ子は必然的に小柄なので、悪天候になると病気や死のリスクが増すことになる。さらに、母乳が足りなくならないように、出産後に子羊を母親から引き離さなくてはいけない。ここの牧畜システムの根幹にあるのは、生産性を最大化することではない。この土地で持続可能な群れを作り出すことだ。

湖水地方のような厳しい環境のなかで、どう農場を営みながら生活するか――その答えを導き出すため、多くの伝統的な共同体で数千年ものあいだ試行錯誤が繰り返されてきた。その教訓を忘れ、知識が失われていくのを見過ごすのはあまりに愚かなことだと思う。化石燃料が尽き、激しい気候変動にさらされる将来、そういった教訓や知識がもう一度必要になるときが来るかもしれないのだから。

＊

ユネスコの仕事のため、これまで私は世界じゅうの歴史的な土地を訪れてきた。なかには、湖水地方と似たような課題に直面する場所もたくさんあった。私は多くのファーマーと会って意見を交わし、実際に農場や家を訪問し、彼らが外の世界についてどう考え、なぜ現在の生活を続けているのか話を聞いてきた。観光市場はここ一〇年のあいだに大きく変わり、その土地の文化に根ざした価値をより重視するようになった。人々は張りぼての偽物に飽き飽きし、行動様式も考え方も食文化も異なる場所に行って、住人たちとじかに触れ合うことを望むようになった。西欧諸国の現代社会に暮らす人々の多くは、現在の生活にうんざりし、何かを変えたいと望んでいる。しかし人々が結束して闘えば、歴史を「義務」ではなく「強み」として利用し、未来を形作ることができる――それを目の当りにした私は、牧畜を軸としたファーマーの生き方はまちがっていないと強く感じ、牧畜が湖水地方にとっていかに重要かを思い知るようになった。

現在の世界を見、私たちがそこで生き残れるかどうかという問いに思いを馳せるとき、私の心は未来への希望でいっぱいになる。いまでは多くの若者たちが湖水地方に移り住み、牧畜を中心とした生活を始めている。彼らは誇りに眼を輝かせ、北国の土地と文化に強い愛を抱きながら働いている。この生き方がいまも続くのは、人々がそれを望むからにほかならない。誰も望まなければ、ずっと前に消滅していたにちがいない。もちろん、これまでと同じように、より現代的な生活に合わせてちょっとした変化と順応が必要にはなるだろう。けれど、核となるものはずっと変わらない。私たちファーマーはこれからもきっと、現在の生活を続けながら生きていける。この生活様式は、広く大きな利益のある何か――他者が愉しみ、経験し、学ぶことのできる何か――を象徴するものなのだ。ワーズワースと同じように、私はそう信じている。

社会全体のために考えるべきなのは、牧畜をするかしないかではなく、どのようにするべきかということだ。産業規模の安価な食糧生産が田舎の景色のすべてを形作り、小さな荒野がぽつりぽつりと残るだけの光景を望むのか。あるいは、少なくとも一部の地域では、家族経営の伝統的な農場によって形作られる、伝統的な景観の価値を護るべきなのか。

最近、仕事で中国の南部を訪れたときのこと、谷間の急な斜面の曲がりくねった小道を歩いていると、ちょうど半分ほどを下ったところで、テントで土産物を売る女性と出くわした。地元製ではないものの、売り物はどれも美しいものばかりだった――さきほど訪問した村の風景が描かれた小さな装飾品の数々。売り子の女性は私に向かって笑顔を投げかけたが、それがどこか嘘くさく見えた。社交辞令的で、とってつけたような笑顔だった。私は通訳を介して、土産売りの仕事に満足しているか尋ねてみた。すると彼女は「満足しているし、経済的にも楽になった」と答えた。次に、観光業に携わる以前の仕事について訊くと、家族でアヒルや豚を飼育していたと教えてくれた。何世紀にもわたって、アヒルを育てて肉と卵を売り、豚を肥育していたという。

私が地元でファーマーとして働いていることを伝えると、彼女はまた笑顔を見せた。今度は、屈託のないフレンドリーな本物の笑顔だった。ところが、まだ家族でアヒルや豚を飼育しているのか尋ねると、その笑顔は消えた。いいえ、それはもう過去の話。アヒルと豚は不潔だと誰かが決めたんです。ところかまわず糞をまき散らして、観光客の靴を汚してしまうって。

世界じゅうの人気観光地の多くと同じように、この地もまたあるジレンマに直面していた——観光収入で地域を活性化させたいという思惑の陰で、このまま観光地化が進めば、この地を特別な場所にする要因そのものが消えてしまう可能性がある。石段の上を必要以上の人々が歩くと、いずれすり減って石自体がなくなってしまう。それでも、アヒルと豚の飼育はもはや過去の仕事で、土産の販売が未来の仕事だと誰かが決めてしまった。牧畜と土産売りのどちらが好きか訊いてみると、土産売りのほうが儲かるものの、アヒルと豚を育てるほうがましだと女性は答えた。それこそ、家族やこの村のいまの姿を作り出したものなのだから、と。そのあと村々を歩いてみると、清潔さと保存状態のよさに大いに驚かされた。でも視察後、自分のぴかぴかの靴を見た私は、すべてが少し偽物のような気がしてならなかった。

私の靴は汚れるべきなのだ。

春

過去が死んだと言わせてはいけない。
過去は私たちのまわりに、そして内側にある。
部族の記憶が心に根づいているからこそ、私は
この小さな「今」を知っている、この思いがけない「現在」は
私のすべてではなく、長い過程が
過去にたくさんあるのだ。
……
過去がすべて消えたと言わせてはいけない。
「今」は時間の流れのとても小さな一部でしかなく、
私を形作ってきた年月の流れの小さな一部でしかない。

――ウージュルー・ヌーナカル「The Past（過去）」、
詩集『*The Dawn is at Hand*（夜明け間近に）』（一九九二年）より

驚くほど複雑な印象を与えてくれるにもかかわらず、一面的で、個人的で、きわめて表面的な記憶しか生まれないのはなぜか。すぐそばで長きにわたって寄り添いながら暮らしてきた住人にとっての山――その意味を理解できないのはなぜか。

――ノーマン・ニコルソン『*The Lakers*（湖畔詩人）』（一九五五年）より

断固としてお伝えしなくてはいけないのは、住人たちの仕事、取引、数世紀のあいだ習慣となってきた独占的な土地の利用は、くだらない娯楽よりも重んじられるべきだということです。

――一九一二年一月、ウィンダミア湖畔での飛行機工場建設の反対を訴える、ヒーリス夫人（ビアトリクス・ポター）から《タイムズ》紙への手紙より

その日、出産を手伝うために、次女のビーが妊娠羊の囲いまで一緒についてきた。ちょうど一匹の雌羊が、牧草地の奥の石垣にもたれかかるように横たわり、苦しそうに息をしていた。もうすぐ出産が始まる。二日前に子羊を引っ張り出した姉の自慢話を聞いたビーは、自分も負けていられないと手伝いにくることを決めたようだ。夜明けごろに家を出ようとすると、作業着を着たビーが姿を現し、私の運転する四輪バギーに乗り込んだ。「今日はずいぶんと寒いから、子供を産む羊はいないかもしれないよ」と娘に告げるが、そんなことは承知らしく、ついていくと言い張った。

餌の時間を知らせるために雌羊たちに呼ばわると、陽光に色褪せた奥の草むらの海から、三対の大きな丸い耳がぴょこんと飛び出す。ノロジカだ。シカたちは毎朝耳にする私の声を覚えており、私が彼らにとって脅威ではないことも知っている。そのため、こちらから近づかないかぎり、ただ様子を眺めてその場に留まりつづける。しかしビーと私がバギーで斜面を下っていくと、ノロジカはいかにも気怠そうに跳ねて去っていく。うしろに坐るフロスが、興奮して体を押しつけてくる。まんがいち雌羊が逃げ出したら、自分の出番が来ると気づいているのだ。「落ち着け」と私はフロスに言う。できるかぎり雌羊にストレスがかからないように、私はゆっくりと慎重に四輪バギーを降りる。雌羊はこちらの存在にほとんど気づいていない。私は三歩で近寄って羊を捕まえ、暴れ出すまえに体を押さえ込む。地面に横たわった羊は、陣痛のたびに頭を持ち上げてうしろに反らせる。すでに、子羊の二本の脚と鼻先が外に飛び出しているのが見える。とくに問題はなさそうなので、娘でも引っ張り出すことができるはずだ。

緊張の面持ちの娘は、なんとか勇気を奮い立たせようとする。ビーはなんでも姉と同じことをしないと気が済まない性格なので、このぎこちない笑顔の裏には、愉しいかどうかに関係なく絶対にやり遂げるという気概が隠れている。娘はまだ六歳で体も小柄だが、産まれてくる子羊のほうは、脚の大きさから察するに大柄のようだ。それでも、娘は子羊のつま先を一本ずつつかみ、ぐいっと引っ張る。様子を見守りながら、私は娘に指示を出す。ただ力任せに引っ張るのではなく、ときどき力を抜いて雌羊が休める時間を作れ。いかにも危なげな手つきから、娘の不安がありありと伝わってくる。それでも、陣痛のたびに子羊の脚が少しずつ滑り出てくる。するとビーはいったん手を離し、脚の第一関節のあたりをつかみ直す。やがて鼻が出てくると、ビーはそこで手を止めて残りを私に任せようとする。私は「大丈夫」と言って娘を安心させる。「もしひとりでできたら、家に帰ってお母さんやお姉ちゃんに自慢できるんだぞ」

ビーは笑みをこわばらせ、また子羊を引っ張りはじめる。腰のあたりで子羊の体が引っかかると、すでに息も切れ切れの娘の動きが止まりそうになる。しかし、子羊が早く呼吸できるように、ビーはここぞとばかりに力を込めて引っ張り出す。ついに子羊の全身が出てくると、娘はその体を持ち上げる。母羊は子供の体の羊膜を舐めて乾かそうと、すでに舌を一心不乱に動かしている。娘が血まみれの手で子羊をそうっと母羊の前に置くと、親羊がまちがって娘の手を舐める。ビーはきゃっきゃと笑い声を上げる。子羊は身をくねらせ、羊膜をふるい落とそうとする。立ち上がった娘の顔には、誇りと畏敬の念が入り交じっている。今日は陽が照って暖かいので、子羊と母親をその場に残して私たちは家に戻る。

と、娘が何かを思い出したように口を開く。「パパ、早く朝食を食べにいかなきゃ。あたしも子羊が産まれるのを手伝ったってモリーに言わなきゃ。モリーよりも大きいやつを引っ張り出したんだからって」

かつて、私は父（その前は祖父）のあとについて、妊娠した羊が集まる囲いを歩きまわった。現在、子供たちは年がら年じゅう私の父親の背中を追い、彼からさまざまなことを学んでいる。父は毎日農場にやってきて、祖父が私に教えてくれたように、子供たちにさまざまな知識や価値観について教えてくれる。息子のアイザックは、そんな父を崇拝している。こうやって、時は一周してもとの位置に戻ってくる。

＊

しかし、今年の出産シーズン、父はここにはいない。

ニューカッスルの病院に入院中の父は癌細胞と闘い、抗癌剤を使った化学療法を受けている。完治するかどうかはわからない。けれど誰かを愛しているのなら、治ると信じなくてはいけない。

昔はあれほど殺したかったのに、いまは何がなんでも生きてほしかった。父は自らの価値観に基づき、質素で勤勉な生活を送ってきた。私はそれを尊敬してやまない。しかし入院中の父に対して、私は何も手助けすることができない。「見舞いに来る余裕があるなら農場の仕事を進めろ」という父の意向で見舞いは禁じられていたので、私は父自慢の雌羊やその新生子羊の写真を携帯電話で撮影し、コメントをつけて送った。そうすれば、父は私の体験を通して農場での生活を続けられる。

この春、私ははじめてひとりきりで羊の出産シーズンを乗り越えることになったが、当然いつもの年とは勝手がちがった。父さんは金のことなどつゆほども気にしない性格で、必要と感じれば、なんのためらいもなく三〇キロもの道のりを運転して友人の農場の手伝いに行くような人間だ。この農場を購入したのは祖父だったが、いまの姿を作り上げたのは父だった。そんな父が、少しの期間だとしても羊のもとを去り、農場の仕事から離れなければいけない——平然と振る舞ってはいるものの、心のなかには無念の思いがあるにちがいない。最近、年金受給の対象者となった父に役場の担当者から電話で連絡が入った。そろそろ引退するつもりかと訊かれた父は、くだらない冗談でも耳にしたかのように、質問を笑い飛ばしたのだった。

入院から数週がたち、父の病状は回復した。寛解期（かんかいき）に入ると、ほぼ以前と同じ体力を取り戻すほど元気になった。どうか癌が完治していますように——家族みんながそう心から願っていた。

＊

緊張して落ち着かない。出産が始まるまであと一週間、すでに準備は万端だ。しかし、どうしても不安が収まらない。私は過度に神経質になり、必要以上に繰り返し雌羊の見まわりに行く。そんな私を見たヘレンは呆れて言う。こんなことをしていたら一ヵ月後には倒れてしまう。どうせすぐに忙しくなるのだから、出産が始まるまで体力を温存しておくべきだ、と。彼女の言い分が正しいことは重々承知しているが、それでも私は見まわりに行く。出産一、二週間前の羊には、何が起きてもおかしくはない。胎児を抱えるストレスが、双胎病といったさまざまな症状を惹き起こすこともある。冬を越えたばかりで体力がないうえに、身重の体。心配の種は尽きることなく、そのすべてが私を不安にさせる。

出産シーズンは四月初旬に始まる。ファーマーの暦のうえでは、この時点で冬から春へと移り変わることになる。しかし年によっては、冬がこちらの計画に気づかず、出産時期が始まったあともしばらく情け容赦のない天候が続くこともある。雪、雨、霰（あられ）、風、泥。数日前、妊娠中の雌羊たちをゆっくり移動させ、麓にある出産用の牧草地まで連れてきた。その場所は、前年に産まれた子羊をつい最近まで放牧していた牧草地で、食肉用に肥育した子羊は二月から三月にかけて精肉業者に販売された。その後はそのまま放置してあるので、通常の年であれば、四月までに草が青々と茂っているものだ。ところが、今年はほとんど草が生えていない。とにかく、早く春の暖かさが訪れてくれることを切に願うしかない。

＊

一列に並べた餌に群がり、頭を下げる羊たち。その姿は、まるで一枚の巨大なマフラーのように見える。私は両側を歩き、悪い兆候がないか羊の臀部を確かめる。と、一匹の尻尾の毛に血がついているのを発見する。出産した様子はないので、流産にちがいない。その瞬間、私の心は沈む。毎年、出産シーズンの興奮の陰には、何か不吉なことが起きるのではないかという恐怖と不安がいつも潜んでいる。これは、たわいのない映画の世界の話ではなく、自然を相手にした現実の話なのだ。連絡して来てもらった獣医は、流産する羊が増えているようだと告げる。ウィルスが蔓延しているのだろう、と。残念ながら、私にできることはきわめて少ない。通常、ウィルスは表立った兆候もないまま、妊娠初期の段階で群れに広がってしまう。すべての羊が感染しているかもしれないし、数匹だけかもしれない。感染した羊は、出産予定日の一週間前に流産または早産する。なんとか病気を乗り越えられるよう、私は全匹に抗生物質を注射する。効果があるかどうかは、獣医にもわからない。それに、出産間近の雌羊を無駄に刺激するとストレスが増し、新たな問題につながることもある。しかし、抗生物質の注射は人間の持ちうるただひとつの武器であり、群れのために常に最善を尽くすのがファーマーの務めだ。翌週、六匹の羊が早産する。そのうち数匹の子羊は息も絶え絶えで、すぐに死んだ。毎朝、私は眼を覚ますと吐き気に襲われた。

何匹かの子羊の命が奪われたことは悲しい出来事だった。が、それ以上に私を苦しめたのは、事態がさらに悪くなるのではないかという恐怖のほうだ。幸いなことに、そうはならなかった。すべての新生子羊が死ぬという恐怖は日に日に薄れ、すぐに状況はよくなっていった。どうやら最悪の結果は免れたらしく、大事には至らずに済んだようだ。死んだ子羊を見つけると、私はこの地域の慣例にならって体の皮を剥いだ。脚と首のつけ根に切り込みを入れて皮を剝くと、頭と脚の黒い毛だけが残り、そのほかの皮膚は剝き出しになる。決して愉快な作業ではないが、一定の技術を必要とする大切な仕事だ。死んだ子羊の皮は、必要に応じて、母親に捨てられた子羊に着せる〝ジャケット〟として使われる。農場には吐き気を催すような仕事が山ほどあるが、すぐに慣れるものだ。私はそれを隠すことなく、子供たちに見せるようにしている。それが現実なのだから。

子供のころ、農場で血を見るのは日常茶飯のことだった。羊の出産。血まみれの手。春に牧草地に放されるまえ、除角されたばかりの畜牛が頭から血を流しながら囲いのなかを疾走することもあった。牛の帝王切開のときには、男たちがいったん内臓を取り出し、血まみれの手で再び腹のなかに戻してから縫合した。ある夜のこと、子牛を腹から取り出すなり獣医が叫んだ。「血が変だぞ……この牛は血友病だ！」。出血を止めようと最善を尽くしたものの、母牛は出血多量で死んだ（幸いにも子牛は助かった）。私の父の手はいつもどこかが擦り切れ、擦り剝け、皮膚が剝がれ、傷やかさぶたに覆われていた。父はそんなことには目もくれず、皮膚を樹皮にたとえて「バーク」と呼んだ。

「父さん、手が切れてるよ」

「こんなの怪我のうちに入らない。ちょっとぶつけてバークが剝がれただけだ」

出血が止まり、かさぶたができ、いずれ傷は治る——農場の生活のなかでは、血はいたって正常なものだ。世界の多くの伝統的な共同体においても、血は日常生活の一部であり、子供のころから慣れ親しむものだとみなされている。現在でもアジアの一部の地域では、家族全員が見守る家の軒先でヤギが解体される。イギリスの中流階級の人々の眼には、悪趣味に映るかもしれない。しかし事実として、私は血を見ながら成長してきた。私は血が好きだ。

私は子供たちにもあえて血を見せ、ありのままの現実を伝えることが大切だと考えている。牧畜や食べ物に対して、子供っぽい安易な考えを持ってほしくないのだ。プラスチック容器に入った食べ物だけを与え、動物に命がなかったかのようなふりをしてほしくはない。

あらゆるものや人がときに糞や鼻水に覆われる。それも農場の生活の一部だ。糞、唾液、羊膜、鼻水を浴びることにも、動物のにおいが体に染みつくことにも自然と慣れていくものだ。その人が私たちの世界にどれほど無縁なのかは、汚物を眼にしたときの怯え具合で判断できる。

＊

こちらより二週間早く出産が始まった隣の農場には、母親のいない子羊が何匹かいた。そこで、私は子羊をもらいに隣の農場の友人のところに行く（結局、その年は六匹を引き取った）。母親のいない子羊は、近隣の農場で流産・死産したばかりの母乳の出る雌羊のもとに里子に出される。哺乳瓶を使って人工飼育するという手もあるが、率先して行なうファーマーは少ない。たとえ人工飼育したとしても、自然に育った羊と同じように成長することはまれだからだ。里子に出されると、母子で品種が異なるケースが多くなるものの、大きな問題にはならない。ほとんどの母羊は、産まれたばかりの子羊を見かけではなくにおいで識別する。

家に着くと、私は里子を手で抱え、死んだ子羊の皮のジャケットを着せる。脚と首を穴に通すと、皮は体にぴったりとフィットする。それから、悲しみに暮れる母羊が待つ小さな囲いに子羊を入れ、親子関係を築けるかどうか固唾を呑んで見守る。雌羊は偽物の皮を被った子羊のほうに向き直り、疑り深い眼でにらみつける。次ににおいを嗅ぐと、複雑な表情を浮かべる。あれれ、さっき自分が産んだ子羊と同じにおいがする……。子羊が母乳を求めて近づいてくると、母羊は何度か囲いのなかを逃げまわる。ほんとうに自分の子供なのか、まだ判断がつかないのだろう。子羊を一度か二度頭突きして地面に倒しながら、雌羊はふたつの考えの狭間で葛藤する――実の子のようなにおいのする生き物の世話をしたいという衝動と、飼い主の人間に何か仕組まれたのではないかという疑い。もしかすると、自分の産んだ子羊が死んだことを知っているのかもしれない。

最後には、古くから使われるこの羊飼いのトリックが功を奏し、六匹すべての雌羊が孤児の子羊を受け容れてくれる。わずか五分で母親然と行動しはじめる羊もいれば、半日かかる羊もいる。いずれにしろ、どの雌羊も二日後には子羊を引き連れて牧草地へと戻っていった。

その後、六匹の雌羊たちは里子をわが子同様に育てた。毎朝、群れの世話にいく途中に六組の親子を見やり、私は笑みを浮かべる。孤児の子羊を引き取ってから数ヵ月たっても、隣の農場への恩返しはまだ何もできていなかった。しかし、私たちの頭のなかには〝台帳〟があり、その年に恩返しできなかった分は翌年の出産時期に恩返しするという暗黙のルールがある。隣の農場主の女性は、自らの群れの出産場所である牧草地に向かう途中、一日に何度か私の農場の出産場所の横を通る。何か気になることを見つけたときには、彼女は牧草地の奥から私を呼ぶ。その声を聞いた私はすぐに出ていき、問題を解決しようとする。彼女の農場で何か見つけたときには、私も同じようにする。

＊

農場自慢の立派な雌羊の出産が始まる。陣痛は二時間近く前に始まっていたものの、ほかの仕事に忙殺されてすぐに駆けつけることができなかった。羊がいる場所は出産にぴったりで、雨も降り止んでいた。しかし、これ以上放っておくと危険なので、私は手を振ってフロスに合図を出す。フロスが雌羊のそばに駆け寄ってこちらに追い立てると、私は杖の湾曲部で首をつかまえる。それから体の下に手を伸ばして後脚を引っ張り、そっと地面に横たわらせる。次に、毛に覆われた尻尾の下に手を差し込み、子羊の脚を探す。羊をつかまえてすぐ、体の奥深くに入れた腕は血まみれになる。指先が何に触れるかはわからない。ときに、四肢が複雑にもつれ合っていることがある。あるいは、脚が一本しか見つからないこともある。その場合には、安全に分娩させるために、さらに奥まで腕を挿入してもう一本を前方に引っ張り出さなくてはいけない。頭はあるが脚が見つからない場合、そのまま出産すると途中で引っかかって死ぬ可能性があるので、子羊の頭を奥に押し戻し、脚を前方に引っ張ってダイバーの飛び込み姿勢のような正しい向きになるよう調整する。体内に入れた手の感覚だけで、どの子羊のどの脚なのかを予想しなければいけない。そのあいだ雌羊は地面に横たわったまま、陣痛が来るたびに頭を持ち上げる（私は空いたほうの手でレスラーのように羊の体を押さえ込み、片脚で羊の脚を地面に固定する）。胎児の前脚二本を見つけたら、その第一関節を指で挟んで引っ張り出す。私の握り拳が外に出てくると同時に二本の前脚が見え、さらに一定の力で引くと頭が出てくる。まずは押しつぶされてしわくちゃの鼻が見え……羊膜が破裂し、次に頭全体が滑るように出てくる。なおも脚を引きつづけると胴体がつるんと出てきて、最後に黄色い羊膜とともに後脚まで一気に飛び出し、一塊になって草の上にぽとんと落ちる。

産まれてきた子羊は咳き込むように口を一瞬だけ動かし、首を振る。数秒待っても呼吸が始まらないので、藁や草を鼻の穴に入れて刺激する。すると子羊は体を震わせて咳き込み、やっと呼吸を始める。母羊は本能的に舌で子羊の体を舐めて乾かそうとする。子羊の体をひっくり返すと、雌（この地方の方言では「ギマー」と呼ばれる）であることがわかる。雌の子羊は、群れの将来そのものであり、生涯のほとんどをフェルで暮らすことになる。気がつくと私は母羊に話しかけている――よくがんばった。母羊は鼻をこすりつけて、子羊を立たせようとする。すると数分後には、子羊はマッチ棒のような脚で立ち上がり、母羊の乳首のほうへとよたよた歩いていく。本能が子羊に告げているのだ。生き延びるチャンスは一度きりで、乳首を見つけて母乳を吸わないと死んでしまう、と。

生と死の境界線は紙一重だ。新生子羊にとってなにより重要なのは、黄色いクリーム状の初乳――出産直後の数時間に子羊が必要とする免疫物質と栄養素がふんだんに含まれた〝魔法の黄金ミルク〟――をたっぷりと飲むことに尽きる。出産時のファーマーの仕事の半分は、新生子羊が立ち上がり、初乳を飲む姿を見届けることだと言っても過言ではない。健康なハードウィック種であれば、母羊が母乳を与えているかぎり、出産後の数日間に人間がすべきことはほとんど何もない（一方、スウェイルデール種のほうはちょっとした手助けが必要になることが多い）。死んだハードウィック種の子羊の皮を剝ぐとき、この品種が湖水地方の地形と厳しい天候に見事なまでに適している理由を痛感する。産まれたばかりにもかかわらず、内側の皮膚は硬く、外側は一センチ以上の針金のような剛毛に覆われている。まさに、吹雪や雨にも耐えられる全天候型カーペットに包まれて産まれてくるようなものだ。

二、三年前、品種改良された低地種であるフランス原産のシャロレー種の雄羊を飼育してみたことがある。その年、出産時期にはまだ雪が降っていた。生後二日のハードウィック種の子羊たちは、あたかも晴天の日かのように猛吹雪のなかを仲間たちと一緒に駆けまわり、ぴょんぴょん飛び跳ねて遊んでいた。しかし、同い年のフランスの子羊たちは石垣の陰にうずくまって体を震わせており、納屋に避難させなくてはいけなかった。そのときに私は、すでに実績のある在来種の飼育に専念しようという気持ちを新たにしたのだった。

*

私は出産シーズンが大好きだ。風が吹き荒れる水浸しの長い冬のあいだには、泥まみれの退屈な日々から逃げ出す自分を空想してしまうこともある。しかし今年の父のように、出産を見逃すことだけはしたくない。この時期は、一分一秒も無駄にすることはできない。祖父の背中を追いまわし、囲いの雌羊に小さな干し草の梱を与え、手飼いの子羊の世話を手伝っていたころから、私はずっと出産シーズンが大好きだった。ときどき、いまの私の娘のように、自分で子羊を引っ張り出すこともあった。出産時期の祖父は日の出から日没まで、さらにそのあともひたすら歩きまわって働いた。私はそのうちに疲れ果ててしまい、ベッドに寝かされた。祖父はまんがいちの事態に備えて、母羊や子羊に問題がないか念には念を入れてチェックを重ねた。

一年のこの時期、農場の男たちが突如として穏やかな人間に変わることに、私はいつも驚かされる。ファーマーたちは囲いのなかの泥や藁の上にひざまずき、病弱な子羊のピンク色の舌を指で押さえ、咽喉の奥にそうっと胃管を通す。その姿からは、羊への深い慈愛がひしひしと伝わってくる。子羊が死ぬと、父さんはがっくり意気消沈する。ほかの子羊がなんとか生き延びて事態がよくなるまで、その死は灰色の雲のように父にずっと覆いかぶさるのだった。

＊

日々の出産数は、釣鐘状の曲線を描きながら変化する。まずは一日に数匹が産まれ、その後じわりじわりと数が増える。二、三週間後には一日に十数匹がどたばたと慌ただしく産まれるピークを迎え、それからまた数匹だけの時期が三週間ほど続く。キリがないので、ある時点で出産シーズンが終わったと判断を下さなくてはいけない。まだ出産が済んでいない何匹かの羊については、春の陽が照りつける草の上で自然に出産するのを待ち、それまでのような定期的な見まわりはもう行なわない。

出産シーズンのあいだ、ファーマーは常軌を逸したリズムで働くことになる。一、二時間おきに母羊の見まわりをしなくてはいけないので、メリーゴーラウンドのように次から次にやるべきことが押し寄せる。目覚めた瞬間から、その日も長時間にわたって出産の世話にかかりきりになることを覚悟する。しかし、その日に実際に何が起きるのかはわからない。ときに、農場じゅうをくまなく探しまわっても、新生子羊が一匹も見当たらない日もある。ときに、その日に産まれた数匹の子羊がどれも健康そのもので、さらに母羊がぬかりなく世話をしており、人間の手助けがまったく要らないこともある。ときに、陽がさんさんと降り注ぎ、平和そのものの日もある。かと思えば、手がつけられないほど恐ろしい事態となり、すべてが失敗に終わる日もある。

＊

夜明け前、私は納屋で作業を始める。現代的な鉄骨造りの建物のなかで、前日から続くトラブルに対処しつつ、牧羊犬への餌やりなどのルーティンをこなす。言ってみれば、ここは産科病棟と救命救急室が一緒くたになったような場所だ。照明のある室内では、夜明け前から作業することもできる。納屋にいるのはどれも〝問題〟を抱えており、人間による適切な管理、あるいは避難場所を必要とする羊たちだ。

納屋に入って電気をつけると、囲いの雌羊たちが朝食を求めて騒ぎ出す。私は黄麻布製の餌袋を手に大急ぎで餌を配ってまわり、羊を黙らせながら問題に優先順位をつける。すぐさま、もっとも急を要する問題が見つかる。夜のあいだに出産した若い雌羊が子育てを放棄し、子羊を攻撃してしまったらしい。子羊の脚は骨折したのか、まったく動いていない。母羊は見るからに錯乱状態だ。あとになって落ち着きを取り戻してくれるだろうか。それとも、こちらの懸命の努力の甲斐もなく二度と子羊の面倒を見ることはないのだろうか。どうしてこんな愚かで残酷なことをしたんだ、と私は雌羊に悪態を浴びせる。雌羊は柵を飛び越えようとするが、私は体をつかんで無理やり引き戻す。子羊の脚には添え木が必要だ。すぐに農場のトラックに飛び乗って三〇分ほど運転し、地元の獣医のところに駆け込むこともできる。しかし、納屋をそんなに長い時間空けるわけにはいかないし、そもそも子羊にそれほどの価値はない。骨折の処置を受けるには、子羊の価値の数倍の治療費がかかる。

そこで、これまで何度となく見てきた獣医の処置を真似ることにする。添え木を作り、内側に当て物を取りつけ、さらにプラスチック片を組み合わせて補強する。獣医を真似して作った即席の添え木は、これまでにも幾度となく効果を発揮してきた。次に母羊の首根っこをつかみ、（中世の家畜のように）ヘッドトラップに頭を入れて固定する。そうしておけば、子羊は母乳をこっそり飲むことができるし、数日もたてば雌羊にも子供の世話をしようという気が戻ってくるかもしれない。頭を固定された雌羊はひどく不機嫌になり、子羊を押しつぶさんばかりに抵抗する。子羊のほうはまだ右も左もわからない状態で、まちがった場所に口を寄せ、乳首ではなく汚れた毛を吸ってしまう。私はまた母羊を罵る。出産シーズンは、ファーマーの忍耐と寛容が試されるときでもある。

新生子羊が凍えることなく、どれだけ生き延びることができるか——それは天気と母親の世話の上手さによって大きく変わる。雪や雨の朝、〝悪い母親〟はあっという間に子羊を凍死させてしまうことがある。一方、晴れた日であれば、〝良い母親〟の子羊は人間の手助けをほとんど必要としない。私のストレスレベルは、その生存期間の変化とともに上下する。

私たちの農場で暮らす山岳種の羊は、体がきわめて頑丈で悪天候にも強いので、野外で出産する。そのため私は日々、谷の麓の牧草地をくまなく移動しなくてはいけない。群れの多くの雌羊は太陽が昇ってから二、三時間のうちに出産するので、夜が明けた直後からできるだけ早くすべての雌羊の様子を見てまわるようにする。翌朝すぐに動き出せるように、四輪バギーとトレーラーには前の晩のうちに餌を積み込んでおく。駆けつけるのが一分でも遅れると、状況が悪くなる可能性もあるのだ。

納屋の別の囲いには、昨日の晩に連れてきた一匹の子羊がいる。母羊とはぐれて体が冷え、「ウォータリー・マウス」という病気の兆候があった子羊だ。この病気にかかった子羊は口の端からよだれを垂らしはじめ、一、二時間のうちに死んでしまうことがある。すぐにでも処置が必要だった。治療用の灰色と赤の抗生物質の錠剤を見つけ、小さな舌の奥に人差し指を使って二錠を押し込む。ところが子羊は咽喉を詰まらせ、唾液とともに薬を吐き出してしまう。私はぶうぶう文句を言いながら、床の藁を掻き分けて落ちた薬を探す。舌の上に薬を置くと、今度は子羊がごくりと呑み込んでくれる。そのとき、納屋の隅で出産が始まる。衰弱していたところを数日前に保護した老齢の雌羊だ。体は弱ったままで、子羊を押し出す力はない。格闘の末、私は二匹の死んだ子羊を腹から引き出した。母羊のほうは、いまにも死んでしまいそうなほど体調が悪そうだ。すぐに抗生物質の注射を打つが、最悪の事態を覚悟する。こんな朝には、愉しいことなど何ひとつない。私は納屋にこもりっきりで、牧草地の羊はほったらかしのままだった。

そのころやっと、太陽がフェルの端から昇りはじめる。

＊

妊娠した羊が集まるひとつ目の囲いにたどり着いたときには、全身がすでにびしょ濡れだ。私は牧草地を見まわし、大混乱が起きていることをすぐさま悟る。雨は身を刺すように冷たく、丘の斜面はもはや滝そのもので、まるでどこかの災害現場のように見える。初産の雌羊（明け二歳の羊）から産まれた子羊が小川に落ちてしまっていた。子羊はよろよろと土手に戻ろうとするが、また水のなかに落ちてしまう。小川の水は浅いものの、流れは急で危険だ。子羊は果敢に何度も挑戦するが、どうしても土手に上がることができず、ついにあきらめようとする。私は駆け寄って子羊の体を持ち上げ、そのままトレーラーに入れる。フロスに追い立てられた母羊が近づいてくると、私は泥に何度か足を取られながらも、やっとのことでその首をつかまえる。トレーラーに載せられた母羊は、あたかも親子の絆が切れてしまったかのように、自分の子供に疑わしげな視線を向ける。一〇〇メートルほど先に眼を向けると、両脇の地面に産まれたばかりの子羊が何匹か横たわっている――すでに死んだか、死につつあるようだ。経験豊かな雌羊であっても、新生子羊をこの土砂降りの雨から救うことはできない。石垣裏の普段の雨宿り場所は川に変わり、悪天候のときに身を寄せる避難場所は池に変わっていた。気温も殺人的に低い。寒さ、雨、風。「出産シーズンとしては、これまで経験したなかで最悪の天気だったわね」と後日、隣人のファーマーが私に言った。

最初に触れた子羊は、青白くなった舌にかすかなぬくもりが残ってはいたものの、体はすでに硬く冷たかった。私はがっくり肩を落としてトレーラーに死体を置く。次の二匹の子羊のそばには老齢の雌羊がつき添い、舌で舐めて体を乾かしながら、なんとか立たせようとしている。まだ息はあるものの、それもみるみる弱まり、深部体温は急激に低下している。いますぐ処置が必要だ。そこで私は、それまで一度もしたことがなかった行動を取る――とりあえず母羊はこの場に残し、子羊だけを優先的に救うことにしよう。すべての母羊を捕まえるには相当の時間がかかるため、そのあいだに子羊は死んでしまう。私はすぐに五匹の子羊を集めてトレーラーに載せ、納屋へと急いだ。

ちょうどそのとき、石垣の裏にいる雌羊が二匹の元気な子羊を産む。まわりの地面は泥に覆われていたが、丸々とした大きな頭と白い耳先が見える。トレーラーはすでに満杯で、その親子を載せることはできない。しかし母親は経験豊かなベテラン雌羊であり、勝負のコツは心得ているはずだ。途中、群れの世話から戻ってくる友人とすれちがう。罵り言葉を交わしながら、どちらの状況がよりひどいかを競い合った。

数分後、囲いのなかに寝かせた子羊のすぐ近くまで加熱ランプを近づけると、粘着物、泥、羊膜が燃えるように消えていく。おそらく、この子羊たちが生き延びる望みは低い。一四目は、すでに死体のように硬直しはじめている。だめでもともと思いながらも、体内に何か温かいものを入れてみようと、咽喉の奥に胃管を通して温めた人工初乳を注入する。突然入り込んでくるミルクの衝撃のせいで死んでしまう可能性もあったが、運を天に任せるしかない。ヘレンに頼んでバスタオルで子羊を乾かしてもらい、あとのことも任せる。家のなかでは、子供たちが登校の準備を進めている。まさにカオス。私は母羊を救うため、牧草地に戻る。

牧草地は水浸しで、立ち上がっているより、尻餅をついている時間のほうが長くなる。フロスの勇敢さだけが、私に力を与えてくれる。母羊を捕まえるのはそう簡単な作業ではない——注意を惹きつける子羊がいないので、母羊たちは自由気ままにあたりを駆けまわる。それでも、どうにか必要な雌羊をトレーラーに載せる。同時に、どの子羊の母親なのか頭のなかのメモ帳に記録をつける。出産直後の雌羊の尻尾には血や羊膜が付着し、ほとんどは出産場所にそのまま留まるため、母羊を特定するのはそれほどむずかしくはない。長いあいだ風雨にさらされたうえに、私から逃げることに最後のエネルギーを使い果たした雌羊は、ひどく疲れきっている。

納屋に戻ると、ヘレンの処置によって子羊たちは少しずつ元気を取り戻しつつあった。それぞれの親子を清潔な藁を敷いた囲いに入れ、上部に取りつけた加熱ランプで体を温める。すると一時間後には、奇跡的にすべての子羊の体温が正常に戻り、みな体をむっくりと起こした。小川に落ちた子羊も、母親の乳を吸っている。納屋に避難させた羊の世話を終え、朝食を掻き込み、おかしな服装の子供たちをスクールバスに乗せると、出産予定日の早い羊が集まる牧草地に戻って再び巡回する時間になる。朝の最初の見まわりではおもに雌羊に餌を与え、急を要する問題を見極め、それから次の群れの巡回に移る。その約一時間後にまた巡回し、それほど急ぎではない問題を片づけていく。しかしトラブルが雪だるま式に増え、目にも留まらぬ速さで面倒な問題が次々に押し寄せる日もあるものだ。そんな日は一日が普段の一週間のように感じられ、度重なる作業の遅れによってストレスは山のように募っていく。

ときどき、問題のある羊の世話をするために、納屋に誰かが一日じゅう待機しなくてはいけないこともある。そういった大きな問題が起きるのは、たいてい出産時期と決まっている（大きな公園のなかで、数人の大人が、数百人の新生児とよちよち歩きの幼児の世話をするところを想像してほしい）。

＊

年長の雌羊が一四、小丘のうしろのひっそりとした場所でじっと坐り込んでいる。私が近づくと羊は立ち上がり、それと同時に破水する。苦しむようなことはなく、健康状態は悪くない。こういう場合には、雌羊をその場に一時間ほど放っておいて自然分娩させ、あとで問題がないか確かめればいい。私の頭のなかではやるべきことがジャグリングのようにぐるぐる巡り、思考がさまざまな方向に引っ張られる。

それぞれの羊がどこで出産し、いつ確認が必要なのか——頭のなかに地図が描かれていく。出産のさまざまな段階にいる農場じゅうの雌羊を管理するために、何台ものキッチンタイマーが脳内にあるようなものだ。出産の兆候があった雌羊が一時間後にまだ子供を産んでいなかったら、その羊を捕まえて状況を確かめる。直後、双子を無事に出産した雌羊を見つける。私は双子の前脚を持ち上げて腹の膨らみを見て、吸った母乳の量をチェックする。腹はミルクでぱんぱんに膨れており、体も温かい。こういった子羊は心配無用で、あとで様子を確かめるだけでいい。そのとき、数百メートル先で若い雌羊が立ち上がり、子羊を産み落とすのが見える。母羊は子羊の体を転がしながら舐め、ぬかりなく世話を始める。このまま放っておき、子羊がきちんと乳を吸っているか一時間後くらいに確認しよう。

タイマーはチクタクチクタクと時を刻み、どの場所に戻って何をするべきかを教えてくれる。いつ人間が手助けするべきなのか、手助けするべきではないのかのタイミングを判断するには、何年もの経験が必要になる。祖父と父が教えてくれたのは、さまざまな選択肢をまえもって用意しておき、状況に応じてどの手段に頼るべきかを見極めるというものだった。たとえば、イライラしたり興奮したりしている羊がいたとしたら、あえて手助けせずに気持ちを落ち着かせるのが得策のときもある。手を差し伸べようとすると、かえって動揺が大きくなり、状況がさらに悪くなってしまうかもしれない。祖父は出産を控えた雌羊に対してどこまでも辛抱強い性格の持ち主で、よほど大きな問題がないかぎり手を出すことはなかった。杖に体を預けてその場にただ佇み、雌羊を見守る祖父。行動を起こすべきなのか、放っておくべきなのか、彼にはすべてがお見通しだった。その横に突っ立っていた子供の私は、祖父の判断がほんとうに正しいのか不安でたまらなかった。すぐさま雌羊を捕まえて助けたほうがいいのではないか、とやきもきしたものだ。

＊

牧草地の道路で隣人のジーンと出くわすと、フェル羊の調子について尋ねられる。私は、ジーンから買い取った群れ（フロック）を「フェル・フロック」と呼び、これまで一二年にわたって育ててきた群れを「ビューティー・クイーン」と呼んだ。

ここ数年、「フェル・フロックの面倒を見るのに適した人間かどうか」を見極めるため、ジーンは私を観察していたのではないかと思う。三〇年以上もの年月をかけて立派な群れを築き上げてきた彼女としては、羊を台無しにする愚か者にだけは引き渡したくなかったのだろう。私がそんな愚か者でないということは、ジーンにもわかっていた。が、私がフェルで生まれ育った羊飼いではないことも同時に知っていた。そこで、まずは〝保護観察期間〟が必要になったというわけだ。そんな期間が二、三年続いたあと、ついに価格と条件を交渉する日がやってきた。

ジーンの家のキッチンで、交渉が始まろうとしていた。良識の範囲内であれば、値下げ交渉もゲームの一部だ。彼女はまず、近所でもおいしいと評判の手作りジンジャーブレッドと紅茶を出してくれる。それから、「今日までしばらくのあいだ真剣に検討してきたの」とじゅんじゅんと語り出す。彼女の所有する羊はこのあたりでも一、二を争うほどの優秀な群れで、以前の所有者アーサー・ウィアにかなりの高額を支払って手に入れたものだった（アーサーはその価値をきっちり把握していた）。「あんたがまだおむつをしていたころの話よ」とジーンはつけ加えた。取引に至るまえ、ジーンが次の所有者としてふさわしいかどうか、アーサーも何年も観察していたのだろう。最後に、ジーンははっきりさせる――この群れは彼女にとってかけがえのない宝物であり、今回の取引はたんなる金のやり取りを意味するものではない。

ジーンの羊の群れは、何世代もの羊飼いによる苦労の賜物だった。何世紀にもわたって秋が来るたび、別の有名な群れから新たに雄羊が仲間入りすると、群れの質はさらに高まり、優れた血統が脈々と積み重ねられてきた。群れの雌羊たちは大きく頑丈で、見るからに骨太で丸々と肥り、白い頭と脚も立派そのもの。春に産まれた子羊たちは夏のあいだ親と一緒にフェルで過ごし、秋に麓に戻ってくるころには、湖水地方の一般的な子羊と遜色ない大きさにまで成長する。フェルに定住（ヘフト）させるためには、一匹につき二〇ポンド余計に支払う必要があることをジーンは教えてくれる。羊をヘフトするための作業の手数料として、歴代の羊飼いに支払いつづけてきたのだという。群れを譲り受けた場合、その手数料を今度は私が支払うことになる。ジーンは次に、最近の競売市で彼女が出品した優秀なフェル・シープの落札価格をリストアップする。また、普段の競りに出品されるのは「ドラフト雌羊」であり、種羊として群れに残る「ストック雌羊」が出品される機会はめったにないことを強調する。くわえて、老齢の雌羊はすでに選り分けてあり、私が引き継ぐのはまだ寿命が充分にある若い羊だけだという。血統の優れた群れであることはまちがいなく、若さと質の両方を手に入れたければ、それなりの額が必要になる。それがジーンの言い分であり、その言葉に嘘偽りはなかった。

さあ、次は私の番だ。まず、提示された価格が高すぎることを伝える。私はまだ若く、貧しく、ふたつの仕事をかけ持ちし、三人の子供と住宅ローンを抱えている。わが家の農場には、すでにハードウィック種の優れた群れがいる。ジーンから譲り受けた羊から派生したものではあるものの、一〇年以上かけて私が独自の判断で築き上げてきた群れだ。彼女から新たに羊を引き継がなくても、このまま農場を運営していける。ジーンの所有する群れが優秀なことはたしかだとしても、私の群れとさほど質は変わらない。さらに、ここ数年の秋の競売市で落札された多くのドラフト雌羊の平均価格が、彼女の提示額の半額であることを指摘する。

そんな値段で買う人はいない、と私は言いきる。ジーンの仕事ぶりや群れの質がすばらしいことに疑いの余地はないとしても、提示価格が高すぎる。もっと価格を下げてほしい。

これは〝投資〟だとジーンは訴える。この群れを買うことは、これから長きにわたる生活の糧を築くということ。群れの血統の質はきわめて高く、今後産まれてくる良質な子羊とドラフト雌羊を販売することで、高い収入が見込める。これは将来を見越した長期の投資であり、よって見返りも長期に及ぶことになる。ジーンはさらに畳みかける。夫と一緒に農場を始めたとき、彼女たちも金に困り、少し無理をしてでも手を広げてせっせと働く必要があった。しかし、時の経過とともに状況はよくなった。それに、群れの雌羊から産まれた立派な雄羊を二、三匹売るだけで、今回の支払額の大部分は回収できるはずだ。そこまで言うと、ジーンはやるせない表情を見せ、わずかに言い値を下げる。

話し合いは平行線をたどる。

私はあえて攻め込まない。

私は紅茶をすすり、無関心を装う。それが功を奏したのか、ジーンの態度が少しずつ防御的になっていく。しばらくすると、私は相手の言い値よりも一匹につき三〇ポンド低い価格を提示し、競売市でそれ以上の値をつけるとは思えないと伝える。ほんとうのところ、私自身、何が正しいのかよくわからない。事実、評判のいい群れの優秀なストック雌羊が売りに出されることはめったになく、高値がつくことも珍しくない。だとしても、ジーンの提示価格は高すぎる気がした。

ジーンは断固とした態度のまま、じっと坐っている。

ダメ、ダメ、ダメ。そんな価格はありえない。それじゃ泥棒よ。

私は態度を和らげ、少しだけ値を上げる。それでもまだ高すぎる気がしたが、袋小路から抜け出すには、どちらかが譲歩しなくてはいけない。それに、湖水地方の自分の農場の近くでこれほど質の高い羊の群れを手に入れられる機会などめったにない。もしかすると、こんなチャンスは二度と巡ってこないかもしれない。ジーンが築き上げた優秀な群れには、過去だけでなく、未来も必要なのだ。

午後のあいだ、一方が価格を提示すると、すぐさまもう一方が新たな価格を提示する。そのあいだには、長くむっつりした沈黙が続く。ジーンはときどき私のティーカップに紅茶を注いでくれたが、価格が下がるとそれもやめてしまう。この厳しい交渉においては、一杯の紅茶代さえも無駄にできないと思ったのだろうか。しかし最後には合意に達し、握手を交わす。結局のところ、どちらが交渉を有利に進めたのか、わからずじまいだった。互いに尊敬し合う仲間同士の合意というのは、きっとそういうものなのだろう。

＊

湖水地方にゆかりのある作家のなかで、私はビアトリクス・ポターをもっとも敬愛している（この地域のファーマーのあいだでは「ヒーリス夫人」として知られていた）。彼女は、湖水地方の羊飼いに最大限の敬意を払った作家であり、その日ジーンのキッチンで行なわれた価格交渉の流れについても深く理解できたにちがいない。彼女自身、羊飼いと交渉して羊の群れを買った経験があった。

トラウトベック・パークにある本物のフェル農場をはじめて購入したとき、ポターはある賢明な行動に出た──羊飼いとして雇い入れるのに適した人間がいないか、ハードウィック種の有名ブリーダーたちに尋ねたのだ。その会話から出てきた名前が、トム・ストーリーだった。

ポターは彼のもとを訪れ、羊飼いとして農場で働いてほしいと頼んだ。給料がよければ働いてもいいと答えた相手に、ポターは現状の二倍の給料を出すことを約束。ストーリーもそれを受け容れた。その後、ストーリーはニアソーリーにあるヒルトップ農場の群れの世話を任されることになった。

裕福かつ著名な児童文学者で、湖水地方の大地主でもあるビアトリクス・ポター。一方、湖水地方に住む無名の若い羊飼い、トム・ストーリー。ストーリーはポターに対して萎縮したにちがいないと想像する人も多いかもしれない。ポターは明らかにストーリーよりも高い階級の人間であり、年齢もずっと上だった。だとすれば、ある程度の敬意を払われてしかるべきだ、と。しかし実際には、そうではなかった。

チームを組んだ直後、ふたりのあいだで大喧嘩が巻き起こった。ポターが何匹かの羊を勝手に囲いに入れ、ケズウィックの品評会に出品しようとしたことが発端だった。品評会に出すレベルではないとストーリーは訴えたが、ポターは聞き入れようとしない。ストーリーはこれを、自らの仕事への愚かな干渉だととらえた。一方のポターは、選んだのは以前にも出品したことのある優秀な羊だと主張し、相手を説得しようとした。しかし、ストーリーは相手の訴えを容赦なくはねつけた。この羊を品評会に出したいのであれば、昔の羊飼いを連れ戻してきたほうがいい。俺がこの羊を出品することはないし、強制されるのであれば仕事を辞めさせてもらう。とにかく、品評会に出すようなレベルの羊じゃない。羊についてのすべての権限を握るのが羊飼いの仕事だ、とストーリーはまくし立てた。

ファームハウスに戻ったポターは、ストーリーの妻に「あなたの夫はかんしゃく持ちみたいね」と言った。

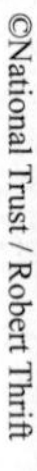
©National Trust / Robert Thrift

ビアトリクス・ポターとしては、その時点でトム・ストーリーを解雇することもできたはずだ。ところが彼女はストーリーと一緒に働くことを選び、彼の知識や信念に敬意を払い、多くのことを学んだ。

その後、ふたりは長い時間をかけて群れを変身させ、多くの品評会で賞を獲得するほどの羊を何匹も育て上げた。それを実現させたのは、ストーリーの功績によるところが大きかった。ポターもそれをわかったうえで、この成功に大きな誇りを抱いた。また、ポターの羊に関する深い知識も、のちに高く評価されることになった。なかでも、群れ随一の美しさを誇る雌羊のウォーター・リリーは数多くの賞をふたりにもたらした。ある古い写真には、うしろで賞状を掲げるポターと、その前で堂々と雌羊を抱えるトム・ストーリーが写っている。去年の秋、私はこれと同じ賞を獲得した。

伝統的にこの地域の社会はもっともイギリスらしくなく、住人たちのあいだには武骨な北国風の平等主義が根づいている。それは、北欧諸国に遍在する「ジャンテ・ロウ」（他者よりも優れていると感じたり、そのように行動したりすることを禁じる規律）と似た思想で、この地域の羊飼いは自分たちをほかの何者とも同等の立場だと考える。ビアトリクス・ポターの社会的地位、富、名声は、トム・ストーリーにとって大きな意味を持つものではなかった。事実上、ふたりの立場はまったく平等だった。それどころか、牧畜についての高度な専門知識を持つストーリーは、多くの点においてポターよりも立場が上だった。ポターは自身が所有する農場で働くときでさえ、はじめはストーリーからの指示を受けて動いていたという。

＊

毎年、出産時期になると、ビアトリクス・ポターはトム・ストーリーを手助けするための臨時の羊飼いを雇った。彼の名はジョセフ・モスクロップ。一九二六年にはじめて手伝いにやってきたモスクロップは好印象を残したらしく、その後一七年にわたって毎年手伝いに呼ばれることになった。そのあいだ、ポターとモスクロップは互いへの愛情、友情、尊敬の念を込めた手紙を送り合った。モスクロップに最後の手紙が届いたのは、一九四三年のポターの死の九日前のことだった。
私はこれらの手紙が大好きだ。表向きには、手紙はモスクロップの賃金を決めるために書かれたもので、長い値段交渉が毎年同じように続いた。同時にそれは友人同士の手紙でもあり、ポターはフェル農場の日常や毎週の出来事についてしたためた。気性の荒い牧羊犬、羊を苦しめるハエとの終わりなき闘い、食肉用子羊の価格、手飼いの子羊の成長記録、ほかの羊飼いの長所や短所……。畜牛の生産性の高さについて説明することもあれば、優秀な牧羊犬が売りに出されていないかモスクロップに尋ねることもあった。猛吹雪のときに石垣のうしろに避難した羊の様子、羊毛価格の下落、羊に湧いた蛆虫、羊飼いたちに届いた召集令状、植えたジャガイモの状態など、手紙の内容は多岐にわたった。

手紙に出てくる名前の多くは、私の知人の祖父たちのものだった。

＊

一九四三年一二月二二日、ビアトリクス・ポター逝去。彼女の死は、同じ時期に亡くなった名高い同胞たちの名前とともに、〈ハードウィック種飼育者協会〉の登録簿のなかで報告された。故人を偲んで登録簿に名前を掲載するこの伝統は、今日まで続いている。ポターの死は、ほかの羊飼いたちとまったく同列に扱われた。おそらく、それこそ彼女が望んでいたことにちがいない。

ポターの遺言書は、児童文学者として名を馳せた人物のものとは思えない驚くべき内容だった。自らの書籍への言及はわずかで、農場の今後、日々の運営、借地人への配慮、フェルにおける牧畜の将来などについて延々と綴られていた。彼女は自らの考えを行動で示し、一五軒の農場と四〇〇〇エーカーの土地を〈ナショナル・トラスト〉に寄贈した。ポターはさらに、自身の農場で飼育する羊を、夏のあいだフェルで放牧する「純粋なハードウィック種」に限ることをはっきりと書き記した。

ポターの死の直後、地元の土地管理人である夫ウィリアム・ヒーリスは、ジョセフ・モスクロップに手紙を送り、例年どおり出産時期の手伝いに来てほしいと頼んだ。モスクロップはこれまでの慣例に従い、去年よりも高い賃金を要求した。しかし夫のヒーリスは、ポターとモスクロップが長年にわたって友人同士のお遊びとして行なっていた値段交渉のことなどつゆ知らず（さらに、妻よりも少し堅苦しい性格だったため）、提示された賃金を支払うことはできないと突っぱね、〝長い絆〟はここで切れることになると返信した。その後、死んだポターは言わずもがな、モスクロップもトラウトベック・パークの農場で羊の出産に立ち会うことはなかった。

＊

一年目、ジーンから譲り受けた新たなフェル・フロックの雌羊たちは、夏が終わって私たちの農場まで下りてくると、冬のあいだじゅうずっと不機嫌そうに過ごした。そこが自分たちの家ではないと知っているのだ。無言の抗議をするように、生まれ育った農場にいちばん近い牧草地の隅に羊たちは集まった。ほかの場所においしそうな草が茂っていても、フェル・フロックの羊はその隅を動こうとしなかった。雪が降っても動こうとしない頑固さと強情さは、笑えるほどのものだった。なんとも皮肉なことに、彼女たちが留まるのは、農場でももっとも吹きさらしの過酷な場所だった。私は抗議活動を続ける羊たちを無理やり追い立て、もっと安全な場所に避難させた。出産時期になると、問題のあるフェル・フロックの羊を納屋に移動させたが、そこでも古参の羊と同じ囲いに入ることを嫌がり、囲いから飛び出て仲間同士で肩を寄せ合うのだった。

*

生まれたばかりの子羊が一匹姿を消す。母羊は不安に駆られ、柵の近くを行ったり来たりする。何時間か前に確かめたときは、子羊は母羊に見守られて元気そうにしていたが、いまはどこにも見当たらない。手がかりはゼロ。私は四輪バギーで牧草地を突っ走り、ほかの母羊がその子羊を盗んでいないか、あるいは自分の子供と勘ちがいしていないかを確かめる。が、そうではないらしい。落下して溺死した可能性も考え、小川もチェックする。新生子羊と母羊が小川に近づかないように眼を光らせてはいるものの、常に監視することはできない。私にとって、健康な子羊を失うほどつらいことはない。隣接する牧草地を調べるが、そこにも見当たらない。やがて、イバラの老木の幹のあいだ、地面から三〇センチほどの高さのところに挟まった子羊を発見する。怪我はないものの、体が押しつぶされて疲れた様子だ。私が体を持ち上げて地面に放すと、すぐに母親のもとに駆け寄って乳を飲みはじめる。

子羊が姿を消すと、捜索に何時間もかかることがある。経験上、一匹の子羊がいなくなった場合、それは突発的な事故を意味する。しかし二匹以上が同時に消えた場合には、何かが子羊を奪い去ったと考えたほうがいい。これまで、私たちはその現場を何度も目の当たりにしてきた。たとえば、頑丈なフェンスで囲まれた、小川のない牧草地で子羊が姿を消したとしたら？　言うまでもなく、子羊はどこかに連れ去られたということになる。敵は鳥ではない。鳥が捕まえるには、子羊の体は大きすぎる。

黄昏時から夜明けにかけて、出産場所となる牧草地の周囲では、キツネがこそこそと動きまわる。通常、キツネが狙うのは子羊ではなく、雌羊が出産後に排出する胎盤といった簡単な獲物のほうだ。しかし二年に一度くらいの頻度で、新生子羊や生後数日の赤ん坊がキツネの餌食となることがある。二年前の出産シーズンには、じつに大胆不敵なキツネが昼間の牧草地に入り込んできたことがあった。私たちが作業している場所から一キロも離れていないところで、そのキツネはくんくんとにおいを嗅ぎながら新生子羊のほうに近づき、急に飛びかかって胎盤を奪い取ったり、母羊が反撃する間も与えずに子羊の脚に嚙みついて連れ去ったりした。そんなとき、経験豊かなベテラン羊たちは猛烈に怒り狂い、両脚で地面を踏みならし、頭を下げてキツネに突進する構えを見せる。一方、経験の浅い若い雌羊はキツネの登場に戸惑い、まんまと罠にはまってしまう。その昔、悪党キツネが姿を現すと、地元の狩猟隊を呼んで駆除してもらう習慣があった（運悪く、ちょうど巣穴の外にいたキツネも一緒に殺された）。狩猟隊が探索すると、キツネの巣穴の内部やその近くで、子羊の骨、皮、死体が見つかった。犯人の多くは夫を失った雌キツネで、自分自身や幼子の食事を確保するために、凶暴になることを余儀なくされたキツネだった。

＊

長女のモリーが、母羊と生後一日の子羊の親子二組のうしろを歩きながら、牧草地をこちらにやってくる。娘は羊の習性を把握しており、後方で右や左に自ら移動して羊を正しい方向に歩かせる。どのタイミングで立ち止まって雌羊に母親の仕事を任せるべきか、モリーは祖母からしっかり教育を受けている。私がゲートを開けると、雌羊は子羊を引き連れて青々とした放牧地に向かって歩いていく。子羊を移動させるのが大好きな娘は、杖の柄を握りながら、にこにこと笑みを浮かべる。

ときどき、出産前日か前々日に養育本能が高まり、ほかの新生子羊を奪い取ってしまう雌羊がいる。出産中の雌羊のうしろにまわり込み、産み落とされた子羊を舐めて鼻をすりつけ、疲れきった母羊から遠ざけようとする。こういったことが繰り返されるときには、犯人の羊を捕まえて囲いに入れ、混乱を収めなくてはいけない。とはいえ犯人の羊も、いったん自分の子供が産まれれば、もうほかの子羊を奪ったりはしない。また、双子の子羊たちが、戻ってくるように母親が必死で鼻先で突くにもかかわらず別々の方向に歩き出してしまい、ときどき問題が起きる。母親がどちらか一方に近寄っていくあいだに、もう一匹の存在をすっかり忘れてしまうことがあるのだ。ほかにも、何匹かの雌羊が同じ場所で出産し、どの母親の子羊かわからなくなってしまうケースもある。そんなとき、私は頭を掻きむしりながら、正しい子羊と母親の組み合わせを判別しなくてはいけない。

母羊の混乱や子供の取りちがえを防ぐいちばんの方法は、出産直後の親子をすぐに別の場所に移すことにかぎる。わが家の農場では、新たな親子を見つけるたび、草を青々と茂らせた特別な牧草地に移動させる。その新鮮な草を食むと、母羊はより栄養分の高い母乳を出すことができるようになる。通常、ひとりっ子は歩いて移動させるが、体の小さな双子は四輪バギーにつないだトレーラーに載せて移動させる。強い母性本能を持つ雌羊は、人間が少し導くだけで、素直に新しい牧草地、地面が乾いた場所、あるいはトレーラーまでついてきてくれる。一方、移動しようとしない雌羊は杖で捕まえるか、牧羊犬の助けを借りて捕まえなければいけない（出産現場では普段以上の冷静さが必要になるので、経験豊かな犬だけが近づくことを許される）。

母羊と子羊のあいだには、眼に見えないつながりがある。しかし、人間が必要以上の手助けをしたり、あるいは母羊から少しでも眼を離したりすると、そのつながりがいとも簡単に切れて母羊が姿を消してしまうことがある。なかには、ストレスを感じると子育てを放棄したり、自分の子供を攻撃したりする羊もいる。そのため、羊の手助けにはとても繊細な気遣いが必要になる。アドレナリンとストレスが入り乱れて気の滅入る仕事ではあるが、ときに不思議な興奮も与えてくれるものだ。

娘のモリーは、別の雌羊を捕まえに牧草地の斜面を下りていく。子羊たちは、日光浴をしながらうたた寝している。娘がその体を持ち上げて立たせると、母羊がメエメエと鳴き声を上げ、決然とした態度で娘に頭突きを食らわせ、子羊を必死で護ろうとする。しかしモリーは一顧だにせず、大きく腕を振って母羊を追い払う。すったもんだの末にモリーが母羊を前に歩かせると、子羊たちも一緒にあとをついてくる。やがて牧草地の坂を上がってくると、私はゲートを開ける。娘はけらけら笑い、自分のことをまったく怖がらない気の強い雌羊を見つめる。

＊

子羊が産まれ、数日のうちにすたすたと歩けるようになると、そこに群れの未来を見ることになる。その外見の小さな手がかりの数々が、優秀な羊に育つかどうかを教えてくれる。かつて、私の群れにはダーウィンという名のいっとう立派な雄羊がいた。産まれたばかりの時点で、ダーウィンが特別な羊に成長することは明らかだった。ほかの子羊よりも朗らかで、立ち姿が美しく、誇り高く凜としていた。美しい脚、大きく上品な頭、絶妙な角度に突き出た白い耳……。似たような羊を見たとき、私はその将来について空想せずにはいられない。私はいまでも、ダーウィンのような羊との出会いを待ち焦がれている。

＊

出産シーズンは冬の真っ只中に始まり、夏に終わる――厳密にはちがうとしても、そう感じられることが多い。シーズンのちょうど中間あたりで春がやってくると、すべてが楽になる。季節の移り変わりはじつに劇的だ。日に日に寒さが和らぎ、太陽がより天高く上がって陽が長くなる。羊たちの肉づきがよくなり、元気を取り戻す。少しずつ水が引く音が聞こえ、土地が乾いていく。毎朝、陽に照らされた牧草地が暖かくなるにつれて、草は朝露に濡れ、谷底には霧が立ち込める。ひんやりとした谷底からフェルの斜面を上がるにつれて、暖かさは増していく。餌となる草を求めて雌羊とともに中腹までやってくると、陽光に温められた空気が私の顔をとらえる。

今朝、私は何かが欠けていることに気がついた。この地域で冬を越すノハラツグミが北へと飛び立ち、生け垣から姿を消していたのだ。と、ここしばらくのあいだその姿を見ていなかったことを思い出す（私は周囲の変化に敏感なタイプではない）。谷がこれまでよりも空っぽで、静かで、色が単調で、騒がしくないことに、幾ばくかの淋しみを感じる。ノハラツグミは子供をつくるため、海と大地を越えて北に行った。牧草地を見渡すと、あちらこちらに新しいモグラ塚ができている。あたりに広がる黒いローム質の土は、きっと何十年も掘り起こされていないのだろう。捕まえたモグラは有刺鉄線に吊しておくのがこの地域のしきたりだが、その数は年々少しずつ減っている。

さらに日がたつと、夏を湖水地方で過ごす渡り鳥が戻ってくる。アフリカで越冬したノビタキが突然姿を現すと、石垣の上や下を元気に動きまわり、冬のあいだに雌羊たちが草を食い尽くした裸の地面に舞い降りる。ミヤコドリが放牧地を雅（みやび）やかに闊歩し、ゲートの支柱の上で羽を休める。ダイシャクシギが感情豊かな歌声を上げながら空を舞う。ガンがたくましい羽をはばたかせてフェル中腹の上空を輪になって進み、麓の青々とした放牧地へとゆっくり下降する。林のなかでは、ムクドリの鳴き騒ぎによる小さなオーケストラのコンサートが開催中だ。しかし、標高の高いフェルの山頂にはまだ雪が残っている。湖水地方随一の高さを誇る〈グレート・ドッド〉では、五月まで雪が融けないこともあるほどだ。雪の斑点模様がついたフェルは、見れば見るほど白ぶちの馬そっくりに見えてくる。ノスリは冬のあいだナナカマドの木にひっそり身を隠し、モグラ塚から出てくるミミズで飢えをしのいだあと、暖かな上昇気流に乗って再び威風堂々たる風格を取り戻す。この地を取り囲む自然界のすべてが変化し、外に出た私はそれを実際に見て感じることができる。この時期、羊飼いたちの士気は再び高まっていく。

　私は防水加工のレギンスとウェリントン・ブーツを脱いで部屋の隅に放り投げ、ウォーキングブーツに履き直して紐を結ぶ。これからの季節は、泥を掻き分ける必要はなく、地面の上を軽やかに歩いて前に進むことができる。青々とした草が萌えると、干し草も濃厚飼料(シープ・ケーキ)も要らなくなり、ファーマーの仕事量――少なくとも、生死に関わるような重大な仕事――は減っていく。陽が長くなれば、それまでの薄暗い数カ月のあいだ手つかずだった野外での作業を再びできるようになる。毎年春が来ると、「もう最悪の時期は終わった」「やっと冬を越えた」と肌で感じる瞬間があるものだ。そんなとき、オークの木の蕾がわずかに膨らんでいることに私は気がつく。小川の縁に生えるヤナギの木が、尾状花序を垂らしていることにも。羊たちが出産するあいだ、求愛行動を始めたミヤマガラスは、あちこちを飛びまわりながら小枝を探し、あるいは雌羊の背中から毛を引っ張り抜いて巣の材料にする。毛が引き抜かれた羊の背中には、小さな丸い痕が残る。ミヤマガラスは翼を指のように広げ、樹木が茂るフェルの中腹から麓の牧草地まで羽音ひとつ立てずに滑空してくる。羊に餌を与える私たちの頭上まで来ると、羽先が触れそうなほど互いに近づいて群れをなし、無駄のない動きで旋回する。

春は、頭がクラクラするような感覚とともにやってくる。谷じゅうに子羊を呼ぶ母羊の鳴き声がこだまし、成長した子羊は丘の斜面で競争を始める。羊飼いの仕事は、出産を管理することから、何百匹もの子羊の面倒を見て、危険を避け、元気に成長させることへと変わる。ときに、まるで夢のようにすべてが順調に進む日もある。雌羊たちは人間の手を借りることなく出産し、子羊に母乳を与え、どこかの草むらのうしろの安全な場所で子育てに奮闘する。成長した子羊たちは、素直に母親のうしろにぴたりとついて歩いていく。ときどき、子羊がカラスを追いかけて頭突きしようとする姿を見ると、私はつい声に出して笑ってしまう。あたりの牧草地をぴょこぴょこと歩くカラスの体は、陽を浴びて紫、青銅色、漆黒に輝いて見える。毎朝の通り道の脇にある水たまりには、気づくとカエルの卵が浮いている。見上げると、サギが大きな翼をはためかせ、気流に乗って風下へと飛んでいく。

＊

四月中旬、前年に産まれた一歳（明け二歳）の雌羊たちをフェルに連れ戻す。冬のあいだ、低地にある友人の酪農場で過ごした羊たちだ。どの羊も健康そのもので、肥った体で牧草地を元気に跳ねまわる。フェルに戻るまえのこの一カ月ほど、羊たちは退屈したティーンエージャーのようにみるみる落ち着きを失い、友人の農場の石垣や柵を壊さんばかりだったという。そして、私たちが雌羊の出産に忙殺され、厄介な問題をいちばん避けたいタイミングで、友人から報告の電話が鳴り出すのだった――わが農場の羊が、誰かの家の庭や別の牧草地に侵入したという報告だ。フェルへの移動当日には、羊たちを囲いに集め、予防接種を打ち、トレーラーに載せる。本来であれば一〇分ほどで終わる作業だが、羊は友人の農場の敷地内のあちらこちらに分散してしまい、結局半日もかかってしまう。雌羊たちは猛スピードで疾走し、牧羊犬を極限まで試そうとする。しかし脚が不自由な二匹だけは、沼地でむっつり坐りこんでいる。私はその二匹を肩にかついでトレーラーに移動させる。すべての羊を荷台に載せ、故郷へと連れ帰ってフェルに再び放つと、羊たちは母親に教わった決まった場所へと進んでいく。その瞬間、私はほっと胸をなでおろす。フェルに戻れば、羊たちは誰に危害を加えることもなく、野生のままに暮らすことができるのだ。

*

私がまだ子供のころ、出産時期が終わりに近づくと、農場の男たちが集まって森を取り囲むことがあった。彼らはカラスを銃で撃っては、まるで子供のように熱狂的な雄叫びを上げた。谷じゅうに、カアカアという鳴き声と弾薬の発射音がこだました。それは、試練の数週間を終えたあとの打ち上げのようなものだった。一二口径の弾丸は、片眼を失った子羊や食い尽くされた死体への報復だった。粉々になった小枝が宙を舞い、カラスの巣がガサゴソと音を立てて枝のあいだを落ちていく。ワタリガラス、ミヤマガラス、ハシボソガラス（この地域では「マヌケ（ドープス）」という愛称で呼ばれる）、カササギ、コクマルガラス……そのすべてが殺人と暴行の容疑者だった。黒い羽を持つものはなんでも「マヌケ」であり、泥棒、殺人者、詐欺師とみなされた。人間が羊を飼育して生活する谷では、出産現場に忍び寄るこれらの黒い影は悪以外の何物でもなかった。翌朝、森の外れの草むらには、黒いまだら模様が広がっていた。しわくちゃの羽、穴の開いた風切羽（かざきりば）、血の染み、爪楊枝のように折れ曲がった脆い脚。生き残ったカラスの鳴き声が谷に響きわたり、羊飼いたちを非難しつづけた。

一羽のハシボソガラスが飛び上がり、壊れた凧のように体をねじらせた。分厚い翼が破れた複葉機は、そのまま地面に墜落した。「あの殺人鬼の無様な姿を見てみろ」と祖父は言った。ランドローバーのシフトレバーの横には、ハシバミの棒がぽつんと置かれている。表面が美しく磨かれ、柔らかな触感のその棒は私の杖であり、私の可能性だった。祖父と私は笑みを交わし、共通の認識があることを確かめ合った。「全身濡れねずみになるぞ」と祖父は警告するが、それは励ましの言葉だ。私は足元の水面に映る雲と競争するように、至るところに大きな水たまりがある放牧地をどしどし進んでいく。さきほどのカラスが空に飛び立って必死に羽を動かすが、そのまま下のほうに落ちてくる。もの悲しい鳴き声を上げながら翼をばたつかせるものの、動いているのは片側だけで、反対側の羽はまったく機能していない。漆黒の閃光を放つその恐ろしい姿は、まるで〝神の怒り〟を象徴しているかのようだ。片側の羽しか動いていないにもかかわらず、その姿は私を不安にさせた。カラスはピストンのように脚をまわし、杖を伸ばせば届きそうな距離まで近づいてきた。機能しなくなった翼の上あたりを狙い、私は杖を振り下ろす。するとカラスは小さな塊になり、子供のおもちゃのように淀んだ水のなかに落下し、そのまま息絶えた。私は戦利品であるカラスの死体を拾い上げ、杖を頭上に突き上げてゲートに戻った。全身びしょ濡れだったが、祖父は気にも留めようとしなかった。

＊

この時期、少しずつ気温が上がり、あたりには草が生い茂るようになる。出産シーズンが終わると、今度は雌羊と子羊に必要な処置を施し、高地に移動する準備を進める。くわえて、羊のいなくなった麓の牧草地では、そのあいだに干し草用の草を育てなければいけない。

まず、麓の囲いに集まる何百組もの親子を「ひとりっ子」と「双子」に仕分けていく。食肉用に肥育される交配種の子羊には去勢を行ない、尻尾を切断する（私が子供のころは、尻尾や睾丸をナイフで切り落としたり、ねじり取ったりしていたので、羊の体から血が噴き出すのは日常茶飯の光景だった。現在では、オレンジ色のゴムリングを利用し、ゆっくりと血行を止めて尻尾や陰嚢を脱落させる方法が一般的になった）。低地種の羊の尻尾にはとくに湿気や排泄物が溜まりやすいので、ハエ蛆（うじ）症の感染予防のために断尾（だんび）は必須になる。断尾・去勢された子羊は、何分かのあいだ表情を曇らせて横たわるものの、すぐにそんなことは忘れたかのように母羊を捜しにいく。

一方、山岳種の羊は、悪天候を乗りきるために尻尾を必要とする。フェルの草を食んでも下痢をせずに臀部を清潔に保つことができるので、ハエが集（たか）ることもない。子羊はみな一連の〝治療〟を受けなければいけない――予防可能な疾患のためのワクチン接種、寄生虫駆除薬の経口投与（暖かくなると寄生虫が発生しやすくなる）、体へのマーク付け、一四桁の数字二組が記録されたマイクロチップの埋め込み（法律で定められた作業）、私たちの農場の羊であることを示す耳標の装着。さらに、クロバエによる卵の産みつけを防ぐため、羊の体に薬品をスプレーで吹きつける。これを怠ると、六月や七月にハエに襲撃され、悲惨な姿になって死んでしまうことがあるのだ。

五月上旬、すべての羊を囲いや納屋に集め、一連の作業に家族総出で取りかかる。人手が多いほど仕事は楽になるので、昔からこの時期は家族みんなが集まって協力し合うのが恒例行事となっている。

家族のなかにははっきりとした序列があり、もっとも経験豊かな最年長者が大きな権限を持つことになる（いずれ、私もその立場になる）。今年も、数カ月にわたる抗癌剤治療によって弱ってはいたものの、父が家族の長として振る舞っている。働き盛りの大人たちは羊を捕まえたり、牧羊犬と一緒に羊を移動させたり、より体力の要る仕事を担当する。私の母は、子羊の血統をあとでたどることができるように、ぼろぼろの古びたノートに子羊の個体識別タグの番号を記入していく。子供たちはオレンジ色の去勢用ゴムリングや耳標を手に取り、愉しそうに大人たちに手渡す。その日一日、家族全員が何らかの役割を受け持ち、雌羊や子羊への〝治療〟を一つひとつ確実に施していく。同時に、交配の結果を確かめる大切な機会でもあるため、大人たちのあいだでは活発な議論が交わされる。この時期になると、その年に産まれた子羊の成長具合がはっきりとしてくる――どの雌羊が立派な子羊を産み、質の悪い子羊を産んだのか。家族みんなが一日じゅう意見を言い合い、それぞれの羊の評価を下していく。前年の秋に購入した雄羊たちも、このときに集中砲火を浴びることになる。

「あの年寄りの雌羊の子は白すぎるな」

「いや、問題ない……時間がたてば大丈夫さ」

生前の祖父は、子羊の産まれた場所や成長の過程をすべて把握していた。「こいつは、馬の放牧地のてっぺんにある、あのアカマツの木の下で産まれたんだ……てっきり死んだと思ってたんだが……こんなに立派に育ってくれたとはな」

最近では作業がどんどん複雑になり、思い出話や談笑に花を咲かせていると、集中力が途切れてしまうことがある。父は失敗するたび、こんな叫び声を上げる。「くそっ……もう無駄話はやめにしたほうがいい。あの羊にマークをつけ忘れた」。すぐに、子羊を捕まえてマークし直し、その場で誤りは訂正される。そのあと一〇分ほどみんなが押し黙ったまま仕事に集中すると、またおしゃべりが始まるのだった。

ときどき、とんでもない大喧嘩が起きるものの、そんなことはみんなすぐに忘れてしまう。結局のところ、私たちは家族全員で農場を運営しており、それは何にも代えがたい特別なことなのだ。いまでは子供たちもそれぞれ意見を持ち、自分が世話をする羊についてまわりに伝え、「この雄の子羊はパパの羊に勝つくらい立派に育つよ」などと豪語するようになった。息子はまだ二歳にもかかわらず、柵から身を乗り出して杖を振り、望みもしないアドバイスや指示を出そうとする。父さんはそんな孫を見やり、「血だな」とでも言いたそうににやりと笑う。祖父、父、息子……きっと、何も変わることはないのだろう。

雌羊と子羊の〝治療〟が終わると、ついに羊を高地に移動させる。羊たちをフェルへと追い立てると、親子が互いに呼び合う鳴き声が谷にこだまする。すべての羊の肩には、リーバンクス家の農場の印である青と赤の「スミット・マーク」がついている。このマーク付けは、太古の時代から続く湖水地方の伝統だ。

*

ビアトリクス・ポターが一九〇五年に発表した『ティギーおばさんのおはなし』には、羊のスミット・マークについての話題が出てくる。洗濯屋を営むハリネズミの主人公ティギーおばさんは、洗濯中の子羊の毛について小さな女の子から質問を受け、次のように答える。

「はい、ぬげますともよ、じょうちゃん。かたのところにおしてある 農場のはんこをみなさいよ。ほら、こっちのオーバーにはゲイトガス農場のはんこ。あっちのみっつにはリトルタウン農場のはんこ。せんたくに出すときは、どの農場でも かならずしるしをつけて おくんです!」ティギーおばさんは いいました。

――『ティギーおばさんのおはなし』より（福音館書店、いしいももこ訳、二〇〇二年。一部訳者が加筆）

ビアトリクス・ポターは、この物語の舞台となるニューランズ・ヴァレー周辺の三つの農場を詳しく知っていた――スケルギル、リトルタウン、ゲイツガース。それぞれの農場の羊の群れやスミット・マークについても熟知し、多くの羊飼いと知り合いだったにちがいない。ポターがこの文章を綴ってから一世紀以上がたったいまでも、湖水地方の羊飼いたちは同じスミット・マークのついた、同じ群れの子孫を育てている。しかし、ポターの作品がいまだ高い人気を誇るという日本では、スミット・マークなどのエピソードは読者にどう受け止められているのだろう?

＊

ジーンから購入したフェル・フロックは、私たちの農場に引っ越して最初の冬を過ごし、春にフェルへと移動した。山へ向かう道中、夏の別荘に向かっていることに気づいた羊たちは、流れるような早足で進んでいった。再び羊たちが戻ってくると、まるで山が安堵のため息をつくかのように、フェルの中腹は穏やかな空気に包まれた。二年目の冬、フェル・フロックの羊たちはすっかり変化にも慣れ、私たちの農場で文句も言わずに暮らすようになった。

*

ワーズワースの代表作「水仙」は「雲のようにひとり寂しくさまよい歩いた」という一行で始まる。彼はひとりさまよい歩いたのかもしれないが、羊飼いは冬を越えると社会的な動物に変わる。五月には春の品評会にみんなが集い、農場自慢の立派な雄羊で再び競い合うことになる（スウェイルデール種の品評会には雌羊も出品される）。

毎年五月、スウェイルデール種を飼育するたくさんの羊飼いが、〈タン・ヒル・イン〉脇の吹きさらしの荒れ地に集結する。あたりを蛇行する細い道路は、会場の両側一キロ弱にわたって駐車車両で埋め尽くされる。会場内の木製の柵は一晩のうちに組み立てられ、終了後すぐさま撤去される。スウェイルデール種を育てる羊飼いにとって、タン・ヒルの品評会で賞を獲ることは、もっとも偉大な業績のひとつと言える。同時に、これは古くから続く交流の場でもある。遠い昔、湖水地方のような地域は、こういった集まりによって統制されていた。大規模な品評会に多くの人々が一堂に会し、家畜や競走馬を披露し、取引をまとめ、酒を酌み交わし、互いに友好を深め、ときに伴侶を見つけた。タン・ヒルにやってきた羊飼いは、地域一帯の農場仲間たちと秋の競売市以来の再会を喜び合い、会話を交わし、その年の出産についての情報を交換し、雄羊の繁殖結果について比較し合う。この時期の湖水地方の周辺では、ほかにも小さな品評会がいくつか開かれる。この会合がなければ、同じ品種を育てる共同体としての絆が希薄になり、私たちは谷ごとに分断された他人同士に成り代わってしまう。

一方、ハードウィック種のブリーダーは、別に開かれる雄羊品評会に参加する。なかでも有名な〈ケズウィック雄羊品評会〉は、〝五月の第三水曜日の翌日の木曜日〟にケズウィック・タウン・フィールドで開催される。もうひとつ有名なのが、その一週間前にエスクデールの〈ウールパック・イン〉脇の牧草地で行なわれる品評会だ。何世紀も前から、春になると湖水地方じゅうの羊飼いたちがこういった品評会に集まり、秋に借りた雄羊を持ち主に返却し、農場自慢の羊を出品して競い合ってきた。会場となる牧草地では、まわりを取り囲むように木製か金属製の柵が設置され、その内側に干し草の梱用の紐で細かく仕切った囲いがいくつも造られる。さらに、中央には仮設の競り場が登場する。ランドローバーに牽引されるアルミニウム製のトレーラーから降ろされた羊は、農場ごとに割り当てられた囲いへと歩いていく。外に出た雄羊たちは陽射しに眼をぱちくりさせ、見知らぬ人々に囲まれていることに気づくと気取って歩き出し、ときおり頭や角をぶつけ合う。

一年のこの時期、羊たちの全身は厚い毛で覆われる。なかには痩せこけ、毛の一部が抜け落ちたり、擦り切れたりしている羊もいるが、羊の質自体とは無関係なので問題にはされない。牧草地の西の隅に設置された大きな囲いには、ダークチョコレート色の胴体と白い顔の対比が美しい明け二歳の雄が集められる。その囲いでは〝子羊大会〟が行なわれる。三、四〇四の有望株のなかからダイヤの原石を見つけ出すという、品評会でもっとも愉しいイベントのひとつだ。ほかの種とちがい、ハードウィック種の一歳児は赤ん坊とさほど変わらず、将来どう成長するかは未知数であり、もう少し歳を重ねるまで優劣をつけることはむずかしい。とりわけ優秀な羊は、大人になると種雄羊として活躍し、長年にわたって群れの繁殖に大きな影響を与えつづける。しかし子羊の段階で将来を見極めることは、がらくた市の品物を選り分けてレンブラントの作品を探し出すことに等しい。低地の温暖な環境で冬を越した一歳の雄羊たちは、見るからに肉づきもよく元気いっぱいだ。会場に集まった羊飼いたちはほんの小さな粗を探し、その体を撫でまわす――脚のわずかなねじれ、口の異常（歯のねじれ、隙間、上あごに収まりきらずに前に突き出た歯）、皮膚の些細な異常（毛がまばらで柔らかいと、過酷な気候を生き抜くことができない）。あるいは、肩のうしろ側の小さな窪み、将来的に白っぽくなりそうな毛並み……。ヒーローになる羊とただの羊の差は紙一重。そういった差を見抜くためには少なくとも一〇年の経験が必要になるが、それでもまだ素人に毛が生えたレベルにたどり着いたにすぎない。

優れたハードウィック種のブリーダーとして近年もっとも高い評価を受けているのが、ダドン・ヴァレーにあるターナー・ホール農場だ。ごつごつとした石だらけの谷、岩や木々のあいだに押し込まれるように建つ石造りのファームハウス……決して環境がいいとは言えないそんな農場から、毎秋の品評会に見事なハードウィック種の羊が出品される。かつてターナー・ホール農場を創設したハートレイ家の人々は、その地に腰を落ち着け、末永く農場を営もうと志した者たちだった。彼らは数世代かけて、偉大なハードウィック種をビジネスとして育てることに成功した。昔のこの地域の農場の白黒写真を見ると、たいていハートレイ家の人間が写っており、何かを見通したような物思いにふけった表情をしているものだ。現在の農場主であるアンソニー・ハートレイのハードウィック種についての知識はすさまじく、私がどれだけ勉強しても追いつくことなどできないだろう。それでも、いつか彼のレベルにたどり着く日が来ることを願いつつ、私はそのノウハウを学び取ろうと努力している。現在の私にとって、彼の羊がひとつの目標の基準点になっている。

羊飼いの友人たちの家を訪ねると、暖炉のマントルピースや部屋の壁が過去の優秀な雄羊の祭壇と化していることがよくある。友人であるウィリー・リチャードソンが営むゲイツガース農場の古い納屋の梁には、過去一世紀のあいだに農場のハードウィック羊が獲得してきたバラ飾り（ロゼット）や賞状が飾ってある。ぼろぼろでいまにも壊れそうなもの、色褪せたもの、最近のもの、ビアトリクス・ポターがゲイツガース農場の羊と品評会で競い合っていた時代のもの……。こういった古い石造りの納屋のような場所にこそ、湖水地方の真の歴史と文化が刻まれている。しかし、それを実際に眼にできるのは、羊飼いの男女だけ。この地に押し寄せる観光客は、その存在にも気づかぬまま、散歩の途中で納屋の横をただ通り過ぎるだけだ。

ケズウィックのタウン・フィールドについて、あるいは毎年その地で開かれる有名なハードウィック雄羊品評会について、湖水地方の関連本で紹介されたことはほとんどない。しかし、グレタ川ほとりの地味でなんの変哲もないその草地は神聖な場所であり、羊飼いにとっての夢の舞台であり、ハードウィック種のための大切な聖地のような場所だ。この品評会の伝統的な役割は、前年の秋にファーマーが借り受け、それぞれの農場で冬を越した雄羊をもとの所有者に返すことにある。この方法によって、湖水地方全体で優れた血統が引き継がれてきた。もとの所有者としても、冬のあいだ若い雄羊をほかの農場に預かってもらえば、その分コストを浮かせることができる。春になって故郷の農場に戻った雄羊たちは、草の生えはじめたインテイクの牧草地でしばらく生活し、その年の秋の競売市を待つことになる。私の農場の羊は、ケズウィック雄羊品評会やエドモンドソン・カップで賞を獲ったことはないし、有力候補になったこともない。いつか、こういった品評会で賞を獲ること――それが私の夢だ。

*

私の母は、この時期のファーマーたちの熱い情熱を〝雄羊熱〟と呼び、ある種の狂気だと位置づけている。実際、春から秋にかけて興奮はみるみる増し、ファーマーの頭のなかは品評会と競売市のことだけに支配される。晩春や初夏の夜、羊を飼育する友人たちが〝ドライブ〟の途中だと言って急に家にやってくることがあるが、彼らはたんに友達の家に遊びにきたわけではない。その年の雄羊の様子をまえもって確かめ、品評会で活躍しそうな子羊がいるか偵察しにやってきたのだ。プライドの高い羊飼いは、最高の状態ではない羊を他人に見せようとはしない。私たちはお互いにのらりくらりと質問をかわし、あらゆる偽装工作を仕かける。農場自慢の羊を披露するふりをしつつ、詮索好きな眼に触れやすい道路近くの場所から遠く離れたところに立派な羊を隠し、品評会までスター選手は温存しておく。

特別な羊を品評会や競売市に出品するための準備には、卓越した技術が必要になる。ハードウィック種の雄羊（と雌羊）は、本来の暗い青灰色の毛のままで売られるわけではなく、大昔から続く伝統として毛を赤く染めて出品される。いつ、どのように始まったのかは定かではないものの、昔から当たりまえのように行なわれてきた伝統だ。毛染めをすることになった理由には、ふたつの説が存在する。ひとつ目は、価値の高い羊がフェルのどこにいるのかを一目で把握するために、数世紀前の羊飼いたちが手近にあるもっとも明るい自然顔料で毛を染めたというもの。ふたつ目は、古代のアニミズムの一種だという説――ケルト人が活躍した青銅器時代、羊を崇拝したこの地域の住人たちは、なんらかの儀式の一種として羊の毛を染めていたのではないか。住人たちの羊への考え方を知る私としては、ふたつ目の説に一票を投じたい。

＊

大量の血に浸したかのように、私の手のひらは真っ赤に染まっている。羊の毛染めには、深い赤鉄鉱の色合いを持つ代赭石（たいしゃせき）が使われる。昔の羊飼いは、さび色の崖から自ら石を採取して色づけに使っていたという。当時は、それが簡単に手に入るもっとも明るい自然顔料だった。私の前には、青灰色の毛を逆立てるハードウィックの雄羊が一匹。父がその羊を押さえつけている。近づくと、羊はむっとして顎を引く。同時に、力を強める父の指の関節が白くなるのが見える。灰色のむく毛が生えはじめる首のつけ根に赤く染まった手を置き、背中の毛に沿って腕を引くと、ペーストの赤が毛に移っていく。その後も何度か手のひらを行き来させると、私の両手幅の分の背中が代赭石の赤に染まる。

伝統的な羊の品種のすべてに、このような奇妙な儀式が存在する。「赤」はハードウィック種の羊を変身させ、胴体の灰色と純白の頭と脚のコントラストを深めてくれる。また、品評会や競売市の前日に羊の顔と脚を洗うと、白さがさらに増してより上品で凜々しい外見になる。言ってみれば、普段の仕事着から晴れ着に着替えさせるようなものだろう。現在では、さび色がかった暗赤色のパウダー「ハードウィック・ショー・レッド」がバケツ入りで販売されているので、〝着替え〟も楽にできるようになった。一方、スウェイルデール種の場合、競売市用の雄羊や雌羊の毛は泥炭で染められる。たいてい、それぞれの農場の荒野には着色用の泥炭を掘り出す秘密の場所がある。その沼地の泥炭を使うことによって、長年かけて培ってきたぴったりの色合いが生まれ、理想的な美しさになる。

＊

春と夏のあいだに下した判断は、どれも秋へとつながる。仲間たちが容赦ない厳しい眼で羊をチェックする秋の品評会と競売市では、羊飼いのありとあらゆる知識が試されることになる。虚栄心がないと言えば嘘になるが、虚栄心がすべてではない。これほど誇りに満ちた人々などめったにいないが、誇りがすべてではない。それは、これまでの努力のすべてが一体となる瞬間であり、古い物語が終わり、新しい物語が始まる瞬間だ。偉大な羊の群れは、長年にわたる品評会や競売市での数限りない成果の積み重ねのうえに成り立っている。毎年の成功や失敗は、壮大な小説の章のように積み重なっていく。偉大な群れの物語は人々に伝播し、彼らが再び語ることによって新たな物語が生まれる。羊はたんなる売買の対象物ではない。人々は一匹の羊についてあらゆる判断を下し、その情報を記憶のなかに蓄えていく。ジグソーパズルのように複雑に組み合わさった血統が、時間を経て良い結果や悪い結果へとつながる。羊飼いの評判、地位、ステータスの大部分は、その品種の良い見本となるような優れた羊を品評会に出品できるかどうかによって決まる。

ある年、コッカーマスの競売市に出向き、ゲイツガース農場のウィリー・リチャードソンから明け二歳のハードウィック雄羊を購入したことがあった。上品で美しく小柄な羊で、頭、脚、腋の白さがとりわけ際立っていた。その美しさは誰もが認めるところだったが、いささか体が小さすぎるというのが唯一の欠点だった。そのため、わずか七〇〇ポンド（約一二万六〇〇〇円）で競り落とすことができた。あと五、六センチ背が高ければ、さらに一〇〇〇ポンドほど必要だったかもしれない。その羊は若い羊飼いと共同で購入したものだったが、競売市の三週間後、彼はその選択が誤りだったと判断した。雄羊はやはり小さすぎて、彼の農場の雌羊との繁殖に使うことはできない、と。やがて、この小柄な雄羊のことで私はよくからかわれるようになった。私の買いつけは明らかなミスであり、同じような小柄な子羊が産まれてくるというのが大方の予想だった。私自身、まわりの忠告に耳を傾け、良くない雄羊だと考えそうになったこともあった。しかし、私の直感は反対のことを告げていた。そこで最初の秋がやってくると、農場でいちばん優秀な雌羊たちと交配させてみることにした。イチかバチかの賭けだった。それは六年か七年前の話で、いまではその娘たちが、湖水地方屈指の優秀で美しい種雌羊として活躍している。小柄な雄羊は、わが家の農場でもっともすばらしい成果を残した羊の一匹になった。昨年の秋、その羊はわずか一〇匹の雌羊と交尾したあと、牧草地の真んなかで老衰して死んでいるところを発見された。私が当時のことを言うと、かつて小柄な羊のことを笑い飛ばした腕利きの羊飼いたちは、誤りを認めてくれた。

こうやってうまく事が運ぶこともあれば、反対にうまくいかないこともある。

＊

娘のビーが囲いの柵を乗り越えて私のそばにやってくると、慎重ながらも断固とした手つきで品評会用の羊の体をつかむ。私たちが参加するのは、毎年賞の獲得を狙っている品評会のひとつだ。羊の列の前を歩いてきた審査員のスタンリー・ジャクソンは、羊の首をしっかりとつかまえて立つビーに気づいて微笑む。そんな愛らしい娘の姿を見て、ほかの羊飼いたちが「審査員の心をつかむ作戦だろ」と言って私をからかう。私は「わが家の新米羊飼いを甘く見たら痛い目に遭うぞ」とおどけて言う。周囲には、私たちのように三世代で参加する家族がたくさんいる。隣の囲いでは、父がスウェイルデール種を出品している。そちらでは上の娘のモリーが羊をつかんで列に立ち、その部門での優勝を勝ち取る。モリーが抱える子羊は、前年に父と私が買った雄羊の子供だ。クリスマスの日、父が窓越しに見惚れていたのがその雄羊だった。そのときの私は、父がもう死ぬのだと考えていた。しかし父は生き延び、小さな夢が実現するのを見届けた。最近の父は浅黒く日焼けし、とても幸せそうだ。もしかすると癌細胞はまだ体のどこかに残っていて、いつかまた再発するかもしれない。しかしいまのところ、父は元気に日々を過ごしている。世界じゅうの大富豪から人生を交換してくれとせがまれても、父は絶対に断るにちがいない。

＊

最後の羊が出産を終え、予防接種やマーク付けが終わると夏が始まる。羊の群れはいったん谷の中腹まで移動し、双子の親子はアロットメントかインテイクへ行き、ひとりっ子の親子はフェルへとさらに斜面を上る。

フェル農場の多くは、自分たちが放牧権を持つ高原地帯のすぐ麓に位置している。その場合、農場の柵や石垣の向こう側にすぐフェルの斜面が広がっているので、たんにゲートを開くだけで夏の移動は終わる。あとは、子羊を引き連れて坂を上る雌羊の姿を見届けるだけでいい。けれど、私たちはちがう。農場がフェルから離れた場所にあるため、高原地帯まで群れを何キロも移動させなくてはいけない。雌羊と子羊の細い流れは、何世紀にもわたって羊によって踏みならされた斜面の道を上へと進んでいく。中腹まで来るとゆっくりと群れは広がり、最後に羊たちは自分が属する場所を見つける。羊の帰属意識はきわめて強く、たとえ山から三、四年離れていたとしても、母親たちに教わった定住の地まで迷わず進んでいく羊もいるほどだ。羊のなかの抑えがたい衝動が割り当てられた場所へと彼らを導くのだろう。

＊

数週間後、毛刈りが始まる。納屋に最初に集まるのは、二、三日前にフェルから下りてきたハードウィック種の雌羊たちだ。最近では、私は父さんよりもずっと速く毛刈りができるようになった。父が一匹を刈るあいだに、私はほぼ二匹の毛刈りを終えることができる。父は定年の年齢に達し、私の毛刈り技術は最盛期を迎えているのだから、それも当然の話だろう。

それでも、父はすべてを知っている。私がまだ父レベルの熟練の技を持たないことも、このまま何時間も毛刈りを続ければ私のペースが落ちることも、私の年齢だったときの父にはもっと体力があったということも。誰かの隣で毛刈りをすると、その人の気持ちがひしひしと伝わってくる。流れるように作業を進めているのか、あるいはその逆なのかが肌で感じられるものだ。

私の毛刈りスキルがかつてないほど向上したことに、父はもちろん気づいている。これまで長年にわたり、私は父のスピードに追いつこうと努力してきた。しかしそのたび、スタミナや技術不足に泣き、怒りや失望を感じてきた。だからこそ、私の一部は父に知らしめることを愉しんでいた。父がかつて私を負かしたように、私が父を負かすときが来た、と。ときおり私は「昔、こうやって父さんが俺をいじめたんだ。今度は俺の番さ」と言わんばかりの生意気な笑みを父に向ける。すると父は、スピード勝負で負けた人間が浮かべるぎこちない微笑みを見せる。

一匹の毛刈りを終えると、父は立ち上がって静かにその場を離れようとする。何かがおかしい。大丈夫かと尋ねても、なんでもないと言いたげに笑うだけ。しかし、絶対に何かがおかしい。父は痛みを感じ、それが彼の力を奪っているにちがいない。父は私に最後の数匹の毛刈りを任せ、どこかに行ってしまう。

生まれてから四〇年、私は一度たりとも父が仕事を投げ出す姿を見たことがなかった。父さんは、私がこれまでに出会ったもっとも屈強な男のひとりだ。昔、よくこんなことがあった。犬のようにせっせと働いて仕事を終えるころ、私の頭のなかは熱い湯に浸かり、テレビを観て休むことでいっぱいだった。しかし、父は隣人がまだ作業を続けていることに気づき、手伝いが必要かもしれないと思い立つ。そんなとき、父自身が手伝いに出向くばかりか、必ず私も巻き添えを食うのだった。こちらにはなんの利益にもならないのに、そんなことはおかまいなし。「何やってるんだよ、もう仕事は充分にしたじゃないか」と私が言っても、父は決まって聞こえないふりをした。さらに苛立たしいことに、作業が終わったあとに隣人が金を払うことを申し出ると、父はきっぱり断るのだった。

父には父なりの行動規範があった。果たすべき仕事はすべてやり遂げる。仕事はそれ自体が報酬である。常に全力で仕事に取り組まなければ、自分の評判を落とすことになる。

しかし、そのときは何かがちがった。父さんは仕事に背を向け、その手を止めた。それは、これまで私が見たもっとも父らしくない行動だった。父は背筋をしゃんと伸ばし、歩き去った——あれがまた父の体のなかに現れたのだ。

*

羊をフェルに連れていく日々は、私にとって一年で最高の瞬間だ。コモン・ランドで羊の群れや牧羊犬と一緒に過ごすとき、私の体はこのうえない解放感と空間感覚に包まれる。下の世界で私を蝕もうとするバカげたことから解き放たれ、自らの人生の目的、現実的でたしかな意味を感じることができる。

湖水地方最大のハードウィック種の農場（言い換えれば、世界でもっとも貴重なハードウィック農場のひとつ）であるウェスト・ヘッド農場を営む友人のギャビン・ブランドは最近の会話のなかで、低地の農場は牧草地が狭いし、フェンスが多いからもう牧畜はできないと言った。「まわりに誰もいない広い土地でずっと働いていると、それが当たりまえになってしまう。柵で区切られた小さな空間で、大勢の人に見られながら仕事なんてできやしない」

私たちのフェル農場は、ウェスト・ヘッド農場ほど立派でもないし、規模もずっと小さい。向こうと比べるとキャベツ畑のようなものだ。だとしても、フェルに行けば彼の言いたいことはすぐに理解できた。一度味わってしまうと、その感覚を忘れることはとてもむずかしいものだ。

ここにある自由は、住民たちが古代から苦労の末に獲得してきた、この土地ならではの自由だ。そういった自由は、ほかの多くの場所ではとうの昔に人々から奪われてしまった。

一九世紀の〝農民詩人〟ジョン・クレアはこの自由をテーマにした詩を綴り、自分の愛するノーサンプトンシャーの景色が柵のせいで変わってしまったことを嘆き悲しんだ。クレアが気づいたのは、自分のような「人間」と「土地」のあいだに溝が生まれ、年々その溝が開きつつあるということだった。ここ二世紀ほどのあいだにイングランドじゅうの多くのコモン・ランドに柵が設けられ、古い伝統が残るのは湖水地方のような痩せた山岳地帯にある孤立した場所だけになった。この自由は、地元に根づいた自由だ。コモン・ランドで働き、共同体が一体となって土地と関係を保つことから生まれる、コモナーたちの自由だ。ひとつの場所に留まり、そこで働き、さまざまな責任を果たしてきたからこそ、私はコモン・ランドの一部を利用する権利を得ることができる。

湖水地方の山で働くことほどすばらしいことはない。もちろん、凍えるほど寒い日や土砂降りの雨でなければの話だが（しかしそんなときでさえ、窓ガラスに護られた現代生活では経験することのできない活き活きとした感覚が芽生えてくる）。永遠の時が広がる山は、人間にぞくぞくするような喜びを与えてくれる。私がとりわけ好きなのは、自分よりも大きな何かに包まれているという感覚だ。自分以外の手や眼を通して、時間の深さに遡っていく感覚だ。山で働くことは、山を征服することではない。山は人を謙虚にさせ、人間の尊大さや勘ちがいを一瞬のうちに根こそぎにする。私は共有のフェルを利用する牧畜業者のひとりであり、歴史の浅い小規模な農場の運営者にすぎず、長い長い鎖の小さな輪

でしかない。おそらく一〇〇年後には、私が羊を山で放牧していたことなど、なんの意味もない事実になる。きっと、私の名前を知る者は誰もいなくなる。しかし、そんなことはどうでもいい。一〇〇年後もファーマーたちが同じフェルに立って同じ仕事をしているとすれば、そのほんの小さな一部を作り上げたのは私なのだ。いまの私の仕事が、過去のすべての人々の働きの上に成り立っているように。

草が生い茂るフェルの高原に群れを移動させ、ひとり麓に戻るとき、私のなかの何かは羊たちのいる場所に留まっている。だから私は、羊が草を食む山を一日に何度か見上げる。どうしても我慢ができなくなり、羊たちの様子を確かめるためだけにフェルに戻ることもあるほどだ。フェルに棲むヒバリの優美な舞いと歌声を邪魔するのは、私のブーツの足音と牧羊犬の吠え声だけ。

故郷の山に戻ってきた羊たちは、いかにも満足げに日々を過ごす。それは、冬と春が早足で去ったことを意味する。それから数ヵ月、フェルの羊は人間の手を借りずに自分たちだけで生活する。だから私は小川のそばに横たわって手のひらで水をすくい、一気に咽喉の奥に流し込む。これほど甘く純粋な味の水はほかにはない。

それから仰向けになり、悠々と流れる雲を眺める。フロスは小川で水浴びして体を冷やす。のんびりと過ごす私を見て驚いたタンは、体に鼻をすりつけてくる。動いていない私を見たのは、きっとこれがはじめてだろう。それにいま、タンは人生ではじめての夏を経験しているのだ。

私はひんやりとした山の空気を吸い込み、空の青に白いチョークの線を引く飛行機を眺める。

雌羊は岩山を登りながら、うしろの子羊に呼びかける。

ほかに望むものなど何もない。これが私の人生だ。

謝 辞

私が人生ではじめての本を上梓することができたのは、多くの人の努力のおかげであり、その全員に感謝の気持ちを伝えたい。本書のなかの言葉と写真は私によるものではあるが、たくさんの人々が読者の手に届けるために尽力してくれた。ほんとうにありがとう。この本を執筆していたときの時間は、私にとって宝物のような時間だった。

まず、〈ユナイテッド・エージェンツ〉のエージェント、ジム・ギルに謝意を捧げたい。ジムはこの本の力を信じ、実際に会うまえからすでに各社に売り込み、ぴったりの出版社を見つける手助けをしてくれた。小さな子供のいる家庭の親として、さまざまな責任を持つ身として、私には執筆のための手付金が必要だったが、ジムがそれを実現してくれた。出版業界のことなど何も知らなかった私を、正しい方向に導いてくれてありがとう。

本書の出版に興味を示してくれた大勢の編集者たちにも感謝したい。彼らが寄せた関心とやさしい言葉が励みとなり、出版する意義を実感し、私のなかでどんどん期待も膨らんでいった。

〈ペンギン〉の担当編集者ヘレン・コンフォードには深く感謝したい。ほとんどのアイディアがまだ私の頭のなかにあった段階から、ヘレンはこの本の成功を信じ、私のために多くの時間を割いてくれた。はじめて会話を交わしたときから、彼女が勇敢な人間であり、私の計画への心からの応援者だと知っていた。私には偉大な編集者が必要だったが、彼女こそその人物だった。さらに、カシアナ・イオニタ、ステファン・マグラス、〈ペンギン〉のすばらしいチームのみんなにありがとうと言いたい。

〈フラットアイアン・ブックス〉のコリン・ディッカーマン、ジェイムズ・メリア、マース・シュワルツ、そしてチームの全員に感謝したい。

ジュリー・スペンサーは私に本を執筆するチャンスを与え、より良い本になるように応援してくれた。ありがとう。

《アトランティック・マンスリー》誌のアレクシス・マドリガルとロビンソン・マイヤースは、二〇一三年一月号の記事でこの本の計画を紹介し、出版をあと押ししてくれた。ありがとう。

《カンブリア・ライフ》誌のリチャード・エクルズは、私の毎月のコラムを雑誌に掲載し、この本の執筆に役立つ活動をするための自由を与えてくれた。ありがとう。

わが家の農場のツイッター・アカウント（@herdyshepherd1）の八万人以上のフォロワーにも感謝したい。たくさんの人々の温かな支えは大きな励みになり、みなさんから多くのことを学んだ。これまで私はできるかぎり匿名でいることにこだわってきたため、この本で実名を出したことに驚くフォロワーの方も多いかもしれない。けれど、私は個人的な名声にはまったく興味はなく、私個人よりもファーマーとしての生き方のほうが重要だという考えに変わりはない。

湖水地方の文学・芸術史をより深く理解するために、多くの人が手を貸してくれた。その全員に感謝するとともに、とくに次に挙げる人々に深くお礼申し上げたい。優れた歴史家であるランカスター大学のアンガス・ウィンチェスター教授は、著書や実際の会話を通して、この土地とその過去について非常に多くのことを教えてくれた。〈湖水地方国立公園局〉のジョン・ホジソンは役立つ情報を辛抱強く教えてくれただけでなく、湖水地方の人間史の痕跡をひもとく手助けをしてくれた。本書内のビアトリクス・ポターや彼女が雇った羊飼いについての記述は、リンダ・リアが著した秀逸な伝記が貴重な情報源になった。また、過去に数年にわたって行なわれた湖水地方の世界遺産登録を求めた運動の記録からも多くを学ぶことができた。〈専門諮問グループ2〉のメンバーたちに感謝したい。運動の中身すべてに同意したわけではないものの、きわめて多くのことを学ばせてもらった。さらに、ランカスター大学のイアン・ブローディーと議論を重ねたおかげで、湖水地方に対する自分の考えを磨き、より優れた知見を得ることができた。ジュリア・アグリオンビーはコモン・ランドに関する複雑な法的関係のエキスパートであり、その知識を惜しみなく共有してくれた。〈ワーズワース・トラスト〉のマイケル・マグレガー、ジェフ・カウトン、故ロバート・ワフのおかげで、ワーズワースについてより深く知ることができた。友人のテリー・マコーミックは、牧畜や羊飼いについてのワーズワースの記述を解釈するうえで欠かせない役割を果たしてくれた。エリック・ロブソンは大切な支援者であり、さまざまな見識やアルフレッド・ウェインライトの逸話を披露してくれた（ふたりが実際に会ったとき、ウェインライトはフェルの羊飼いの生き方に魅了されていたという）。

ウィリアム・ハンフリーズ、ローズ・ダウリング、マイク・クラーク、エマ・レッドファーン――最終稿を読み、貴重な意見をくれてありがとう。それでもまちがいや不正確な情報が残っているとすれば、すべての責任は私ひとりにあります。

世界遺産を訪れた際に出会った地元の人々、ユネスコを通して出会った世界じゅうのすばらしい方々にも感謝したい。彼らとの交流のおかげで、その地に根づいた物語とアイデンティティの大切さを理解し、「文化的景観」のほんとうの意味を知ることができた。

モーランド小学校のジュディス・クレイグ先生には心からのありがとうを言いたい。先生は本と勉強の大切さを教えてくれただけではなく、遠くからずっと私を応援してくれた。

この本は、私、父、祖父の物語だ。でも正直に言うと、私が「本」を執筆する直接のきっかけとなったのは、父や祖父ではない――彼らは本好きではなかった。その点においては、むしろ家族の女性たちに感謝したい。

まず、私が本好きになるように背中を押してくれた母に感謝したい。農場の作業、アイロンがけ、料理の最中、本の中身や感想を取り留めもなく話しつづける私に辛抱強く耳を傾けてくれてありがとう。じつのところ、本書内で母に触れたことを、とても申しわけないと感じている。人前に出ることを嫌う性格のあなたに恥ずかしい思いをさせたとしたら、この場を借りて謝りたい。しかし、正直に包み隠さず書かなければ、この本は成立しなかったと感じている。

三人の子供たち、モリー、ビー、アイザック――ただ私の子供でいてくれること、ただそばにいてくれることに感謝したい（静かで平穏な時間を求めたときに、それを得られなかったとしても……結局、書き上げることはできたのだし）。きみたちがファーマーになろうがなるまいが、どちらでもかまわない。ただ、この本を通して私たちのことをより深く理解し、私たちが何者なのかを知り――それに誇りを抱いて――外の世界に出ていってほしい。きみたちの頭や心のなかにあるものを、大人たちが奪い去ることはできない。どうか、自分のなかにある大切なものを忘れないでほしい。

妻のヘレンには感謝してもしきれない。どんなときも私の〝親友〟でいてくれてありがとう。本書の執筆についてはもちろんのこと、いつでも妻はやさしく手を差し伸べてくれる。ジェットコースターのような波瀾万丈の人生だったにもかかわらず、ほとんどの人が逃げ出してもおかしくない人生だったにもかかわらず、ヘレンは私の背中をしぶとく押しつづけ、夢を実現する手助けをしてくれた。私の心がどこかほかの場所をうろついていたとき、すべてを取り仕切ってくれてありがとう。きみと会ったとき、私はろくにペンを握ることもできず、英語の文法や規則もほとんど知らなかった。そんな私にひたすら耐え、ずっとそばにいてくれてありがとう。

子供のころから苦楽をともにし、誇りを持って「友達」と呼べる農場仲間たちに感謝する。すべての名前をここで出すことはできないが、全員にありがとうと言いたい。本書において私は、自分の家族の物語についての個人的な考えを綴った。けれど、私たち家族に特別なことは何もなく、この地方に住む幾多の家族のひとつにすぎない。数ある物語のなかの、ひとつの視点から見たひとつの物語でしかない。この本を通して、ファーマーの生活や仕事についてほかの人々がより深く知り、さらなる理解を示してくれることを望むばかりだ。この地を特別たらしめる景色——家族農場が広がる美しいパッチワークのような田園風景——を維持するのは、私だけでなく多くの人の願いでもあるはずだ。今後も、手に手を取って一緒に取り組んでいこう。

最後に、父に心からの感謝の言葉を送りたい。この本を読めば、私がどれだけあなたを愛し、尊敬しているかわかってもらえるはずだ。いつまでも元気でいてほしい。

訳者あとがき

本書は、イギリスの湖水地方で農場を営むジェイムズ・リーバンクスの半生と、そこで生きる羊飼いの生き方や働き方をユーモアを交えて描いた手記 *The Shepherd's Life: A Tale of the Lake District* の全訳です。二〇一五年にイギリスで発売された本書は、英国内でたちまち話題となり、アマゾンのベストセラー・トップ10入りを何度も記録。年末に各新聞社が発表するその年のおすすめ本のリストにも軒並み選ばれ、さまざまな賞にもノミネートされた。複数の書評で「サプライズ・ヒット・オブ・ザ・イヤー」と称されており、無名の羊飼いの手記がベストセラーとなったのは、英国の出版界では驚きだったようだ。さらにアメリカでも高く評価され、ときに手厳しい批評で有名な《ニューヨーク・タイムズ》紙のカリスマ書評家ミチコ・カクタニ氏が次のように絶賛した。「ジェイムズ・リーバンクスの衝撃的なデビュー作。本書は、彼の家族が営むイングランドの小さな羊農場の物語でありながら、移動性（モビリティ）と個人主義が当たりまえとなった現代において、継続性、ルーツ、所属意識の大切さを訴える本でもある」。また本書は、ドイツ語やオランダ語、さらには中国語など、現在までに世界一〇カ国語以上で翻訳出版されている。
まずは、この本のあらすじ（すなわち、著者ジェイムズ・リーバンクスの半生について）を少しだけ紹介したい。

いまから四〇年ほど前の一九七四年、ジェイムズ・リーバンクスは、湖水地方やその周辺で六〇〇年以上にわたって牧畜に携わってきた歴史ある一家の長男として生まれる。イギリスのこの地域には、フェル（山）に羊を定住（ヘフト）させるなどといった世界でも珍しい古典的な牧畜方式がいまでも残っている。著者は、湖水地方の農場に生まれた息子は誰しもそうであるように、父親と祖父の背中を追って幼いころから農場で働き、一人前の羊飼いになることだけを目指して成長した。彼が暮らす共同体は、読書や勉強は恥ずべき行為であり、男子が学校で勉強に励むことなど無意味だとされる場所だった。住人が外の世界の文化に触れる機会もきわめて少なく、著者がはじめて外国料理（ピザ）を食べたのは、なんと一〇代後半だったという。一〇代半ばで学校を中退し、実家の農場でフルタイムで働くようになるものの、父親との関係に亀裂が生じてしまう。家のなかに居場所を失った彼が救いを求めたのは、それまでご法度とされていた本の世界だった。そこで出会ったのが、羊飼いの仕事や湖水地方をこよなく愛する作家たちだ――ビアトリクス・ポター、ウィリアム・ワーズワース、アルフレッド・ウェインライト、ウィリアム・H・ハドソン。そして彼は自分の可能性を試すために、オックスフォード大学への進学を目指すことに……

この本の魅力は……まず、読み物としておもしろいということ。これは、読み進めていけばすぐにわかっていただけると思う。あらすじだけを聞くと、「知らない家族の個人的な話をされてもなあ」「羊飼いの仕事を詳しく説明されても」という印象を受ける方もいるかもしれない。実際、読みはじめるまえは私も少しだけ不安があったが、原書を読み進めるにつれて、著者を応援し、彼と父親の関係に自らを投影し、涙を流している自分がいた。この本はジェイムズ・リーバンクスの個人的なメモワールと家族史でありながら、誰もが共感できる私小説のような趣もあり、羊飼いの仕事、暮らし、歴史の記録でもある。

また本書には、社会の著しい工業化、階級間の流動性の低さ、伝統の消滅などに警鐘を鳴らすという一面もあると思う。本の後半で、湖水地方の伝統が失われつつあることについて、著者はこう述べる。「社会全体のために考えるべきなのは、牧畜をするかしないかではなく、どのようにするべきかということだ。産業規模の安価な食糧生産が田舎の景色のすべてを形作り、小さな荒野がぽつりぽつりと残るだけの光景を望むのか。あるいは、少なくとも一部の地域では、家族経営の伝統的な農場によって形作られる、伝統的な景観の価値を護るべきなのか」

さらに、本書の魅力として特筆すべきは、美しいイギリス湖水地方の風景の描写とその詩的な文章だろう（ちなみに著者の夢のひとつは、詩人になることだという）。「夏」「秋」「冬」「春」と題された各章では、それぞれの季節の湖水地方の丘稜やフェルの様子、そこに棲む動物たちの姿、住人たちの息づかいまでもがくっきりと浮かび上がってくる。

この本のなかには、羊が生まれ、成長し、死に、一部が農場に留まり、一部がほかの農場に売られ、一部が食肉用として卸されるまでのあらゆる過程について描かれている。なかには生々しい描写もあれば、過酷とも思える作業について語られてもいる。とはいえ、著者はあくまでも羊飼いとしての日々の仕事を淡々と描いているだけだ。そういった説明を読みながら（訳しながら）、個人的には「食べること」についてとりわけ深く考えさせられた。著者は、なぜ食卓に肉が並ぶかを自らの子供たちにも知ってもらいたいと訴えるが、おそらくそれは読者へのメッセージでもあるのだろう。本書のなかで、私がとくに感銘を受けた一節を引用したい。「私は子供たちにもあえて血を見せ、ありのままの現実を伝えることが大切だと考えている。牧畜や食べ物に対して、子供っぽい安易な考えを持ってほしくないのだ。プラスチック容器に入った食べ物だけを与え、動物に命がなかったかのようなふりをしてほしくはない」。著者のツイッター（@herdyshepherd1）にも数多くの写真や動画がアップされているが、そこには羊の生と死がありのままの姿で掲載されている（ちなみに、このツイッターにはかわいい羊の写真や映像がたくさん載っており、そちらを見ていると心が癒されます。私も仕事中に疲れたときには、羊の姿をずっと眺めていました）。

また翻訳者として、本書の文章や構成の特徴について一点だけ軽く触れておきたい。読みはじめるとすぐにおわかりいただけると思うが、本書では時間軸が縦横無尽に行き来し、ひとつの段落内でも現在形と過去形の文章の両方が使われていることがある（日本語でもなるべく過去形・現在形を原文と揃えるようにはしたものの、流れを重視して一部は変更した）。著者が時間軸の跳躍や現在形と過去形の文章で何を意図しようとしているのか、そんなことにも思いを馳せてみると、さらにおもしろく読めるかもしれない（私としては訳していくなかで、ある法則を見いだしたつもりなのだが、それが正しいかどうかはわからない）。

最後に、数々の誤りや勘ちがいに気づかせてくれた早川書房編集部の永野渓子氏と、校正を担当してくださった永尾郁代氏には心より感謝しております。また、本書の訳出・訳語の選定については、公益社団法人畜産技術協会や中央畜産会のウェブサイトの情報にたいへん助けられました。翻訳中はおそらく、通常の英和辞書よりも畜産技術協会による季刊誌《シープジャパン》や中央畜産会のサイト〈畜産ZOO鑑〉を調べた回数のほうがはるかに多いと思います。この場を借りて深くお礼申し上げます。

二〇一六年一二月

文庫版に寄せて

二〇一七年に単行本として発売された本書は、数々の新聞や雑誌の書評欄で取り上げられ、多くの読者から好評を得ました。たとえば共同通信の書評には、「私たちがそこ（本書）から受け取るのは、現代の生活から失われた、圧倒的な生の息吹である……私たちはあらためて自らの生き方を問い直すことになる」という絶賛の言葉が並びました。そして、発売から半年後の二〇一七年七月には、イギリス湖水地方のユネスコ世界遺産登録といううれしいニュースが舞い込んできました。じつはこの登録の陰の立役者のひとりが、本書の著者であるジェイムズ・リーバンクスだったのです。イギリスの報道によれば、ユネスコのアドバイザーを務めるリーバンクスが作った報告書が、今回の申請プロセスにおいて大きな役割を果たしたとのことです。この世界遺産への登録によって、リーバンクスが望むとおり、湖水地方の景観がこれまで以上に保護されていくことはまちがいありません。

　単行本発売当時に八万人だったリーバンクスのツイッターアカウントのフォロワー数は一一万人に増え、本書が翻訳出版された語数も現在までに二〇カ国語以上に増えました。今回の文庫化によって日本でもより多くの読者が本書を手に取り、その圧倒的なストーリー性と詩的で美しい湖水地方の自然と動物の描写に触れていただけると、訳者としてうれしいかぎりです。湖水地方の景観や羊飼いの仕事と同じように、本書で語られる物語や情報はいつまでも古くなることはなく、その魅力はけっして色褪せることはありません。

　なお、文庫化にあたっては訳文をもう一度見直し、一部を改訂しました。細やかな編集でサポートしてくださった早川書房の金田裕美子さんに心より感謝申し上げます。

　二〇一八年六月

解説
途切れることない伝統と明日も明後日も続く日常

羊飼い・作家
河﨑秋子

「英国のハードウィック種はなぜ毛が赤いのか」。いつか日本の羊飼い同士の集まりで、そんな話になったことがある。まさか本来あの色であるはずがない。何かの薬剤なのか。赤い土などに自発的に体をこすりつけているのか。人工的に着色しているなら何のためにやっているのか。毛の品質は落ちないんだろうか。そんな声がいくつか挙がったが、結局誰も答えを出せないままだった。

本書はそんなハードウィック種のふるさと、湖水地方で六〇〇年以上続く羊飼いの家系に生まれた著者が綴る、静かな情熱に満ちた日々の記録である。日本人にとって湖水地方といえば、高校の教科書でも取り上げられたビアトリクス・ポターによるナショナル・トラスト運動が名高い。日本からも多くの観光客が訪れる、美しい丘陵地帯だ（そのポターが当地では絵本作家や自然保護運動家よりも畜産家として今も羊飼いから尊敬を受けているということを、私は恥ずかしいことに本書で初めて知った)。

著者のジェイムズ・リーバンクス氏は羊飼いの他、ユネスコのアドバイザーや文筆活動を行い、PCやiPhoneを駆使して日々の牧場の様子を発信している。牧場とはいっても、従業員を大量に雇用し、大規模な土地で多数の群れをシステマチックに管理する効率最優先の畜産業ではない。代々大事に繁殖させてきた羊を家族と少しの犬とで養う、伝統的な小規模経営の牧場だ。Twitterで公開されている写真や文章は実に活き活きとしていて、彼がいかに自分の農場を大切にしているかが分かる。

リーバンクス氏の経歴で着目すべきは、オックスフォード大学を卒業していることにある。しかも、農家の優秀な後継者が幼少期から順当に高等教育を受けた結果の最終学歴なのではなく、地元の学校を卒業後、一度は実家で働き、その過程で学ぶことに意義を見つけ、努力の果てにオックスフォード大に入学したというのだから驚きだ。それが彼の故郷でもイレギュラーな経歴であることは、周囲の人の反応として繰り返し本文中で語られている。

大学に通う間、彼はいわゆる都会の生活を体験している。家畜の世話で追い立てられるように働くこともなく、柵の修理などというすぐに収入に結びつかない作業に何日も費やさなくてもよい生活だ。彼は卒業後、清潔なオフィスで働き、二度と農場と縁を結ばずに高い収入を得て暮らしていくことは可能だったろう。しかしリーバンクス氏はそれを選ばなかった。こまめに帰省しては農作業を助け、大学在籍時から卒業後は農場に戻ることを周囲にも一貫して伝え続けていた。

文中で幾度も言及される通り、湖水地方で農業を営むことは一般の人が考えるようなロマンに満ちた仕事ではない。しかも、父から息子へと譲られる予定の農場という限定された場所において、そこに発生したと綴られる軋轢や喧嘩は、深いリアリティをもって読者の胸に迫る。おそらくこれらは地域や時代を越えて繰り返されてきたものであり、本書の舞台である湖水地方でも、かつて同じように羊飼いの息子達は葛藤を越えて羊の群れを発展させてきたことだろう。

そうして数百年、数世代を経て、二一世紀の現在を生きる著者が牧草地で空を見上げ、自ら選んだ仕事に誇りと満足を抱く最後の描写は、読み手の胸へと静かに染み入ってくる。リーバンクス氏は、多くの人が『こう生きたい』と心のどこかで願っている生活を静かに継続させている。その事実は、ある種の憧憬と共に、人の心をゆるやかに温めてくれるのだ。本書が刊行されるとすぐに各国で多くの読者から好評を得たという最大の理由は、ここにあるのではないかと思う。

さて、日本では家畜としての羊や、ましてや職業としての羊飼いというのはあまり馴染みがないため、日本の読者諸兄姉は羊飼いならではの独特な生活や仕事の記述についても、新鮮な驚きを得られるだろう。

著者が本書の中で〝日本ではスミット・マークはどう受け止められるんだろう？〟と疑問を抱いているが、おそらく一般の日本人は羊に縁がなさ過ぎて、「なんか羊に印がついている。そういうものなんだろう」としか感じないと思われる。また、羊の頭数が国内で二万頭を切る現状では、飼育できる農家は各地でぽつりぽつりと点在している程度に過ぎず〝羊飼い同士が隣り合っている＝自分の羊に特徴をつける〟意味がなく、スミット・マークそのものが必要とされないのだ。ちなみに英国各地で盛んに行われるという競り市や品評会も、大きなものは東北で年一回行われるだけだ。

細々とした日本の緬羊(めんよう)飼育だが、実は英国との縁は切っても切れない。日本では各地の畜産試験場で試行錯誤の末、現代緬羊飼育の基礎が確立された。その際に参考とされたのが英国の飼育書だったようだ。農家一軒あたり数百～数千頭を広大な土地で通年放牧するオセアニア方式は日本では導入し辛い。それに比べ、比較的少ない頭数を、気候的な理由で放牧しつつ畜舎も有効に利用していく英国のスタイルは日本に向くという判断だったのだろう。

現在でも畜産技術協会が配布している基本のマニュアルの一部は当時の翻訳をベースにしており、身近にいる経験者の蓄積を頼りにできないまま羊の飼育を開始する新米羊飼いたちにとって貴重な資料であり続けている。その意味で英国の羊飼いは日本の羊飼いにとって偉大な大先輩といえる(もっとも、極東の島国にも羊が存在し、せいぜい一、二万頭の羊を飼うのにも試行錯誤していると英国の羊飼いが知っているかは分からないが)。

個人的には、リーバンクス氏によって語られる日々の記述は逐一勉強になった。文中、誰かが誤って放してしまった飼い犬が農場の敷地内で羊を傷つけてしまうエピソードがある。私がニュージーランドの牧場に住み込みで羊の飼育を学んでいた時、師匠に「もし町の人や隣の羊飼いの犬が放牧地に入りこんで、うちの羊に危害を与えたらどうします?」と聞いたことがある。師匠は迷わず「ライフルで撃つね。逆に、うちの牧羊犬がよその羊を傷つけたら、即座に殺されても文句は言えない」と答えた。言うまでもなくニュージーランド・オーストラリアの緬羊飼育はイギリスをルーツにしている。『羊飼いは自分のプロパティを守り、それを侵すものに容赦すべきではない』。本書の闖入者は処される運命を免れてはいたが、羊飼いの大原則は大海を挟んでも共有され続けていることを雄弁に証明している。

また、死んだ子羊の皮を剝ぎ、母を亡くした子に着せて疑似親子をつくるのだという記述も、まさに私がニュージーランドで教わったこととまったく同じで、不思議な感動を覚えた(余談だが、この疑似親子関係を成立させる際、近くに牧羊犬を一頭繫いでおくと母子成立の成功率が上がる。母親が義子を守ろうという防衛本能が芽生えるようだ)。

このように緬羊飼育に関する興味深い具体例をいくつも垣間見せてくれる本書だが、おそらく著者にとって最悪の時期についても惜しげもなく記されている。二〇〇一年、英国で口蹄疫が発生した際の痛々しい体験についてだ。まだ健康そうに見えるにもかかわらず、大事に育てた羊を殺処分し、ただ死体を焼いて埋めなければならないという悔しさはいかばかりだっただろうか。政府から補償金が支払われたとはいえ、無為に家畜を屠らねばならない痛苦はそんなもので贖われはしない。もし私の地元で同様のことが起きれば、実際の損失以上に精神的な虚しさから離農を決断する農家が続出するのではないかと思う。

しかし著者と、その周りの羊飼い達は驚くべき辛抱強さでこの難局を乗り越えている。互いに助け合い、むしろ結束が強まったとさえ言いながら、家畜の声が消えた畜舎を黙々と清掃・消毒し、次に導入すべき群れについて思いを馳せる。そこにはもちろん農家をやめるという選択肢もあったはずだが、多くの羊飼いはこの誘惑を断ち切り、この困難を乗り越えて再び優秀な羊を育てるのだという力強さに満ちている。そこには、個人や家族の意志といったものを越えて、この湖水地方で存続されるべき役割を果たすという強い信念が横たわっているように思える。

冒頭の疑問に戻ろう。ハードウィックはなぜ赤い色をつけるのか。著者は、本書の中で見事にこの疑問に答えを出してくれていた。有り体にいえば『伝統だから』というその答えを読んで、私は思わず声を出して笑ってしまった（もっとも、より思わしい理由は具体的に二例挙げられてはいるが）。結局、なぜ染めるかという理由よりは、古くからのこの習慣を現代でも守り、実行し続けていることこそが、彼らを二一世紀の今もって愛すべき湖水地方の羊飼いたらしめているのではないだろうか。

実利と同時に伝統あれかし。その両方なくして、羊飼いという職業は成立しない。本書から垣間見える大先輩達の誇りに、極東の末端にある羊飼いとして敬意を抱かずにはいられない。そして、本書にてその心意気を教示してくれた著者に深く感謝を捧げたい。

p.326——ウージュルー・ヌーナカルの詩　原文

Let no one say the past is dead.
The past is all about us and within.
Haunted by tribal memories, I know
This little now, this accidental present
Is not the all of me, whose long making
Is so much of the past.
...
Let none tell me the past is wholly gone.
Now is so small a part of time, so small a part
Of all the race years that have moulded me.

——Oodgeroo Noonuccal, ‘The Past’, from *The Dawn is at Hand*,
published by Marion Boyars, 1992 (London & New York)

本書は、二〇一七年一月に早川書房より単行本
として刊行された作品を文庫化したものです。

ムハマド・ユヌス自伝
（上・下）

Vers un monde sans pauvreté

ムハマド・ユヌス&アラン・ジョリ
猪熊弘子訳

ハヤカワ文庫ＮＦ

二〇〇六年度ノーベル平和賞受賞

わずかな無担保融資により、貧しい人々の経済的自立を助けるマイクロクレジット。グラミン銀行を創設してこの手法を全国に広め、バングラデシュの貧困を劇的に軽減している著者が、自らの半生と信念を語った初の自伝。

解説／税所篤快

世界しあわせ紀行

The Geography of Bliss

エリック・ワイナー
関根光宏訳

ハヤカワ文庫ＮＦ

いちばん幸せな国はどこ？

不幸な国ばかりを取材してきた記者が最も幸せな国を探す旅に出た。訪れるのは幸福度が高いスイスとアイスランド、幸せの国ブータン、神秘的なインドなど10カ国。人々や風習をユーモラスに紹介しつつ、幸せの極意を探る。草薙龍瞬×たかのてるこ特別対談収録。

図書館ねこデューイ

——町を幸せにしたトラねこの物語

Dewey

ヴィッキー・マイロン
羽田詩津子訳

ハヤカワ文庫ＮＦ

アメリカの田舎町の図書館で保護された一匹の子ねこ。デューイと名づけられたその雄ねこはたちまち人気者になり、町の人々の心のよりどころになってゆく。ともに歩んだ女性図書館長が自らの波瀾の半生を重ねつつ、世界中に愛された図書館ねこの一生を綴った感動のエッセイ。

猫的感覚
——動物行動学が教えるネコの心理

Cat Sense

ジョン・ブラッドショー
羽田詩津子訳
ハヤカワ文庫ＮＦ

感情をあらわにしないネコは一体何を感じ、何に基づいて行動しているのか？　人間動物関係学者である著者が、野生から進化したイエネコの一万年に及ぶ歴史から人間が考えるネコ像と実際の生態との違い、一緒に暮らすためのヒント、ネコの未来までを詳細に解説する総合ネコ読本。

ハーバード白熱教室講義録
＋東大特別授業（上・下）

JUSTICE WITH MICHAEL SANDEL AND SPECIAL LECTURE IN TOKYO UNIVERSITY

マイケル・サンデル
ＮＨＫ「ハーバード白熱教室」制作チーム、小林正弥、杉田晶子訳
ハヤカワ文庫ＮＦ

ＮＨＫで放送された人気講義を完全収録！

正しい殺人はあるのか？　米国大統領は日本への原爆投下を謝罪すべきか？　日常に潜む哲学の問いを鮮やかに探り出し論じる名門大学屈指の人気講義を書籍化。ＮＨＫで放送された「ハーバード白熱教室」全十二回、及び東京大学での来日特別授業を上下巻に収録。

ハーバード
白熱教室
講義録［上］
＋東大特別授業
マイケル・サンデル
NHK「ハーバード白熱教室」制作チーム
小林正弥・杉田晶子［訳］
早川書房

哲学のきほん

——七日間の特別講義

Denken Wie Ein Philosoph

ゲルハルト・エルンスト

岡本朋子訳

ハヤカワ文庫ＮＦ

哲学者との七日間の対話を通して、ソクラテスからヴィトゲンシュタインまで古代より育まれてきた叡智に触れつつ、哲学者のように考える方法を伝授する。道徳と正義、人生の意味など、究極の問いについて自分の頭で考えたい人に、気鋭のドイツ人哲学者が贈る画期的入門書。解説／岡本裕一朗

訳者略歴　翻訳家　ロンドン大学・東洋アフリカ学院（SOAS）タイ語および韓国語学科卒，同大学院タイ文学専攻修了　訳書にフィン『駅伝マン』，ロイド・パリー『黒い迷宮』『津波の霊たち』（以上早川書房刊），ヒル＆ガディ『プーチンの世界』（共訳）他多数

HM=Hayakawa Mystery
SF=Science Fiction
JA=Japanese Author
NV=Novel
NF=Nonfiction
FT=Fantasy

羊飼いの暮らし
イギリス湖水地方の四季

〈NF528〉

二〇一八年七月二十日　印刷
二〇一八年七月二十五日　発行

（定価はカバーに表示してあります）

著者　ジェイムズ・リーバンクス
訳者　濱野大道
発行者　早川浩
発行所　株式会社早川書房

郵便番号　一〇一 - 〇〇四六
東京都千代田区神田多町二ノ二
電話　〇三 - 三二五二 - 三一一一（大代表）
振替　〇〇一六〇 - 三 - 四七七九九
http://www.hayakawa-online.co.jp

乱丁・落丁本は小社制作部宛お送り下さい。
送料小社負担にてお取りかえいたします。

印刷・株式会社精興社　製本・株式会社川島製本所
Printed and bound in Japan
ISBN978-4-15-050528-8 C0198

本書は活字が大きく読みやすい〈トールサイズ〉です。